“十四五”高等学校动画与数字媒体类专业系列教材

许志强

数字展馆设计

何加亮 主 编

郗小雯 付佳婧 李苑铭 副主编

内容简介

本书是“十四五”高等学校动画与数字媒体类专业系列教材。建设数字中国是数字时代推进中国式现代化的重要引擎，是构筑国家竞争新优势的有力支撑。本书共六章，分别为数字展馆概述、数字展馆建设、数字展馆情境化设计、数字展馆设计实现关键技术、展馆展示的新技术应用、数字展馆开发实例。

本书适合作为高等院校数字媒体技术、数字媒体艺术、数字媒体传播、网络新媒体等相关专业的教材，也可作为广大读者认识和学习数字媒体知识的参考书，还适合作为从事数字媒体产品创作与开发的工程技术人员的学习参考书。

图书在版编目（CIP）数据

数字展馆设计/何加亮主编.—北京：中国铁道出版社有限公司，2024.3

“十四五”高等学校动画与数字媒体类专业系列教材

ISBN 978-7-113-29883-8

Ⅰ.①数… Ⅱ.①何… Ⅲ.①数字技术-应用-展览馆-室内设计-高等学校-教材 Ⅳ.①TU242.5-39

中国国家版本馆CIP数据核字（2023）第037839号

书　　名：数字展馆设计
作　　者：何加亮

策　　划：王文欢　陆慧萍　　　　编辑部电话：（010）63549508
责任编辑：陆慧萍　李学敏
封面设计：刘　莎
责任校对：安海燕
责任印制：樊启鹏

出版发行：中国铁道出版社有限公司（100054，北京市西城区右安门西街8号）
网　　址：http://www.tdpress.com/51eds/
印　　刷：北京盛通印刷股份有限公司
版　　次：2024年3月第1版　2024年3月第1次印刷
开　　本：787 mm×1 092 mm 1/16　印张：15　字数：370千
书　　号：ISBN 978-7-113-29883-8
定　　价：59.00元

前言

党的二十大报告指出，要加快建设网络强国、数字中国。建设数字中国是数字时代推进中国式现代化的重要引擎，是构筑国家竞争新优势的有力支撑。2022 年 11 月，工业和信息化部、教育部、文化和旅游部、国家广播电视总局等部门联合印发《虚拟现实与行业应用融合发展行动计划（2022—2026 年）》，指出要推动文化展馆、旅游场所、特色街区开发虚拟现实数字化体验产品，让优秀文化和旅游资源借助虚拟现实技术“活起来”。

展馆是科学研究和社会教育的重要载体之一，利用 3ds Max、Unity 3D 等软件搭建数字展馆，可以丰富展览内容、提高展馆的展示水平，满足人们的欣赏需求，让观众多维度地欣赏作品，获得全新的参观感受。

本书共分为六章。第一章是对数字展馆进行概述，分别介绍了数字展馆的概念和历史、数字展馆的分类及特点、数字展馆与传统展馆的区别、数字时代展馆设计新特征、新趋势等内容；第二章讲述数字展馆的建设，分别介绍了数字展馆资源建设、系统平台建设和资源描述规范建设、数字展馆的体系结构、功能描述以及数字展馆的资源层次化描述等内容；第三章讲解数字展馆的情境化设计，介绍了馆藏设计的基本原理，并根据表现对象的多样性特征，探讨了不同水平的表现形式，以满足展示需要；第四章着重介绍了数字展馆设计实现所需的几种关键技术及其技术相关内容；第五章是展馆展示的新技术应用，详细讲述了数字展馆操作实例所用到的 3ds Max、Unity 3D 软件与其基本操作，并介绍了虚拟馆内漫游相关知识，最后展示了利用 3ds Max、Unity 3D 软件设计的数字展馆界面；第六章是数字展馆开发实例，详细介绍了一款数字展馆开发的实际操作，同时推荐相关案例供读者参考。

本书具有以下特点：

- 理论实践结合：书中不仅介绍了制作数字展馆所需的理论知识，还对展馆的实际操作进行了详细介绍，将理论与实践相结合，着重体现技术性与实用性。为使读者能够尽快理解并上手制作数字展馆，在第六章详细讲解了开发完整展馆的例子，供读者参考。

- 整合与创新：本书内容力求突出信息化发展与数字化转型时代下传承中华优秀传统文

化、推进文化创新新形势和创造性转化，使其更具新颖性、原创性、试验性、体验性和时代性。

本书由大连民族大学何加亮任主编，大连民族大学郗小雯、付佳婧和南阳职业学院李苑铭担任副主编，南阳职业学院刘平参与编写。

由于编者水平有限，书中难免存在不妥与疏漏之处，希望广大读者批评与指正。

编　者

2023 年 3 月

目录

第1章 数字展馆概述

本章导读

本章从数字化展馆入手，分别介绍了数字展馆概念、数字展馆的历史、数字展馆的分类及特点、数字展馆与传统实体展馆的区别、数字展馆的发展趋势与研究成果、数字时代展馆设计新特征与新趋势等内容，强调新一代信息技术的移动化、泛在化，信息处理的集中化、大数据化，信息展示的智能化、个性化。

现代信息技术飞速发展，展厅的数字化改造已经成为了一股不可阻挡的趋势，“数字敦煌”等数字展厅让人们感受到了一种从未有过的震撼，“元宇宙”等新兴概念更是承载了我们对未来生活的无限期待。

学习目标

- 了解数字展馆概念。
- 了解数字展馆分类及特点。
- 掌握数字时代展馆设计新特征。
- 掌握数字时代展馆设计新趋势。

知识要点、难点

1. 要点

- 熟悉数字展馆的主要内容。
- 准确辨认每类数字展馆及其相应特性。

2. 难点

- 总结未来数字展馆设计主要特征。
- 分析数字展馆设计未来发展趋势。

1.1 数字展馆简介

当今时代，数字技术、数字经济是世界科技革命和产业变革的先机，是新一轮国际竞争重点领域，我们一定要抓住先机、抢占未来发展制高点。

——习近平

数字博物馆已经彻底改变了传统的知识和资讯的传输模式：从静态的展览图片，到全面地展现三维、动态的展厅环境，从博物馆的真实空间到遗址遗迹的虚拟历史，数字影像技术都可以实现。这种由静到动的转变，使我们的馆藏“活”了起来。

1.1.1 数字展馆概念

在经济快速发展，数字虚拟技术、信息技术不断进步的今天，参与感逐渐成为受众的需求之一，静态单向的传输已无法满足大众的需求。文化与虚拟技术的逐渐融合看似是一种偶然，实则是一种必然。

展馆，又名展览中心、展览厅、展览馆，是可以从事展览等相关活动的地方，同时是集经济、教育、文化于一体的推动社会发展的信息载体。展馆是公益性的，不以营利为目的，它不仅是一座城市或国家文化的底蕴和精神面貌，更是一个国家或民族软实力的象征。

近年来，公众巨大的展览需求与展馆数量缺乏的矛盾日益凸显，因此，寻求新的展览方式，即将展馆向虚拟化、数字化方向推动成为一种必然趋势，在此背景下，数字展馆应运而生。数字展馆是由于科学技术的进步而演变发展起来的新生事物，是一种数字空间，即所有与信息和通信技术有关的网络空间和虚拟空间。从广义上讲，数字展馆就是建立在数字空间上的博物馆，运用数字技术对展览物品进行多角度、多样式地收集、整理、归档、处理，并通过互联网和一系列的法规、协定，使其信息资源共享、有效利用、科学管理。从狭义上讲，数字展馆是指以数字技术为载体，实现收藏、陈列、科研、社会教育，建设虚拟空间的展览馆。当前的数字展馆主要基于实体展馆，就是利用科技，把实体的博物馆转移到网络上。通过音频讲解、模拟实境、立体展示等方式，使用户能够通过网络参观珍贵的展品，更方便地获取信息和知识。用户在任何时间、任何地点都可以体验到历史和文化的沉淀，不用出门就可以参观博物馆。

数字展馆是一种全新的信息交流形式，它运用数字技术，将文化、教育、发展、企业等历史变迁，以立体化、生动化的方式，与当今国际上最先进的互动设备相结合，在半游戏的体验中进行，以直观的形式呈现出重要的信息，为参观者带来视觉上的冲击。

科学技术的不断发展与应用，可以让用户获得超越现实世界中的体验，基于 VR 体验的数字展馆改变了传统展示形态，为传统文化艺术提供“活态化”的传承思路，也为用户提供全新的展览方式与参观体验。

1.1.2 数字展馆的历史

纵观数字展馆的历史，目前被分为四个阶段，分别是：1.0 平面展示、2.0 实物展示、3.0 声光电屏展示和 4.0 智能互动时代。不同的是，这四个阶段并非各自发展，而是相互融合，呈现出 1.0、2.0、3.0、4.0 多种形式并存的百花齐放的态势。

1. 1.0 平面展示时代

1.0 平面展示时代是一种从甲骨文开始就出现的平面展示方式，通常通过挂在空中或镶在墙上等形式展示，用“长 × 宽 = 面积”的二维展示方式传播信息，比如现在仍然大量存在的展览馆墙壁文字或图案，最近流行的文化上墙式简易展厅、走廊装饰、建筑物标语、园林导示、乡村村史馆等平面展示方式，由于展示材质的不同而采用喷绘、PVC 雕刻、金属雕刻、浮雕、镂空、荧光字等。

2. 2.0 实物展示时代

2.0 实物展示时代是一种在 1.0 平面展示基础上增加实物的展示方式，实物多摆放于展馆的中央或四周，这种“长 × 宽 × 实物 = 立体”的展示方式多用于博物馆，目前全世界大部分博物馆都采用 2.0 实物展示形式。2.0 实物展示时代源于 1851 年伦敦首届世界博览会，首次使用金属和玻璃建了一座展览馆，馆内摆放了 14 000 件展品，首届世博会被认为开启了 2.0 实物展示时代，拉开了现代展馆设计的序幕。

3. 3.0 声光电屏展示时代

3.0 声光电屏展示时代是一种随着科技进步，尤其是投影、LED 大屏幕应用发展起来的以声、光、电、屏为主要展示手段的展览方式，如果以 20 世纪 90 年代 LED 大屏幕开始商用为标志，3.0 时代始于 20 世纪 90 年代，3.0 展馆在 1.0、2.0 基础上大胆进行了展馆设计概念突破，“长 × 宽 × 高 × 实物 × 屏幕”成为主要特征，把内容装进大屏幕是 3.0 展馆的主要特点，相比 2.0，3.0 多出了一个维度，设计师通过 3.0 技术减少了传统展览馆因为内容更改需要重新装修的次数，内容更换只需要更换大屏幕后面的片源和显示软件就可以，所以 3.0 展馆一次性投资比较大，但减少了后期内容更换的次数和二次施工投入。

4. 4.0 智能互动时代

4.0 智能互动时代是一种通过云计算、数据流、区块链、物联网、互联网、沉浸式体验等现代科技手段，将展馆与人有机结合起来可以互动的智能展馆，4.0 时代改变了过去 1.0、2.0、3.0 时代单向固定信息传播的展馆概念。4.0 展馆不再是一个简单的信息发射源，而成为一个可以和人互动、具有一定思考能力的智慧体，4.0 展馆具有即时动态信息输入、深度沉浸式体验、人馆交融互动、能量输出控制管理外部世界四大特点。4.0 智能互动数字展馆设计师可以借助显示终端将很多内容“折叠”起来，这样就给设计师提供了更广阔的创作天空。

其中，人们经历时间最长的是 1.0 文化上墙和 2.0 实物展示这两种展馆设计方式，同时在这个时代也迸发出非常多的优秀的展馆作品，如法国卢浮宫、大英博物馆、大都会博物馆和埃尔米塔什博物馆等。从 20 世纪 90 年代开始，展馆设计进入 3.0 声光电屏展示时代。21 世纪，数字多媒体技术的发展进入到 4.0 智能互动时代。这两个时代在呈现形式上的变化，使得许多展馆设计师们开放超前的设计理念和想法都可以通过多媒体技术来呈现，自此彻底地走向天马行空的设计方式。早在20世纪80年代，我国博物馆界也已逐步开始了对博物馆信息化管理探索。国家文物局发布的《博物馆藏品管理办法》曾明确指出："为加强博物馆的现代化建设，各地博物馆可根据本馆经济及人才条件，逐步使用电子计算机管理藏品。"2001年，故宫网站正式开通，自此我国出现了第一座真正意义上的数字博物馆。之后在教育部的大力支持与推动下，大学数字博物馆建设工程正式立项。大学数字博物馆建设工程提出了构建知识网络、个性化参观、标准化藏品信息、信息共享等数字展馆建设理念，并进行了探索性研究与开发，其成果对促进我国数字展馆建设及其相关技术的进步具有良好的推动作用。距今为止，国内的博物馆数字化也已走过20多个春秋，在各类新兴技术层出不穷的今天，未来的数字技术的运用范围会愈加广阔，数字展馆的建设前景也越发明朗。

1.1.3 数字展馆的分类及特点

1. 按照应用领域来分类

（1）纪念馆类数字展馆

纪念馆类数字展馆主要是将纪念馆内所展示的人文精神和文化历史利用互动技术主动展现出来，要主题鲜明，利用新的设计思想和技术，再现曾经发生过的事情。通过数字的互动和最新的数字技术，让参观者有一种穿越时空的感觉。

（2）企业类数字展馆

作为企业的形象招牌，企业数字展厅是必须要打造得高科技且智能化，这样客户在参观的过程中能够直接了解企业的信息、文化和产品等。从企业文化入手，通过创新的展示理念、超强的数字内容创意、适当的视频、声音等多媒体技术，结合数字技术，塑造出个性鲜明的企业形象。

（3）规划类数字展馆

规划类数字展馆利用数字技术，将一个城市的历史、文化、未来规划等，多方位地利用多媒体、声、光、电、三维等多媒体手段，将这座城市的历史展现得淋漓尽致。

（4）科博馆类数字展馆

科博馆本身就是一类具有新意的展馆，虚拟现实技术和博物馆完美地融合在一起，将虚拟现实技术的各种优点都发挥到极致，将抽象的数据变成生动的图像。

2. 按照展示方式来分类

（1）屏幕展示类

利用屏幕，结合图片与文字的形式展现给观众，使观众能够全面理解展览的内容。

（2）数字电子沙盘类

数字电子沙盘类是将数字图像内容和沙盘模型相结合，观众不仅能看到立体的模型，还能通过图像内容全面了解该区域的各种信息。

（3）全息投影类

全息投影类利用立体投影、互动投影、全息投影、墙壁投影、地面投影等多种投影技术，打破了传统的物理演示方式，在现实世界中形成了一幅栩栩如生、如梦如幻的立体画面。

（4）虚幻现实类

虚幻现实类利用虚拟现实、增强现实、幻影成像、虚拟翻书等，虚幻出存在与不存在的人和物。

3. 按照展馆设计主题来分类

（1）文化类主题数字展馆

文化类主题展馆面对的是对文化感兴趣的观众，设计师在设计过程中，可以通过灯光、多媒体以及展具等事物，来突出展馆的文化气息，突出焦点和中心展品，从而吸引观众目光和激发观众兴趣，使得观众的体验更加深刻。文化类主题数字展馆如图 1-1 所示。

图 1-1　文化类主题数字展馆

（2）艺术类主题数字展馆

这类主题的展示场所也是比较常见的，艺术展馆、民俗馆等一般都会采用艺术主题，这类主题往往起到传承文明和启迪智慧的作用，设计师可以运用艺术设计语言来渲染和诠释展品概念，使得展品更具有吸引力和感染力。艺术类主题数字展馆如图 1-2 所示。

图 1-2　艺术类主题数字展馆

（3）科技类主题数字展馆

科技类主题展馆展示的一般是电子数码产品，这类展厅的科技气息很浓厚，具有展现现代科学风采的作用。设计师可以运用超媒体、虚拟现实技术以及软件开发等技术手段，将这些技术的优势融合到设计当中，来更好地诠释展品主题和概念。科技类主题数字展馆如图 1-3 所示。

图 1-3　科技类主题数字展馆

（4）生态类主题数字展馆

生态类主题的运用也是比较广泛的，展示植物或昆虫标本的植物馆，就需要使用生态类主题，增强观众对展品的印象。一些水族馆也会使用生态类主题，带给观众亲近大自然的感受，拉近观众与展品的距离。生态类主题数字展馆如图 1-4 所示。

图 1-4　生态类主题数字展馆

（5）城市类主题数字展馆

城市建设规划类展馆，又称规划馆、城市规划馆等，是一个城市文化与精神面貌的集中体现。近年来随着国家经济的腾飞，各大城市建设突飞猛进，社会事业蓬勃发展，城市面貌焕然一新。城市建设规划馆可集中展示城市各地区、各行业规划建设的辉煌成就，描绘城市发展的美好蓝图，好的城市建设类主题展馆不仅能够体现出城市文化独特性与规划专业性，同时还能推动本城市的旅游业发展。城市类主题数字展馆如图 1-5 所示。

图 1-5　城市类主题数字展馆

1.1.4　数字展馆与传统实体展馆的区别

1. 传统实体展馆的缺点

从展馆负责人的视角来看，首先，在经济方面，从展馆建设、展馆装修、展品进馆，再到招聘管理人员等各个方面，展馆花销巨大，小至几百万元，多则千万元甚至上亿元，人力、物力、财力等资源投入巨大；展馆设计复杂，建造监管等周期过长，布展效率低，无法进行高效展示等一系列问题难以解决。

其次，传统实体展馆由于无法面向全球开放，参观者受限，且参观者只能在特定的时间与地点才准许进入，大大降低了参观者的热情，同时，浏览条件等多方面的限制也使得展馆无法吸引更多的参观者，展馆在文化传播交流上的时效降低，传播力度大大减小；实体展馆展示的空间有限，只能根据特定时间挑选出部分展品进行布展，利用展品替换来实现内容扩充的需求，在一定程度上造成了部分展品无法以完整面貌展出，甚至还会出现部分展品无法展出的问题；若因此扩大展览面积，又会出现财政问题；如若遇到自然灾害、疫情等问题，展馆又不得不停止开放，等等。这一系列问题，都是无法用其他方案可以代替解决的。

从参观者的视角来看，传统实体展馆大多采用实物展示、墙面互动展示、投影展示、数字沙盘展示等单一平面化形式。参观者只能通过实物参观、模型参观、文字讲解、图片欣赏等多种形式来接收信息，而展板展示、视频播放、展示道具等主要展示手段只限于平面设计，既不能打破时间和空间的局限，也不能体现出展览的艺术形式，更达不到展示出更多展品的目的。其次，传统实体展馆多数是将展品统一陈列在特定的展览空间内，观众通过观看展览从而获取信息。这种单向的视觉传达方式往往是展示者自己选择陈列物品，观众无法按照自己的意愿做出选择，而消极的展示环境会极大地影响信息的传递效果，无法达到人文关怀的目的；观众接收到的信息仅仅是用肉眼观察到的图像或文本所显示的静态信息，而不能与显示空间进行可视化的反馈。在感官交往中，人们往往以一种单一的方式进行交互，人们和信息的沟通却没有交互作用，观众只是展厅的一个旁观者，对艺术的感知也只能停留在静态的观看中；在设计技巧上，传统展馆以夸张的、张力的视觉形态直接冲击观众的心理，而不是单纯地通过改变空间的视觉张力来吸引观众，单一重复的视觉参观方式只会使观众产生审美疲劳。再加上互动环节较少，无法满足观众视觉与触觉体验需求，观众在紧张状态下，只会反复地感受到一种持续的、短暂的视觉疲劳，而无法达到信息传播的最终目的。

在传统的实体场馆中，视觉语言的多样性和信息的多样性使得观众对信息的选择变得困难。在展厅里，人们看到了璀璨的灯火，看到了拥挤的人群，看到了那些繁复的文字，看到了他们匆匆离去的背影。有多少是观众所需要的，有多少是他们不能接受但又不能掌控的。当被问道："你在展厅里看到的是什么？"也许，这个问题的答案就是："展品繁多，参加展览的人很多。"然而，在传统的展厅设计中，人们只是被动地跟着人流，被动地接受着展厅里的固定知识，但实际上，相对于被动接收，他们更愿意主动地去探索这个世界的秘密，获得自己感兴趣的东西。也许，这便是新时代技术带给我们的红利，也是数字展馆诞生的真正意义。

2. 传统实体展馆面临的困境分析

传统的实物展馆以静态展示和动态展示为主，为了增强读者的理解与记忆，展位采取静态形式，并伴随着图片、文本，或配有少量的音频和视频。随着经济的飞速发展，传统的实体展馆陈列展示效率已无法满足相关性与拓展性陈列展示多元化的实际需求，尤其是陈列与展示形式的单一性，导致实体展馆的陈列展示效率并不高。其次，博物馆每天的展览很难跟踪展品的数据，比如某一个文物有多少人看过，某个游客对某个文物看了多久，每天每月的展览流量等，博物馆工作人员对这些数据都难以详细地统计和分析。此外，由于地理位置和参观空间等原因，在某种程度上影响了展览的实际效果，从而限制了实体展馆的发展。

3. 数字展馆的优势

（1）打破时空限制

由于观念、技术、场地、展陈能力等原因，传统实体展馆所能展示或提供的文物资料很少，很多展品都没有展示的机会（如故宫，每年只会有 5%的展品被陈列出来），导致许多展品被收藏在博物馆中无人知晓。传统实体展馆在时间、空间、展示方式等方面存在着固有的局限，限制了场馆的社会教育、文化交流。数字展馆以多模式感知"数据"取代了传统实体展馆的集中静态收集"数据"，建立了更加全面、深入、广泛的网络连接，消除"信息孤岛"与"空间隔阂"，进而形成更加深入的智能展厅运行体系。不方便来现场感受或错过传统实体展馆固定开放时间的观众都可以在数字展馆获得良好的体验，不受时间、空间的限制，只需要一台计算机即可真实感受数字展馆的展品，体验文化魅力。这种"智慧馆"打破了实体馆与实体馆、实体馆与数字展馆之间的界线，构建了“以人为本、以人为中心、以技术手段为支撑”，线上线下相结合的新型展馆发展模式。

（2）打破功能限制

在传统的展馆中，由于信息的数量有限，大部分的展示形式都是扁平化的，观众只能被动地接受展示内容，而信息的接受范围是无法控制的。无论是在视觉感知，还是在互动体验上，都会给观众带来较差的体验观感。然而，数字展馆是通过新的数字技术和新的交互手段来展示和营造展馆氛围，从而创造一个新时代下的新兴产物。现代化的数字展馆是一种全新的沟通方向，突破了以往单一的沟通模式，以智能技术与人机互动为指导，丰富了现代展厅的表现形式，并扩展了互动的趋势。它可以使显示内容具有可及性、视觉体验具有多样性，从而达到信息文化的有效传递。

（3）打破内容限制

传统实体展馆常常出现以下这几种问题：展馆位置有限，无法做到将全部展品进行摆放，若摆放展品太过紧凑，又会显得展馆杂乱无章，毫无设计与规划；传统实体展馆不能与时俱进，相应的设计整改、展品添加更换与摆放整改费时费力，增添工作人员的压力；摆放与展示的展品大多数是真实文物或原版复刻的仿真文物，很少有参观者能够真正了解其历史背景、文化背景，其真正具有的意义与需要深度解读层面的东西更是难以参透，若没有相关人员进行讲解或视频播放相关背景，参观者也只能是“走马观花”式的参观，达不到传播信息的目的，而招聘工作人员与添加播放视频的相关设备，又在无形中增添了展馆的经济压力。而数字展馆不存在上述问题。实体展馆摆放不下的内容、无法在线下深度解读的展品、难以及时更新的内容，都可以在数字展馆上无限展示并快速搜索、播放相关视频与内容背景，弥补内容上展开的不足。

（4）打破固有模式

“科技延伸媒介形态，媒介更新思维方式。”随着媒介的持续发展，新兴的数字技术将会对展览领域产生深远影响。数字展馆是随着社会和信息技术以及大众思维的不断更新从而催生出的新的信息传播载体，作为传统展馆在时空维度上的延伸，它打破了传统固有的展馆模式，克服了传统展馆在时空上的限制，是“新媒介”环境下的一种全新信息载体。数字展馆逐步从静态走向动态，与互动技术相结合，增强与观众的互动，呈现方式更为多样。数字展馆通常都会加入很多数字化的元素，相比于传统的展馆，数字展馆更加具有交互性，给人的感觉更加生动和深刻，可以使展馆更具科技感，将高端科技技术和展馆设计相整合，对信息进行更详尽的诠释。

1.1.5　数字展馆的发展趋势与研究成果

据《中国展览经济发展报告（2018）》中相关数据显示，2018 年共有 12 个省、直辖市拥有 5 个以上展览馆，展览馆总数量为 125 个，占全国展览馆总数量的比例约为 76%。全国共有 10 个城市拥有 4 个以上展览馆，29 个城市拥有 2 ~ 3 个展览馆，占比达到 32%。其中，拥有 2 个展览中心的城市数量由 2017 年的 17 个增加到 22 个，增幅达到 30%。2016—2018 年我国拥有 5 个以上展览馆的省份总量占比变化，如图 1-6 所示。

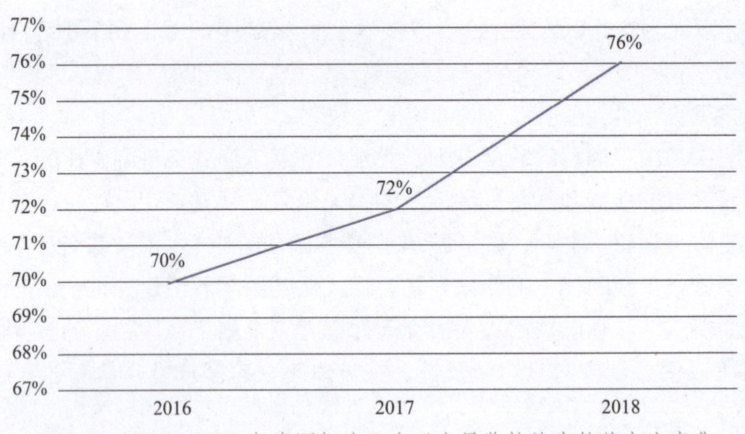

图 1-6　2016—2018 年我国拥有 5 个以上展览馆的省份总占比变化

随着全国各区域经济的发展，展览经济市场规模不断扩大，展馆需求持续扩增。2018 年全国展览馆按城市拥有数量占比情况如图 1-7 所示。

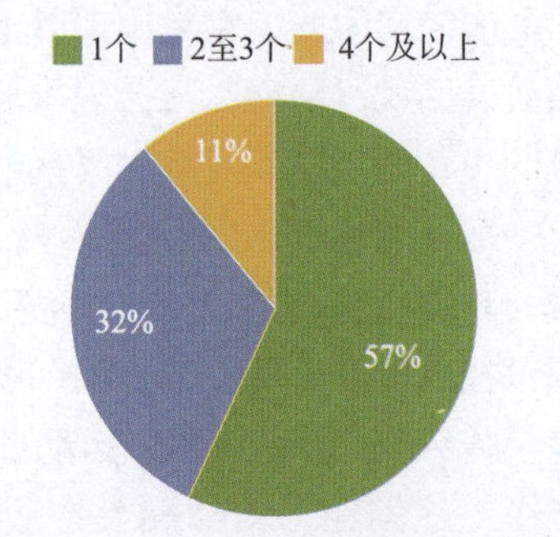

图 1-7　2018 年全国展览馆按城市拥有数量占比情况

而自 2020 年开始，我国展览数量和面积均出现大幅度下降。2020 年，我国共举办经贸类展览 1 984 个，同比下降 44.1%；展览总面积为 7 308 万平方米，同比下降 44.0%。然而人们对展馆的需求仍在增加，我国面临着展馆数量骤减与展馆需求量持续增长的难题。2016—2020 年我国经贸类展览场次及展览面积如图 1-8 所示。

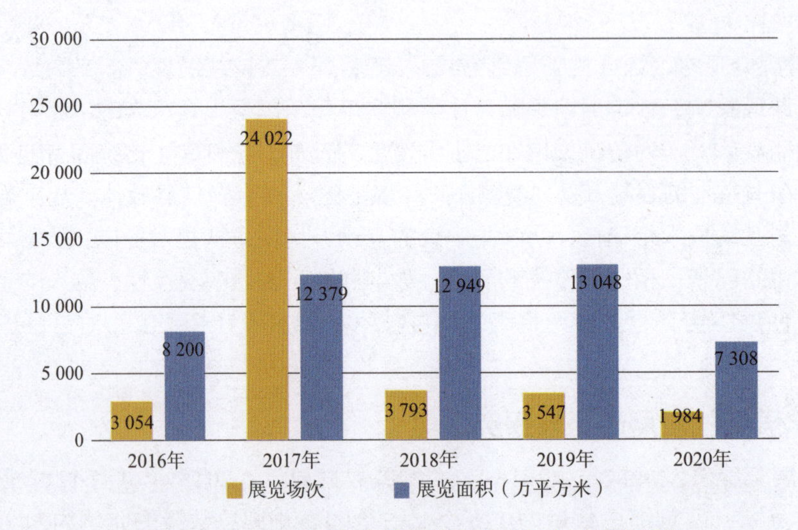

图 1-8　2016—2020 年我国经贸类展览场次及展览面积

随着近年来技术水平的不断提升，传统展馆也开始积极利用新技术进行改革，对自身功能进行进一步的转型与升级。新形势下，传统展馆也从人工化逐渐向数字信息化靠拢。2019 年末，国家七部委联合发布《关于促进“互联网 + 社会服务”发展的意见》（以下简称《意见》）。《意见》

中提出，推进社会服务资源数字化，激发“互联网＋”中华文明建设，鼓励发展建设虚拟文化馆、虚拟博物馆等，这说明国家对线上展示的足够关注，对弘扬中国文化对外交流的格外重视。展馆展现了一个企业、一个城市的精神风貌，承载着企业与城市悠久的文化历史。博物馆文物是人类宝贵的历史文化遗产，承载着优秀的传统文化，见证着社会的发展变迁，对普及历史文化知识，弘扬和传承优秀的民族文化，增强广大群众的文化认同和文化自信，起着重要的宣传与教育作用。但是，对于实体展馆里的展品来说，有些展品受保存环境等因素不便展出。对于大众而言，很多人因时间、职业、年龄等因素限制，也未必有机会可以经常走进实体展馆。而数字展馆的出现就打破了这些制约，满足了社会大众多方位的需求，不只是博物馆，虚拟文化馆、党建馆、名人馆等都具有重大的社会意义。相信参观过数字展馆的人，一定都会不由自主发出感慨，仿佛让文物、历史古迹奇迹般地“复活”了起来。

据不完全统计：全国城市博物馆和高校博物馆数量接近上万家，如果再算上党建馆、文化科技馆、廉政馆等则数不胜数，而所有的展馆都需要使用最好的展示标准来建设。数字展馆是顺应时代的产物，互联网与数字化技术的不断普及，为数字展馆的建设提供了良好的技术支持，特别是近几年技术的升级和 5G 时代的到来，以及七部委下发的具有指导性的支持文件，种种迹象已然表明，展馆的线上展示已经成为弥补线下短板的必要手段。

以现在的认知能力，我们可以预见未来的 5.0 展馆，应该是生物科技力量驱动下的充满生命力的新一代展馆，基因工程、细胞工程、次生代谢工程、蛋白质工程、酶工程、生化工程等生命科学体系，综合分子生物学、遗传学、免疫学、生态学、计算机科学各学科力量合成的生物学，会催生自然生长的 5.0 展馆，相比人工智能认识人的 4.0 展馆，5.0 展馆更接近生物概念的人。5.0 展馆不但会自主思考，还会像人一样茁壮成长。

1.2 数字时代展馆设计新特征

在现代科技的不断发展和数字化多媒体技术的不断应用下，展示设计已逐步倾向于数字化、交互化和虚拟化的发展趋势。数字时代的展示设计不仅保留了原始的、优秀的声光电等技术来进行内容的展示与传达，并且虚拟环境使用户能够全方位地调动所有感官，切身体验身临其境之感，更加具有吸引力与时代性。

1.2.1 观众需求——从接受到参与

时代在改变，观众对展览的要求也在改变。大众已不再单单满足于传统的文字、图片等死板的静态展示方式，而更多地希望可以通过动态、形象的方式来接受展览的信息，包括视觉、听觉、触觉等多方面的感知。在传统的展馆中，人们一进入展馆，立马就会有大量的资讯涌入眼帘，密密麻麻，使人猝不及防。在璀璨的灯光下，在展板上密密麻麻的文字和熙熙攘攘的人群中，人们只是匆匆浏览、拍照，展品在脑海里一闪而过。而当被问及“在展览会上，你最大的感受是什么？”或许，人们唯一的感受就是：“人真的多，展品真的很不错。”

而数字时代的到来，恰恰给展馆带来了新的契机，人们逐渐习惯了从单纯的被动接受信息，转变为交互式地接受信息。人们更乐于主动地投入到展览的活动中，而不是被动地浏览和接收，他们更希望能主动地去探究，从而体会到身临其境的“互动体验”。新媒介技术充分考虑了观众的因素，以动态的方式展示图像、声音、模型和场景，既能满足观众的好奇心，又能极大地提高展示的效率，增强展示的效果。新技术的引进使展厅的设计方法有了突破式的创新，通过动态呈现，实现观众和展品之间的互动。通过互动化、情节化、场景化的展示设计，让观众的主观能动性得到最大程度的发挥，并引导观众积极参与到展会中来，使展馆不再单纯地传递资讯，而是一次充满无限的趣味性和想象力的探险旅程。

随着交互设计在展示空间的应用，参观者从“旁观者”到“参与者”的角色发生了变化，人们不再只是单纯的看展览。在展厅中引入互动的视觉设计，改变了参观者获取信息的反馈形式，更多地关注参观者的视觉导向和沟通。使得表现平台能够全面了解参观者的表情和心理，更能体现出视觉辨识的正确性和互动性。智能交互平台以机器取代人类的思考方式，从单纯的观展到多维度的交流。现代展厅的视觉设计注重参观者对视觉环境和表达空间的感受，它不仅是建立展品与参观者的沟通机制，更是展馆中视觉信息与参观者所进行的多维互动，通过展品营造视觉语言和参观者的空间氛围，从而使参观者能够在展示过程中产生情感共鸣。通过让人和物体在空间上相互影响，感受到真正的感觉，及时反馈，让参观者从“旁观者”变成“参与者”。

科技的发展、媒体的更新，使人们的审美意识得到了升华。在新媒介时代，人们为了满足自己的心理需要，不断地寻求各种各样的经验。数字化时代，展馆不再仅仅是一个单纯的“展示”场所，而是逐步地渗透到人们的日常生活中，成为人们日常交流、学习、消遣的一种形式，而观众对展厅陈列的要求也在不断改变。在新媒体呈现设计潮流的今天，“注重设计的人性化，注重参与者的情感体验”已经成为每个设计师的基本理念。“由物到人”的陈列设计，逐步形成了以“怎样充分地融合展示信息和观众的交互”为核心的设计。展馆的设计已由过去的单纯实物陈列，转向了新的人机互动、双向沟通的形式。数字展馆以“观者”的角度设计，使参观者更多地参与到展馆的展示设计中，从而为展览设计的起点带来新的变革。例如，目前的 AR 眼镜已经不再单纯地满足展示信息的需求，而是以使用者为中心。

人脑对视觉信息的认知有着自己独特的特性，计算机可以将这些信息进行分析，生成与真实感受极为接近的影像。虽然这些影像大多数是由数字技术模拟出来的，但在经过数据处理后，会给人一种极为强烈的视觉冲击，使虚拟展示不再是单纯的点、线、面的结合，而是利用数字技术，利用影像、图形、动态模拟等技术，将真实的影像呈现出来。由幻影或投射影像构成的虚拟空间，虽然无法延伸到真正的展示厅或展示区，但它可以快速地营造出开阔的视野，营造出一种奇特的氛围，营造出一种丰富的空间层次，营造出一种如梦似幻的感觉。

现代展厅设计强调的是人与人之间的互动以及信息的接收，现代展厅的视觉设计是通过计算机进行计算机处理，实现展品、观众、环境的跨界融合，通过用户的不同需要，创造出不同的体验，从而提高人们与空间的关系。借助这种智能化的展示平台，观众可以迅速地与场馆的环境融为一体，发掘观众的情绪感受。观众由于参与而得到了视觉美感的提升，而智能技术使得展览与空间之间更和谐，立体的视觉设计使得展厅的视觉设计更自然、更具视觉冲击力。

数字展厅的设计正是在特定的空间中，将展品的文化价值的内涵形象化，使人们仿佛身处于环境之中，并与所需展品信息进行深入的交流，这种方式不仅提高了参观者的兴趣，还会让他们感觉到异常的亲切与可靠。目前，大多数数字展馆都是采用虚拟现实技术、触摸屏、三维图形、三维显示系统、交互投影等技术手段，以此达到一种交互式、沉浸式体验，增加了参观者的参与感。

1.2.2　展示形态——从单一到多元

传统的展厅以静态展示为主，运用空间、材料、灯光、动线等要素进行空间与流程的设计，并将其以静态的形式按顺序依次传达给观众。

目前的展厅在陈列设计中引入了大量的计算机科技，并以数字影像为主要媒介，充分运用声、光、电、多媒体等多种形式来吸引参观者，使其成为二代展馆。与第一代展厅的静态陈列相比，这一多元化的传播方式更有趣，能承载更多的信息。与传统的静态展厅相比，二代展馆在形态、效果上更具观赏性，但它还只是一个封闭的展示平台，不能打破时空的限制。

二代展馆的缺点如下：

第一，由于地理位置的限制，即使有更好的体验和展示，也需要参观者进入展厅，影响整个展厅的活动，不能最大限度地吸引参观者。

第二，由于展厅面积有限，实物陈列不能全部展出。

第三，多数展馆在展示方式只采取图文展示的方式，缺乏深入的内容。

第四，缺乏连贯的互动，参观者仅限于现场参与，缺乏在线参与。

第五，缺乏可持续经营的能力，在场馆建成之后，展馆的内容和陈设不易改变。

第六，在以上条件下，博物馆、美术馆、文化馆、科技馆等二代展馆的表现形式逐渐成为相对封闭、受众比较窄的平台，未达到建设预期。

为了达到更好的展示效果，解决二代展馆面临的“瓶颈”，创图科技有限公司率先提出了“三代展馆”的理念，也就是以因特网为基础的展馆。以因特网为基础的第三代展馆打破了传统场馆的时空限制，为参观者带来全新的体验。

第三代展馆参考实物，运用互联网、3D、多媒体等先进的数字化技术，使展厅内的展品更真实，并根据实体展馆展示理念，结合互联网优势，在原有主题的结构内容上进行全新的空间和内容深度拓展，从而构筑一个能够进行沉浸式体验、实时性互动、多种多层交互、参与表达并具有其他辅助功能的数字虚拟展馆网络平台。其特点是：空间无限扩展、内容即时、受众活跃、服务多样化，是传统展馆与前沿科技相结合的展馆。“活”展厅、“动”展项、“智慧”经营是新特色。第三代展馆突破了时空的局限，让展馆成为一个永远不会关门的地方。第三代展馆不仅是一种特殊的商品或展品，更是一种创新思维、一种全新的方法，以这种思路为基础的综合解决方案，可以大大降低建筑造价，加快建筑进度，增加展览方式的多样性和灵活性。

新媒介技术在数字时代的发展，使人们步入了“全媒体”时代。“全媒体”概念的提出与实际运用，是由人类科技革命和因特网推动的数字革命所产生的必然产物。全媒体是一种综合的媒介，它突破了传统展馆设计中各种媒体的对立，将文字、图像、声光电等各种形式结合在一起，并在媒介的融合中，将全方位、立体的信息展现出来。

在传统的展馆陈列设计中，以静态陈列为主，观众通过直观的方式来获取信息。传统的静态展示方式是单一、被动的展示方式，单调乏味的展示方式已不能完全适应信息的传达与再现。随着数字化时代的来临，新媒介技术为人类带来了全新的“沉浸”美学表现和“沉浸”感官体验。“新”时期，科技与艺术的高度结合，使展馆的设计变得越来越多样化。各种陈列形式的多样性，给人以视觉、听觉、触觉等不同感受。在展示信息的传递中，受众不仅从感觉上接受了信息，而且从心理、生理、精神三个方面都能得到信息，并能及时地反馈。原研哉（Kenya Hara）在《设计中的设计》一书中说：身体的每一部分都是讯息的接受者。新媒介呈现设计由单一媒体向全媒体的变革，使资讯呈现多形态、多媒介传播，并全面激活观众的视觉、听觉等感知器官，参与呈现资讯的全过程，达到“跨感官”、立体化、多层次的传播效应。

新媒体技术赋予了数字展馆设计的“新”形态，同时也赋予了数字展厅独特的真实感与全方位的视觉体验，让参观者如身临其境一般。另一方面，通过数字手段的交互和交流，可以让参观者完全沉浸在“身临其境”的氛围中。新媒体技术的出现，使得展示的内容从有形到无形，从单一到多元，从单一的静态到多维度、动态的展现，为数字化的展厅设计注入了新活力。

数字技术在展示设计中的应用，使得展示形式从单一静态转变为多元互动。随着科学的发展、技术的进步，从传统展馆到数字展馆，展板、展柜、模型，文字已经不再是展馆进行展示的唯一手段。数字展示技术在很大程度上解决了展示形态单一的问题，通过必要的数字展示手段可以将复杂的东西简单化，将一些难以用语言和文字表达的内容更准确地传递出去，并通过将传统展示手段与数字化多媒体技术的融合，打破传统的展示形态，丰富展示形态的多样化。

1.2.3 展馆功能——从展示陈列到双向互动

数字时代，展示设计已经成为一种艺术与技术的融合表达，并承载着时代文化的综合性艺术活动。数字展馆可以达到“想看什么就看什么”的效果，它可以通过增加展厅的内容，利用虚拟场景中的光影效果和音像空间的搭建来创造出更多的体验空间。不同于传统展馆的展陈形式，数字展馆将设计的重心转移到互动方面。从信息传播的角度来看，交互性是数字化展示设计区别于传统展示设计的最主要特征。交互性（Interactivity），是指在虚拟场景中，体验者可以使用感知装置，通过自身的运动来控制所感知到的信息，而非单纯地被动接收，在传统展馆中，使用者主要是通过鼠标、键盘等单一的输入设备接收信息，而如今，通过数据手套、语音识别、力反馈装置等设备，用户足不出户就能获得传统展馆的体验。

在三代展馆的建设中，始终秉承着“互动”、“体验”和“互联”理念。

互动是指参观者通过互动的形式主动地理解新功能，探索新的商业活动，在互动中轻松愉快地观展；展览的展品也会因参观者的参与而发生变化，新的问题、新的解答、新的图像、新的图片，每天都在发生着变化。

体验是以参观者的经验为核心，从三代展馆的特色出发，对展厅进行设计与体验，使参观者从体验中获得乐趣和触动。资讯交流与共享是呈现经验的必要要素，线上与线下的互动交流，也是一样的重要与鲜活。

互联是指与多媒体装置进行语音、动作、短信等随意交流，使参观者与展品进行友好地“交谈”，从而解决了人机交互问题。通过互联网资源，参观者可以很容易地获取最新的信息，并得到别人所没有的经验。网上展览馆 24 小时开放，不能亲自光临展馆的参观者可以在网上浏览。借助互联网媒介，扩大展馆与参观者的交流，扩大展馆的影响力和用户黏性，吸引更多的参观者前来参观。

虚拟博物馆是一种基于互联网的博物馆，它可以通过互联网走近普通民众。在虚拟展厅中，参观者可以亲身体验到数字化的实物博物馆，既能参观，又能对展品进行点评和补充。

在与展品的交互作用下，展厅变成了“活”的展厅，展品变成了“动”的展品，使其真正成为“有生命、有智慧”的城市记忆。

同时，智能技术也将虚拟和真实融合在一起。传统的展厅视觉设计仍然局限在真实的展示场景中，它需要大量的实物来支持。而通过虚拟技术，它就能让展厅“活”起来。展览技术将以人工智能技术为基础，在此基础上，利用虚拟和真实的设计，不再需要消耗大量的物资。利用虚拟技术，增强了展览的循环效应，丰富了陈列设计的多样性。在展示效果方面，数字展馆以多种创意的形式表达，以“虚拟”和“真实”相结合的方式，给参观者带来了强烈的视觉冲击，激发了参观者对“实物”的强烈渴望，使参观者在情绪上认同。在展馆的视觉设计中，运用虚拟定位技术，让参观者能够与真实的场景进行充分的交互，尤其是对于特定的区域文化，以及一些难以修复、保护的展品，一些特殊的区域特征，很难用直观的视觉语言来呈现，更不可能呈现在参观者的面前。比如书本、字画等都是用非常特别的材料制作而成，实物展示会对这些珍贵的文物造成一定的损坏，而且这种损坏是不可逆的，也很难恢复。这就使得参观者很难真正感受到它们的存在，但是数字展馆却能让参观者完全沉浸在其中。

在传统的展馆设计中，展馆的作用主要在于展示，盲目地向参观者传达信息，缺乏信息反馈机制，使其无法与参观者产生共鸣。在“泛娱乐化”的今天，展馆的设计也体现了参观者对娱乐性的要求，因此，展馆的功能也随之发生了变化。在数字化时代，展馆陈列设计要运用“新”的方法，以激发参观者的兴趣。新媒介技术使展厅展示设计由单一的展示陈列走向双向交互，使展馆展示设计以“新”的形式呈现出来，而“互动性”则是其主要特点。

数字展馆的“互动体验”打破了以往单一的展馆沟通方式，采用新媒介技术，将多种交互方式运用于展馆设计，使展览活动的双向互动交流得到了很大程度上的扩展。与传统的展览馆不同，数字展馆的“互动体验”使参观者能够通过触觉、视觉等多种感官全面地感受到展览的全部信息。新媒介技术将会给展馆的陈列设计带来全新的变革与发展，将新媒介技术与展览设计相结合，使参观者可以在数字展馆内全身心地感受和体验“真实美”。

新媒介技术不仅使展馆的信息传递方式发生了变化，而且还使传统的展览形式与参观者接收信息的方式发生了变化：从单一的视觉欣赏模式，变成了一种全方位的互动体验。新媒体展示技术通过不断创新的人机交互手段，改变了展馆的功能，从单纯的陈列，变成了一种与时代接轨的新型互动交流形式。

1.3 数字时代展馆设计新趋势

随着数字化时代的到来，展示设计逐步由以往单一的设计形式转化为融合技术与艺术的综合设计形式。展示设计领域的不断发展延伸，使得数字化时代的陈列形式和表现媒体由有形向无形、由真实向虚拟、由二维向三维、由有限的资讯向无限资讯转变，展示设计发展的新趋势，不仅延伸了展示设计的概念，也使得展示设计领域的思维方式发生了革命性的变化。展示设计是一门以环境艺术设计为主，综合多种其他相关设计的综合性领域，它同时具备形象策划、视觉传达、人体工程、空间规划等多种学科的特征，已逐渐由“三维设计推进到了四维设计乃至超维设计”。

1.3.1 信息获取多元化

在 2018 年福州博览会上，广州智在云天文化科技有限公司的“地面互动”展项，以展示项目的趣味性、互动性为出发点，整个展项通过 14 块高清屏所呈现的数字影像来模拟“曲水流觞”的溪流，观众扫描屏幕显示的二维码，从而进行游戏互动。在参与游戏的过程中，观众能够真正地融入情景中去理解展项所要传达的信息。这便是信息时代下新技术带给我们极致的独特体验。

信息的多元化指的是信息的种类多，信息的来源渠道也多。传统展馆的主要问题之一便是信息的传递效率较低，而展馆建设的根本目的便是将所要表达的内容尽可能地表达并传递给参观者。传统实体展馆参观者只能通过线下指定地点以参观的方式获取信息，在参观过程中，参观者还要面临视觉疲劳、相关背景了解不充分导致深入问题难以理解、参观路线混乱导致部分展品未能参观等问题，无形中加大了信息传递的难度。数字展馆的出现，恰好能够完美地弥补实体展馆的大部分缺陷，为线下实体展馆提供了解决问题的新思路。数字场馆采用了声光电等多媒体技术，对展馆晦涩难懂的内容进行展示与传递，将枯燥难懂的文字转化为音频、视频，同时基于数字技术创造的虚拟环境，打破了真实世界的时间与空间的限制，能够全方位积极调动参观者的所有感官，增强与参观者的互动体验与内容的趣味性，使参观者能够身临其境地体验展示设计的时空艺术和科技魅力。

1.3.2 展示设计情感化

时代的浪潮促使商品不断推陈出新，产品的竞争也随之愈发激烈。在最早的产品设计中，产品仅仅依靠功能就可以在竞品中脱颖而出。在那个时代“能否被使用”成为一个产品是否成功的评判标准；后来，在越来越成熟的互联网产品环境中，“产品是否好用”成为一个新的时代标准；再到 21 世纪科技的不断发展，行业的激烈竞争，此时同类产品之间的具体功能非常接近，接近到已无法再去通过不断的堆叠功能产生明显的差异化时，产品的“易用性”成为另一个落脚点。在不断地接近、尝试与标准的更新换代中，同类产品的易用性也趋于相近，如何解决产品竞争力的问题就再一次摆在了产品设计师的面前，此时一个新的标准也逐渐浮出水面，这便是：情感化设计。

情感化这个概念，很早就被提出过。2005 年，唐纳德·诺曼（Donald Arthur Norman）在其《情感化设计》一书中，以本能、行为和反思这三个设计的不同维度为基础，阐述了情感在设计中所处的重要地位与作用，深入地分析了如何将情感效果融入产品的设计中。以唐纳德·诺曼的话来总结，就是：“一件产品的成功与否，设计的情感要素也许比实用要素更为关键。”情感化设计就是从用户的角度出发，将用户的情感反应、用户的需求和思想融入设计中，使产品和用户有更深层次的情感沟通。

在产品设计过程中，情感化的重要性也越来越被凸显出来。无论哪种媒介，情感因素都决定了是否会留住越来越多的用户，而展示信息在传播过程中是否与用户产生了情感共鸣，将会决定用户对产品的好坏评判。展示设计的情感化，就是满足用户物质与精神两个层面的需求，不仅要将信息有效地传递给参观者，更要实现参观者与展品之间的共鸣。所以，在数字化展示设计领域中，应该以观众为中心，重视观众的情感体验。观众通过视觉、听觉、触觉等五种感官，从互动的过程中获取知识和快乐，从反省的层次上获取精神愉悦。产品设计竞争趋势变化如图 1-9 所示。

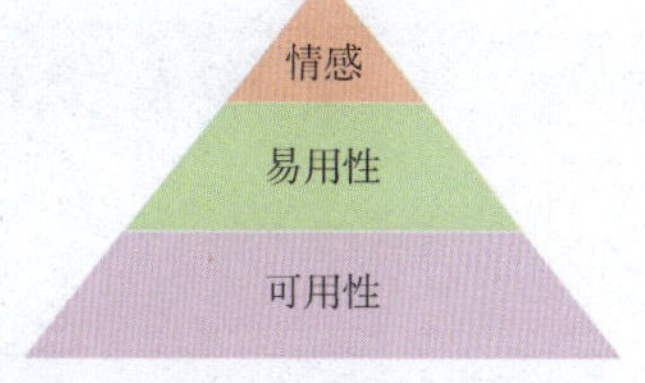

图 1-9　产品设计竞争趋势变化

1.3.3　用户参与互动化

在叙述内容传播的过程中，数字展馆相对于实体展馆，表现出了更多的创意。在有限的播放时间和流量下，数字展馆能够创造出无限的艺术想象力，并充分运用与其内容相匹配的设计形式，令参观者在工作和生活中获得乐趣，从而为参观者带来最大的流量使用体验。数字展馆通过其三大特征（可读性、可视性、悦耳性），以其独特的魅力，助力展馆技术的数字化变革。

在当代展厅的视觉设计中，参观者能够与产品和周围真实的环境进行实时交互，获得正确的引导和个性化的展示。这一概念是通过对参观者的行为进行有效的识别，以特定的方式向参观者传达信息，使参观者在经历的过程中获得心理上的满足，进而引起心理共鸣。所以，在智能导航技术的设计中，应该注重展馆的智能化与交互性。在展馆的互动视觉设计过程中，要充分考虑参观者对信息的需求，通过智能的互动、丰富逼真的体验方式令参观者产生强烈的参与感，使其对展览的印象更加深刻，同时也让展览的影响力和扩张力得到进一步的提高。

传统的展馆只是在入口处设置了一个总体平面图，包含了整个展厅的空间和功能分区。简陋的造型没有为用户带来强烈的视觉感受。卢浮宫博物馆引入了掌上电子游戏导航系统，这是一种实时的交互式导航系统，通过智能的导航系统，可以让参观者随时掌握自己的位置，并根据参观者的需要，将参观者带到他们想要去的地方。多点接触互动技术提高了设备的易用性，通过实时的位置来控制参观者的位置，虚拟显示场景信息提供了一个可以与参观者进行实时互动的环境，使参观者可以更快速、更准确地了解信息，从而更好地参与展会。在现代展厅中，交互的方式可以大大降低物理媒体的使用，并且在信息的传输效率上，交互式的数字展馆比传统展馆效率更高、信息传达更为精准。

展馆中相应的文字介绍体现出用户交互的可读性。可读性交互形式如图 1-10 所示。

图 1-10　可读性交互形式

文字提示操作，用户通过单击进行下一步操作。可视性交互形式如图 1-11 所示。

图 1-11　可视性交互形式

展馆中参观者靠近电视墙就会触发播放视频，产生视听的联觉效应，使用户身临其境。悦耳性交互形式如图 1-12 所示。

图 1-12　悦耳性交互形式

现代数字化展示设计更加注重交互性，以参观者为展示设计的中心，强调参观者的主观能动性与互动性，以自然的方式在虚拟环境中进行实时有效的操作，例如，参观者可以对虚拟环境中的对象进行操作，计算机或手机会根据参观者的操作做出相应的显示。引导参观者在参展过程中积极参与其中，并在生动形象的“真实”环境中全方位地了解展示内容。如果参观者想要近距离欣赏一件展品，他可以随意调整角度，使欣赏展品更为便利。利用这一数字化的展览方式，使参观者和展品之间的交流更加紧密。

1.3.4　技术手段多样化

传统的展览仅限于实体空间和实物陈列的基础上，即使借助图像、影像等多种形式的多媒体手段，展示的内容也会受限于实体空间。随着陈列设计和数字技术的不断发展，传统的视觉效果无法满足陈列设计多样化的信息呈现形式。既需要更先进的技术去实现与参观者的交流沟通，又要满足参观者的多样化要求，这就给陈列设计提出了更高的期望和要求。传媒的发展和新媒体技术的变革，使陈列设计呈现出更多的技术形式。例如，数字科技给我们带来了更多的自由空间，让我们不再被限制在一个特定的地点、特定的空间。交互艺术作品使参观者不再是一个纯粹的观众，他可以与美术作品进行交互、沟通，同时也可以在任何时间内决定艺术品的大小、前后左右视角等状况。虚拟现实技术的兴起，为展览设计注入了新的活力。数字技术的大量运用，使艺术形式得到创新性的扩展。展览设计是将色彩、光、音乐、视觉艺术等多种艺术与科技相结合，为观众呈现出全新的互动体验空间，实现展示信息的全方位传播。

数字产品已经渗透到我们的工作和生活中，数字展品从静止走向动态，直至今日的交互显示，构成了一个丰富多彩、巨大的工业系统。各种虚拟现实、增强现实、全息投影、互动投影、球幕、弧幕、折幕投影、数字文旅、数字舞蹈、数字沙盘、光影艺术、特效影院等新技术不仅在网上引起了热议，更是一种科技潮流。数字展览展示行业的系统和产业链正在不断地进行着技术创新，并对社会的生产和生活产生深远的影响。

1. 交互式屏幕投射

在大厅中，大屏幕投影是非常普遍的，可以将大量的信息展示出来，从而实现信息的共享。大屏幕投影仪采用多个投影仪，将全息影像完美地呈现出来，并配以环绕立体声，营造出一种全身心投入的感觉。

2. 多媒体沙盘

多媒体沙盘，是一种高科技产品，将现代电子技术与实物沙盘相结合，并运用多媒体和投影技术，以投影的形式，将运动的效果投影在真实的沙盘上，并配合灯光、音响和声音的解说，使观众能更直观地获得简洁、优美、逼真的动态信息。它可以让观众全面、立体、直观地了解展览对象，具有较强的冲击力和感染力。

3. 交互式滑道屏幕

交互式滑道屏幕突破了传统的触控方式，采用独特的机械式控制设备，配合高清 LCD 幕墙，可交互操控画面，在相应的位置设定不同的触控点，并预先在滑动轨迹上安装感应电路，当滑轨运行到感应点时，系统自动切换播放至相关内容。现如今，交互式滑道屏幕已广泛应用至直线滑轨电视、圆形滑轨电视、计算机、灯箱等。

4. 虚拟翻动书籍

通过虚拟书籍，观众可以随意翻动一本书，虚拟技术将里面的场景和声音展现得淋漓尽致，具有良好的人机交互效果，带来直观体验，提升趣味性。

5. 触摸屏式查询系统

触摸屏式查询系统是多媒体展厅中不可或缺的一种展示方式，其目的是让参观者在交互性上获得更好的体验，同时考虑到“人性化”的元素，便于参观者查阅相关资料。

近年来，随着数字媒体技术的不断普及，各种诠释主题的陈列设计都采用了数字媒介，以创造一种全新的观展体验与互动气氛。数字媒体是指将多媒体技术的优点，如文字、动画、图像、音频、视频等，通过计算机对多媒体进行数字化处理，从而实现多媒体信息的表达、处理和存储。数字媒体技术自从进入 21 世纪后，在我国博物馆展览中得到了广泛的应用。当今世界顶级场馆都在运用最新科技，藉由虚拟现实技术将枯燥的资料转变成生动的画面，让科技馆步入大众的互动时代，让参观者产生浓厚的兴趣，进而达到科普的效果。

1.4 数字展馆的发展与对策研究

对某些行业来说，展馆展厅的建设是刚需，市场需求量也在逐渐增加。全国很多城市都有不少的展馆展厅已经建成或者正在建设、筹建中。也有很多中小城市展馆展厅建设完全空白，这将是未来展馆展厅需求扩大的重点发展方向。在参观者对信息品质和美学要求不断提升的今天，传统的单向、单调的声、光、电展示方式已不能适应市场的要求。在这样的大环境下，数字化展示艺术开始流行，并随着科技进步而蓬勃发展。各种数字多媒体展示技术通过各种艺术手段加以组合应用在展厅展馆中，和传统展示相辅相成。动与静的结合，艺术与科技的结合，内容和形式的统一，使展馆具备了更大的信息内涵与吸引力，互动性也极好，在给参观者带来震撼视听多维度体验的同时，也大大提升了品牌的价值，富有独特的生命力。数字多媒体展馆展厅已然成为建设的热潮，有着良好的发展态势。“互联网 + ”技术给展览企业带来新的发展机会。未来，展览业数字化转型趋势明显。

1. 线上线下融合成为展览业发展新模式

2020 年左右，展会形式发生了微妙的变化。“小现场 + 大线上”的混合展示活动重新塑造展会的整体运营链，展示形式、业务模式、定价模式、利润模式都带来新的价值创造和服务的革新，展示产业正朝着数字化、平台化、生态化方向大步前进。

2. 数字化展览信息平台建设潜力无限

传统展览的前期准备耗费大量人力、物力、财力，并且效率不高。“互联网 + ”时代背景下，展览相关企业开始建立自己的数字化平台，围绕展览参与各方，通过网络信息管理平台，进行信息的搜集、分析和管理，从而更高效地为企业经营和决策提供有效信息，全面发挥展览企业的服务功能。展览数字化平台的建立，将打破时间和空间的限制，有利于观众了解展览信息，吸引更多的观众前来参展。观众的主动选择性更强，展览信息的宣传推广效果更佳，辐射范围更广，在营销载体和营销策略上带来革新。在搭建大数据平台的基础上，展览企业将进一步充分利用数据挖掘、室内定位、机器仿生学习、人工智能等科技，驱动开发现代展览产业体系。

3. 跨界融合为展览业发展注入新动能

展览业的价值主要通过展示的技术化、专业化和商品化来实现，其价值链的融合也要以展示为基础，围绕营销、体验和创意等途径，加快实现与相关产业的深度融合。展览业有望与以下相关产业实现融合，延长国内产业链。一是充分发挥会展行业的市场作用，加快与普通行业的融合。比如，通过专业的产品展示，促进行业的融合；举办本地工业展览会，提高其城市和行业的知名度。二是促进展示技术的发展，实现与通信、传媒、出版等行业的融合。比如，通过技术整合的途径，实现线上和线下的协同发展；利用数字技术（虚拟现实技术、3D 技术），提升用户的体验，提升产品的技术水平。三是充分利用展会的经验路径，加强与旅游、休闲产业的结合。推动会展和会展旅游、会展休闲等行业的结合，既可以带动当地的经济发展，又能丰富人们的旅游、休闲体验。四是发掘会展创新的途径，促进会展与创意产业的融合。创意自身要通过展览而得到认同，通过各种活动的沟通，才能产生创造性的冲突。促进创意文化与会展的结合，加快创意园、创意展、创意会等展示文化产业的发展，是今后会展业融合发展的一个重要趋势。

本章小结

本章主要对数字展馆的概念、历史、分类、特点等进行基础介绍，学生通过对数字展馆基础知识的学习，逐步了解传统展馆与数字展馆的不同之处，以及了解数字展馆未来的发展特征与趋势。未来的数字展馆设计趋于多元化，参观需求逐步提升，交互趋势增强，设计情感化增加，技术手段多样，在学习时应注重特征与趋势变化。

知识点速查

- 展馆，又名展览中心、展览厅、展览馆，是可以从事展览等相关活动的地方。数字展馆指利用数字手段，实现藏品保存、陈列展示、科学研究和社会教育等功能，构筑虚拟世界的展览馆。
- 数字展馆主要基于实体展馆，利用科技把实体展馆转移至网络上。
- 纵观数字展馆历史，可以将其分为 1.0、2.0、3.0、4.0 四个阶段。需注意的是，数字展馆的四个阶段并不是各自发展，而是四个阶段相互融合。
- 按照应用领域分类，数字展馆可分为：纪念类数字展馆、企业类数字展馆、规划类数字展馆、科博馆类数字展馆等。
- 按照展示方式分类，数字展馆可分为：屏幕展示类数字展馆、数字电子沙盘类数字展馆、全息投影类数字展馆、虚幻现实类数字展馆等。
- 按照展馆设计主题分类，数字展馆可分为：文化类主题数字展馆、艺术类主题数字展馆、科技类主题数字展馆、生态类主题数字展馆、城市类主题数字展馆等。
- 数字展馆与传统展馆的比较：传统展馆建设周期较长，造价高昂，人力物力等资源浪费严重；展馆只限于平面设计，缺少灵活的设计方法，呈现形式较为单一，无法打破空间与时间的局限，观众较为被动地接收信息，较为枯燥繁杂。数字展馆以新兴数字技术为载体，采用线上线下相结合的新型发展模式，表现形式丰富，呈现方式多样，消除“信息孤岛”，新颖灵活，交互性强。
- 数字展馆独特的优势：打破时间限制，打破内容限制，打破功能限制，打破固有模式。
- 数字展馆新特征：观众需求从接受到参与，展示形态从单一到多元，展馆功能从展示陈列到互动。
- 数字时代展馆设计新趋势：信息获取多元化，展示设计情感化，用户参与互动化，技术手段多样化。
- 数字展馆未来发展趋势：实行线上线下融合，跨界融合新模式，建设数字化展览信息新平台。

思考题与习题

1-1 数字展馆具体指的是什么？主要基于什么？

1-2 数字展馆的发展历史可以分为几个阶段？发展阶段是相互独立的吗？

1-3 试述数字展馆按照应用领域的分类类别。

1-4 试述数字展馆按照展示方式的分类类别。

1-5 试述数字展馆按照展馆设计主题的分类类别。

1-6 试总结传统展馆与数字展馆的区别。

1-7 试简述数字展馆的优势。

1-8 试述数字展馆所需要用到的一些数字技术。

1-9 试述数字展馆新特征。

1-10 试述数字展馆新趋势。

第2章 数字展馆建设

本章导读

本章共分三节，分别讲述了数字展馆的建设内容，数字展馆的体系结构和数字展馆的资源层次化描述。

本章从数字化展馆的建设入手，分别介绍了数字展馆资源建设、平台建设和资源描述规范建设，数字展馆的体系结构、功能描述以及数字展馆的资源层次化描述等内容，全面介绍了数字化展馆建设过程。

网络有着海量的资源，要想高效使用这些资源，必须要对资源进行准确、快速的定位。尽管这些资源和资料可以被机器读取，但是机器无法理解，也无法用人力来处理海量的网络信息，更无法实现全自动化的管理。可以将元数据视为一种介于两者之间的解决方法。

学习目标

- 掌握数字展馆建设内容。
- 掌握数字展馆的体系结构。
- 了解数字时代展馆的资源层次化描述。

知识要点、难点

1. 要点

- 了解数字展馆资源来源渠道。
- 了解虚拟现实技术在建设数字展馆中起到的作用。
- 熟悉数字展馆资源建设部分的内容。
- 熟悉数字展馆数据加工及管理方式。
- 总结数字展馆建设的总体结构、通用体系结构。
- 归纳数字展馆系统功能。

2. 难点

- ◆ 熟记数字展馆的资源描述规范建设及资源层次化描述。
- ◆ 掌握元数据概念与资源描述对象概念。
- ◆ 总结资源合集特征，理解资源描述框架。

2.1 数字展馆的建设内容

数字展馆应确立以大众为中心的用户导向，以满足用户需求为标准，它包含从基础数据开始到应用终端的一系列内容。数字化展厅是对陈列文物等进行全方位、多种形式的收集、整理、储存、处理，并通过互联网和一系列的有关法规，使资源得以共享、使用、管理。在数字展厅中进行虚拟现实技术的研究，既可以有效地推动数字展示技术的发展，也可以为其优化和应用带来深远的影响。

2.1.1 资源建设

1. 基本要求

数字展馆的资源建设应以大众审美为标准，并在此基础上突出地方特色。资源分类的标准必须由资源识别来实施。要加强对数字文化资源的采集和利用，提高其处理能力，促进其创作、传播与利用。要实现数字资源的建设，需要具备相应的设施、设备、人才、技术等。

2. 数字展馆资源来源

与传统实体展馆藏品保管与展示中所用到的藏品分类描述等各项规范性标准建设一样，数字化馆藏的内容包括：文本、图像、音频、视频四大要素，数字展馆的数字化资源又包括藏品描述、藏品图片、音视频、动画、三维模型、文献等，并根据技术要求，按结构模式、栏目要求进行归类。通过对馆藏基本信息的采集和三维建模等方法，可以实现线上存储馆藏机构功能、环境、时间等相关信息，从而建立起以海量数据存储和多维表达为基本特征的数字展馆信息资源平台。通过对馆内、网上馆藏的信息进行数字化传输、存储，实现“数字典藏”，将馆内各类信息进行整合，形成以藏品为核心、准确权威、分类清晰、便于检索的数据库体系。资源的收集主要是通过网站、数字媒体、多媒体等手段，通过图片、视频等多种方式进行。与现场场馆相比，它突破了地理空间的局限，在网络的无限空间内进行了扩展。

数字藏品资源的描述和处理，是数字展馆建设的一项核心内容，数字展馆中的资源描述规范，需要提供藏品信息资源完整的描述形式，为多种数字化资源提供规范的描述方法，形成一套规范的信息体系。因此，数字展馆承担着发现资源、描述资源与处理资源的作用。与此同时，数字藏品资源描述还关联着提供标准、数据访问接口等功能，数字展馆将这些信息数字化后，以各种形式进行存储，并将管理、查询和发布集成在一起，使这些资源能够在网络上传播。针对这些数字资源形成规范化描述方案，提供资源描述元数据规范的组织结构，解决对象的访问和服务等问题，从而最大限度地利用这些规范描述资源。不同国家和地区的展馆在对其文物藏品的管理中形成了自己独特的数据采集记录方法，因而展馆藏品数据记录项目不一致。针对数字展馆藏品资源的特点，建立适合于多领域藏品资源的描述框架，为展馆开展深层次的资源融合和信息智能服务奠定基础和提供解决方案，是当前全世界数字展馆相关专业人员、计算机技术人员的重担。

3. 数字展馆版权

数字馆藏的著作权可划分为：自主开发的馆藏和向社会征集的资源，用户同意的共享资源应当明确属于实施征集的文化馆。

4. 数字展馆资源建设

① 以向社会征集、购买或自建的方式，建设图片、视频、音频、文字等形式多样的数字文化资源库。

② 根据本地特色文化，省级文化馆和有条件的市（地）级文化馆建设特色数字资源库。

③ 结合各类群众文化活动和艺术档案的建立，采集、加工、整理相关数字文化资源。

5. 数字展馆资源的数据加工

通过对所收集到的数据进行重新加工，按照标准元数据的定义进行整理、加工、组织，形成一套完整的数字化资源库。利用软件技术对原始图片进行基础加工、编辑、基础组合、精细加工、艺术技术处理，并适当开发一些网页系统。

6. 数字展馆资源的数据管理

一是对资料进行管理，即设立独立的办公软件，根据虚拟展厅中的项目要求，对原始数据、加工数据进行存储、分类，并及时更新。二是对人员的管理，及时监督与虚拟展厅相关的各部门与主管，建立起一个良好的工作队伍。

2.1.2　系统平台建设

如同实体展馆需要一个展示储存展品的地方一样，数字展馆也需要一个展示的载体与平台。数字展馆作为近年来新型展馆类型，肩负着对馆藏资源进行数字化管理、保存、共享与动态展示的功能，实现对分散的数字馆藏资源进行集中式与分布式相结合的资源管理模式，提供资源集中展示与集成服务的关键技术，保障资源的共享使用。

1. 基本要求

技术平台规定了建设数字展馆项目所必需的软硬件平台建设、信息安全管理及运行保障机制，用于支撑展馆结合自身职能和当地特色文化内容开展资源建设，推广数字服务，推进在线虚拟展馆、数字文化体验实体空间建设，支持群众通过网络途径参与群众文化活动等工作。

2. 硬件设施

① 应具备与数字展馆服务相适应、可扩展的服务器、存储设备，以及摄像、录音、后期编辑处理设备等，可自建、共享或者租用。

② 线下互动体验：通过配备一定的数字设备，实现群众以数字化的方式进行文艺鉴赏、文化艺术辅导培训、文艺创作、民族民间艺术传承等全民艺术普及的线下互动体验。

3. 软件平台

① 可自行、联建或租赁数字文化场馆的软件平台，要求其性能稳定，安全可靠。

② 应具有信息发布和处理、文艺展示和欣赏、在线阅读和学习、视频播放、文化体验和交流互动等功能，实现公共数字化平台的互联互通。

③ 搭建在线虚拟展馆，通过开设网上演播厅、网上展览厅，供社会公众鉴赏。

4. 运行保障

（1）制度保障

应制定数字展馆安全管理规范，建立数字展馆安全监督机制。

（2）技术安全

① 网络设施、计算及存储设备应性能稳定、安全可靠。定期检查数据库和磁盘阵列容量，并按需进行磁盘容量扩充。

② 定期对基础软件、平台功能等进行检测和系统完善升级。

③ 采用多种软硬件防护技术，防止数字资源被病毒侵入。

（3）服务保障

① 数字资源保存时应区别原始文化资源和服务文化资源，采集加工后的文化资源作为原始文化资源保存，公众访问的文化资源作为服务文化资源保存，服务文化资源应与原始文化资源隔离。

② 内容更新。对线上数字化服务内容有定期更新机制；根据群众文化需求变化和应用反馈，及时对平台进行系统升级和扩展更新。

（4）数据安全

采用数据备份与恢复技术，降低数据丢失风险。

5. 展馆内展厅分类

按照展品的种类，数字展馆可以分为代表性展品、工艺流程、制作工具、历史人文等多个部分，对已建成的展馆进行系统展示。代表性展品展厅以符合展厅主题的古典题材展品为主；工艺流程展厅以图片、文字、视频等形式展示展品的整体制作流程；制作工具展厅展示展品制作时所用的工具；历史人文展厅以历史的发展时间轴展示展馆所承载的人类文明和历史文化，进一步帮助观众从中感受展品身上的传承脉络。

6. 展馆的基础搭建

展览部分主要由展览厅和展示厅组成。展览馆要按照市场位置、所承办的规模、展位的种类、展位的大小，按照可举办各类室内展览的方式进行，一般的要求是：建筑装饰与设施要注重实用性，某些重要的设备和软件系统要符合国内或国际相应的水平。根据需求，在展厅内设有陈列橱窗，供全年陈列。

虚拟数字展馆的基础设施包括：展馆建筑外观、室内展示场景、具体展品、制作工具等。其中，展馆建筑外观、室内展示场景、制作工具等都是通过场景建模的方法来实现的。在建筑和内部展厅中，按照与展馆主题相一致的设计思想，通过 3ds Max、Maya 等主要的建模软件来实现模型的制作。展馆建筑外观以及室内展示场景的搭建借助 Unity 3D 软件完成。

7. 展馆的交互功能设定

VR数字馆的主要功能可借鉴网上世博会、全景故宫等例子，实现多场景切换、单一场景详细浏览。通过设定“交互热点”，可以随意切换不同的场景，从而达到不同的效果。利用全景摄影软件，可以实现前后、左右、上下360°的立体扫描，实现全方位的立体视觉。同时，设定镜头推拉功能，用户可以根据需要拉近、推远镜头，从而得到更多的细节和全景。在各个展厅中，分别有背景音乐、解说、录像等详细讲解。

2.1.3　资源描述规范建设

展馆资源规范化是对数字展馆系统和展品展示提供保护，这不仅可以为展馆的参观者带来更好的用户体验，同时也为后台管理者对数字展馆的维护带来了便利。而不同类型的数字展馆有各自的特点和设计理念，应注意合理规范建设。

数字展馆在开发时应注重表现数字展品和数字陈列的数字展示方式，在资源规范化时，以内容、年代、类型、基本特征、主要价值等方面为主要描述信息。对于要表现历史进程的主题，尤其是历史类型的纪念馆，单一的收藏品往往不是主要的展示对象，而是要展示它们之间的内在联系与逻辑，仅仅通过文字的描述难以清晰展现要表现的主题，更难以引起观众的兴趣，而通过计算机应用软件进行数字化创造，形成直观的、可视化的成果，才能体现数字化的魅力。企业类展馆在建设时可以将企业文化作为切入点，加入高科技元素，在整体风格上偏向现代风，色彩搭配上不宜太过朴素，在建筑设计方面应使用创意布局，以达到个性鲜明、印象深刻的目的。

而一些本身就是数字形式的资源，如视频、音频、图片等也需要进行规范化，为保证视频能够顺利流畅地播放，其大小控制在100 MB以内，选择.mp4格式。单个音频大小控制在10 MB以内，选择.mp3格式。展馆中的图片素材为保证用户在近距离时仍可清晰观看，图片像素尽量保持在1 920×1 200 px，数据库连接后所展示的同种类图片的格式及大小应保持一致，防止由于格式错误或大小不一导致图片转换时出现问题。

2.2　数字展馆的体系结构

参观者通过VR眼镜、PC端或手机端硬件设备进入数字展馆，以第一视角沉浸式游览展馆，同时参观者的行为操作在游览展馆时被后台记录。通过逼真的场景和极高的还原度使参观者仿佛身临其境，这样的系统在当前已经基本实现，但开发却需要商家、买家、实体展馆几方面的共同努力才能实现。这样一套完整的系统实际应用比较复杂，目前正在完善。

2.2.1　总体结构

在数字化展厅的建设中，要积极运用3D建模和虚拟现实技术，以提高艺术表现的真实性。利用灯光、展示工具等三维建模技术，可以把展品的二维图像转化成3D模型，利用虚拟技术对现场进行仿真。采用全景式虚拟现实技术，不仅可以增强观众对展品的认识，还可以增加展会的艺术气氛，使参观者有一个较好的环境体验。此外，采用全景式虚拟实境显示技术，参观者在虚拟实境中的体验与实地参观者的体验有很大的相似性，甚至更好。数字展馆的建设要注重游客的多元化体验，并针对其特点采取适当的陈列方法，以凸显其属性。数字展馆应该让参观者按照自己的喜好来选择展品、角度等，以增加参观的选择性。为满足展馆建设条件和参观者需求，将数字展馆的总体结构设计分为静态展示结构设计和交互模块结构设计。

1. 静态展示结构

静态展示结构模块需完成建筑性框架、内部展品模型以及景观陈设模型的设计。在数字展馆中可以看到整个展馆的整体建筑性框架是设计过程中最为基础和首要的要素，其中包括整个展馆对展区的区分和布局，展馆分为多少个展区，每个展区具体摆放的物品是什么。在建筑性框架的设计过程中要清晰体现。同时还可近距离观看展馆内部每个模型的具体样式，从而加深对整个展馆的了解。增加符合展馆主题的相应的景观陈设模型，提高展馆整体的美观性，让参观者游览体验时有更加强烈的真实感和沉浸感。数字展馆静态展示结构如图 2-1 所示。

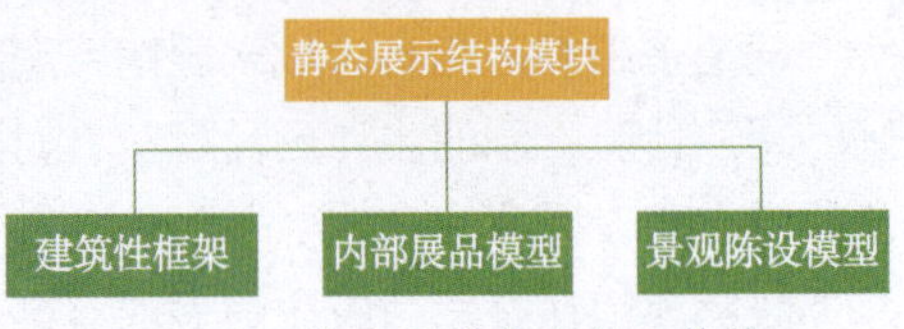

图 2-1 数字展馆静态展示结构

2. 交互模块结构

为了更好地吸引游客，必须在界面设计、响应方式、互动功能等多个层次上满足参观者的心理需要。数字展厅互动设计主要是通过数字媒体技术实现虚拟场景的实时呈现、用户界面的设计、展馆信息与虚拟场景的互动、虚拟场景与数据库的互动，实现文字、图片、声音、动画、视频、二维、三维等多种形式的互动。通过这种方式，参观者将从被动地接受转变为主动地与数字展厅进行互动和交流。这种方式加深了人们对展馆内容的理解，强化了人们的体验感，让人们在欣赏、玩乐中学习知识。Unity 3D 是一款开发效率高、运行稳定、用户界面良好的组件化游戏引擎，它在开发传统的游戏之外，也被广泛地应用于各种场景交互的开发，其中包括场景可视化、实时三维动画展示、场景漫游、仪器教学培训等。因此，Unity 3D 的强大引擎是完成数字展馆交互设计过程的关键。交互模块结构设计如图 2-2 所示。

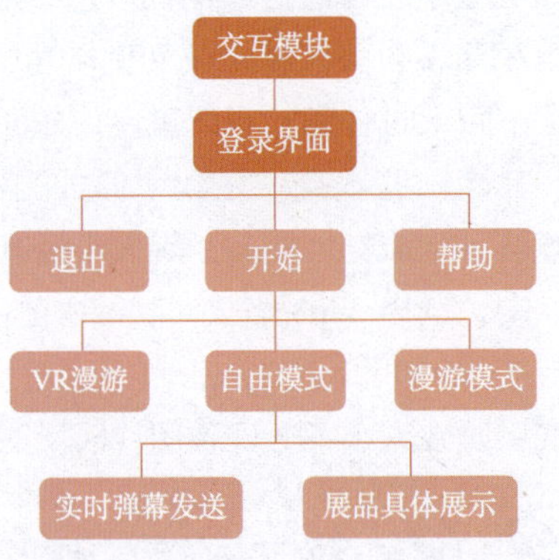

图 2-2 数字展馆交互结构设计

在登录数字展馆时，若选择开始按钮则参观者可以进入展馆内部进行参观游览；若选择退出则结束游览，退出数字展馆；如果想了解展馆详细内容及展示说明则可选择帮助按钮寻求帮助。当参观者开始进入展馆内部时，单击界面上的模式转换按钮可进行三种模式的实时转换，单击“漫游模式”按钮后系统自动从展馆入口出发，按照之前所设定的具体路径行走，带领参观者浏览整个展馆，单击“ VR 漫游”按钮后进行 VR 漫游模式，这种模式需要与 VR 眼镜结合使用，在计算机端的 VR 模式下整个界面会分为两个大小相同的界面，按照之前设定的路径进行漫游。在手机客户端，需要将手机放在 VR 眼镜上，参观者佩戴 VR 眼镜后仿佛身在展馆内部行走。单击“自由模式”按钮后用户通过手动控制界面上的方向按钮来前进、后退、左转、右转。在自由模式下用户在观看展馆的过程中，可以单击界面上的发送弹幕按钮，此时会弹出一个输入文本框，用户将自己的感想输入后，单击输入框上面的红色关闭按钮，即可成功发送，在屏幕上就会出现自己发送的弹幕。在展馆内部还放入了电视墙，在自由模式下用户可以通过按钮前进，走近电视墙即可播放实时视频，使体验更加真实。如果用户对一个展品想要更加深入的了解，单击该展品后即可弹出一个“进入展览”按钮，单击该按钮后，实现跳转出现该展品的具体介绍界面，展品旋转展示，在整个界面上还有用于调整展品大小以及转速的控制条，方便用户对该模型的具体了解。

展馆中的模型文件通过 3ds Max、Maya 等软件完成建模、材质、声音、动作等制作，通过 Unity 3D 引擎进行进一步渲染工作。Unity 3D 具有高度优化的 DirectX 和 OpenGL 的绘图管线。Unity 3D 能够与大多数的软件一起工作，并且能够使用各种主流的文档。Unity 3D 内建的 NVIDIA、PhysX 物理引擎可以提供真实的交互感。Unity 3D 提供了一个非常完美的光影呈现系统，它带有柔软的阴影的高度完善的光影渲染系统。展品虚拟展示整体流程如图 2-3 所示。

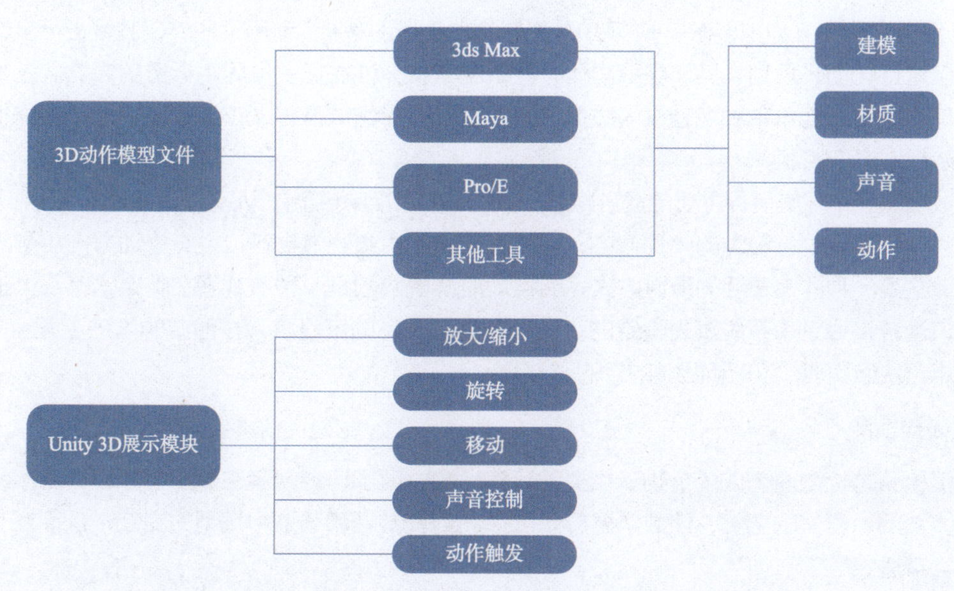

图 2-3　展品虚拟展示整体流程

2.2.2　通用体系结构

数字展馆通用体系结构包括文件资源、场景载入模块、场景控制模块、场景交互模块、客户端等，如图 2-4 所示。

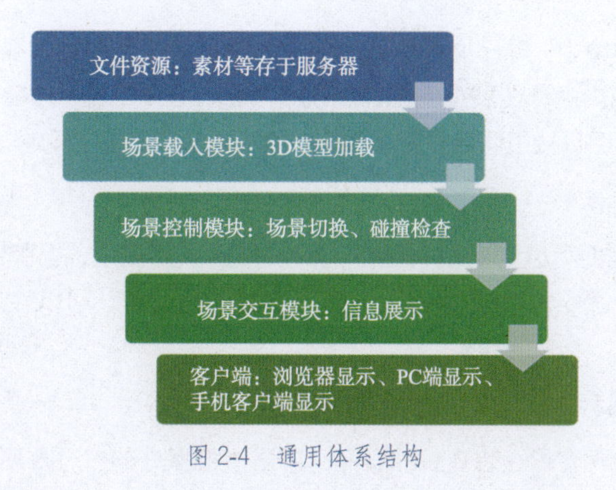

图 2-4　通用体系结构

数字展馆所需的素材资源存放在系统的文件服务器上；场景载入模块负责加载虚拟数字场馆，并对其进行初始化；场景控制模块则是对参观者的互动进行技术支撑，包括切换视角、碰撞检测等。

浏览器客户端负责对 3D 场馆进行建模，本书所用的 3D 数字展馆是以 Unity 3D 为基础的，需要先安装 Unity Web Player 插件才能进行渲染。PC 移动客户端和手机移动客户端则需下载安装相应的 apk 文件。

2.2.3 系统功能描述

1. 漫游方式

3D 漫游又称交互虚拟漫游，是指参观者在三维虚拟环境中，利用某些外在装置进行漫游，参观者可以随意转动、规划、操作虚拟物体，让参观者有一种在现实世界中遨游的错觉。三维虚拟数字展厅中以第一视角带参观者进入虚拟世界。通过鼠标和键盘定义按键触发功能，对虚拟场景中的漫游行为进行控制。

在数字展厅中，有两种主要的漫游路线：人工漫游和自动漫游。人工漫游是通过鼠标、键盘、手指在移动终端上进行漫游的一种方法，它的漫游路线由参观者自行设定，移动方向由参观者随意选择，这是一种非常灵活的漫游方式。而自动漫游模式则是一种参观者在特定的路线上进行的漫游，该漫游路线是由系统预先设定的。为了增强参观者的沉浸感，在漫游的基础上配合 VR 眼镜的使用，从而实现“VR 漫游”的目的。

2. 碰撞检测

碰撞检测是检测两个或多个物体相交的计算问题。为了让参观者在数字展厅里自由漫游，感受到更真实的、自然的感觉，该数字展厅可以探测到漫游者和场景中模型的交互，从而避免对象间的相互穿透。

3. 数据库实时更新

数字展馆连接数据库，不仅可以将展馆中所需的图片等内容进行最大程度的展示，而且节省了展示空间，用户可以左右滑动进行观赏。数据库的实时更新也保证了展馆的与时俱进。

4. 播放影像

在三维虚拟数字展馆中，除了必要的展品信息，增加多媒体图片、视频等内容有助于参观者更加深层次地理解展馆内涵。在展馆内部增加视频幕布，在 PC 端通过单击或靠近视频幕布即可播放宣传影像，同样在手机端也可选择手指触摸或靠近视频幕布播放影像。

5. 实时添加弹幕

在参观者游览展馆时可以随时发表感想。单击相应位置按钮，会弹出一个输入文本框，参观者将自己的感想输入后，单击“关闭”按钮，即可成功发送，可以在屏幕上看到自己所发送的弹幕。

6. 具体模型信息展示

在自由模式下，参观者靠近想查看的展品，单击该模型处的“进入展览”按钮后即可直接为参观者展示该模型的具体信息，并可通过调节大小以及转速的控制条来放大或缩小展品的尺寸，以及旋转的速度，以便参观者仔细观赏。

数字展馆中华夏文明影像播放与展馆模型展示示例如图 2-5 和图 2-6 所示。

图 2-5　展馆播放影像

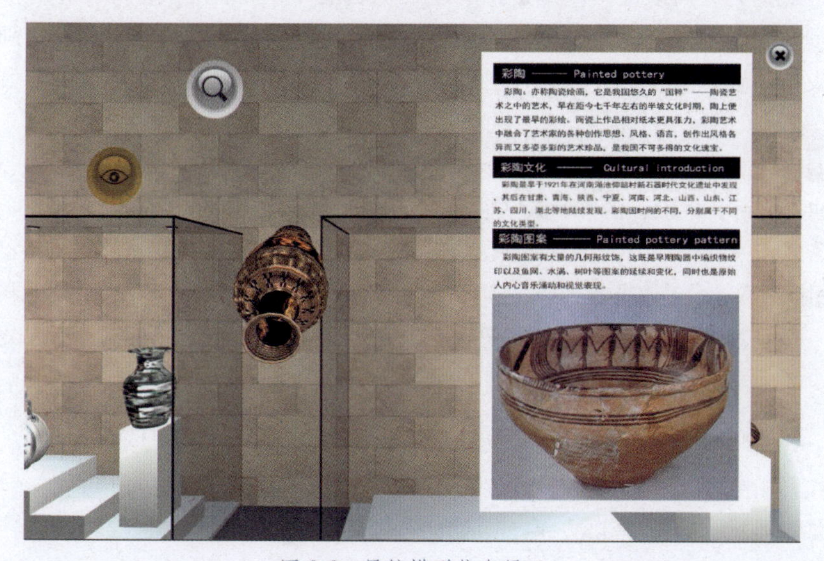

图 2-6　展馆模型信息展示

2.3 数字展馆的资源层次化描述

从 20 世纪 90 年代以来，根据不同领域的数据特点和应用需要，许多元数据格式在各个不同领域出现，如用于网络资源描述的 Dubin Core、IAFA Template、Web Collections，用于文献资料的机器可读目录（machine-readable cataloging，MARC），用于政府信息的政府信息定位服务（the government information locator service，GILS），用于地理空间信息的地理空间元数据内容标准（content standard for digital geospatial metadata，CSDGM）等。

2.3.1 现有元数据描述方案

元数据是指通过描述某一类资源（或物体）的属性，并对其进行定位和管理，从而帮助使用者进行数据检索。在元数据方面，国外采用八个元数据标准，对各种元数据的位置进行了不同的描述。这八个标准分别是美术情报工作小组出版的美术著作目录（CDWA)、视觉资源学会资料标准委员会（WRA)、中国在线图书馆、美国超级计算机应用研究中心（DC)、美国档案馆和加州伯克利分校图书馆出版的编码文件（AD)、美国行政和预算局（FGDC)、美国政府（GILS)、文化符号编码与交流（TEI)、美国国会图书馆（MARC) 等。根据元数据的发展状况和元数据的核心要素规范，本书采取基于 DC 的元数据、VRA 核心元数据、艺术作品著录类型 CDWA 元数据、机读编目格式标准 MARC 元数据描述方法，构建适合元数据模型。

2.3.2 资源描述对象

在网络资源描述方面，经过多年努力，都柏林核心技术（Dublin core，DC）已经成为一个广为接受和应用的事实标准。DC 共包括 15 个描述网络文档的关键核心元数据属性，如作者、标题、主题等，它试图同时达到两个目标，既足够简单，能够由 Web 资源的建立者或维护者提供，又具有足够的描述能力，可以支持网络资源的发现和定位。但在实际使用中 DC 的描述和可扩展能力仍然非常有限，其核心元素集更多的是提供描述元数据，而对其他方面，特别是与内容有关的部分的支持不够，需要扩充，只有在确定的环境下，与其他元数据集成才能最大程度发挥 DC 的作用。

通过对 DC 进行分析，可以发现 11 个主题要素，如标题、主题、格式、类型、日期、描述、创建者、其他责任者、来源、语种、关联。将 11 个核心要素按类别进行分类，最后将其分为本体信息、描述信息和关联信息三大核心体系，纳入各种零散信息要素，并对其进行标准化处理，以减少其含义和描述范围。在关联信息大类中，利用 VRA 核心元数据、CDWA 元数据的要素来描述“载体对象”，利用 MARC 元数据的要素来描述“文献资料”。依据以下方法进行规定，其内容具体包括：

1. 关于“数字展馆”的本体信息元数据语义结构

“数字展馆”的本体信息主要由六个部分组成：标题、主题、类型、日期、来源、语种。“数字展馆”的类型可以是文字、图像、声音、影像等四种形式的任意组合；“数字展馆”日期的建立应以具体年份、月、日为准；“数字展馆”的来源要具体到省、市、县、乡、村；“数字展馆”所包含的语种分为两大类：一种是国际语言，一种是国内语言。

2. 关于“数字展馆”的描述信息元数据语义结构

“数字展馆”的描述信息的制定，主要包括：内容、年代、类型、基本特征、主要价值等方面。

3. 关于“数字展馆”的关联信息元数据语义结构

“数字展馆”中的相关信息包括：机构、载体、文献、网络资源等。机构包括：传承基地、文化部门、政府机关、民间组织、学术团体等。载体的客体包括：实物、工艺品、古迹等。它是根据 VRA 核心元数据、CDWA 元数据的语义结构来定义的。文献资料包括：图书、期刊、古籍、相片、影音资料、它们的限制语有：文字、图像、声音、影像及其任意组合，并用 MARC 元数据的描述方式加以说明。网络资源主要包括：网站、搜索引擎、数据库、自媒体平台等各种媒体中的各种信息，如电子文本、电子图书、电子期刊、网站、网页、图片、音频、视频等，它们的限制语都是按照信息的存在方式来填写的。"数字展馆"的"载体对象"信息元数据模型语义结构，如图 2-7 所示。

分　类	核心元素	元素说明	元素限定词
关联信息（载体对象）	实物	"数字展馆"中存在的实物	对象类型（作品、作品集合、图像）；标签（inscription）；材料（material）；尺寸（measurements）；时代风格（style period）；制作步骤、工艺及方法（technique）；创作（creation）；附注（descriptive note）；相关作品（related works）；现藏地（current location）
	工艺品	"数字展馆"中存在的手工或机器加工的产品	
	古迹	"数字展馆"中存在具体遗产或遗址	

图 2-7　"数字展馆"的"载体对象"信息元数据模型语义结构

通过分析 VRA 核心元数据和 CDWA 元数据，剔除了与 DC 元数据语义结构相近的元素和元素限定词，可以用于描述"非遗"载体的实物、工艺品、古迹等。VRA 核心元数据从 VRA 核心 2.0、VRA 核心 3.0，到现在的 VRA 核心 4.0。在 VRA 核心 4.0 中，可以使用的元素限定词如下：首先是对象类型（作品、作品集合、图像）；第二是标签；第三是材料；第四是尺寸；第五是时代风格；第六是制作步骤、工艺和方法。对于 CDWA 元数据，剔除了 DC 元数据和 VRA 核心元数据中的类似元素，可以用于描述元素的限定词是：创作、附注、相关作品、现藏地。

2.3.3　资源集合特征

在元数据制定标准方面，兰绪柳提出以 VRA Core 作为核心格式，且加入 CDWA 元素的数字文化资源元数据格式。VRA Core 是美国视觉资源协会（visual resources association）发布的 VRA 视觉资源核心类目，它是参照 CDWA 而设计的标准化类目；CDWA 元数据是盖迪基金会（J • Paul Getty Trust）及艺术信息工作组（the art information task force，AITF）制定的对于艺术作品著录类目的标准。对于数字信息的元数据标准，李波提出了元数据模型设计要考虑文化特征、相关文献、责任人、实物、网络资源、文化空间等核心元素。在方允璋编著的《图书馆与非物质文化遗产》一书中提出了各类知识库元数据方案。他认为，DC 对于元数据规范化建设更为适合，它的使用范围更广，现已被许多国家推荐，其中包括英国、澳大利亚、丹麦和芬兰。MARC 的元数据格式，也可以作为一种文件资源使用。MARC 元数据是由美国国会图书馆于 1996 年颁布的，它的形式从早期的录音带发展到现在在全球范围内广泛使用。当前， MARC 元数据格式采用 XML 形式，可以在网上进行文档的传递。

2.3.4　资源描述框架

信息资源是数字展馆系统中的重要组成部分。信息资源元数据描述框架是应用于数字展馆系统中的，因此该标准需要采用一种语言格式加以定义，XML 作为主流的元数据描述语言，可以提供统一的描述框架。XML 可以根据制作者的需要，根据对象的属性以及对象的关系绘制，建立面向数字展馆系统物理数据源和数据流程的元数据模型。数字展馆信息资源元数据描述框架根据建设的需要，形成一个基于 XML 语法的元数据语义描述。该框架主要由模式、应用、环境三部分组成。数字展馆信息资源元数据描述框架如图 2-8 所示。

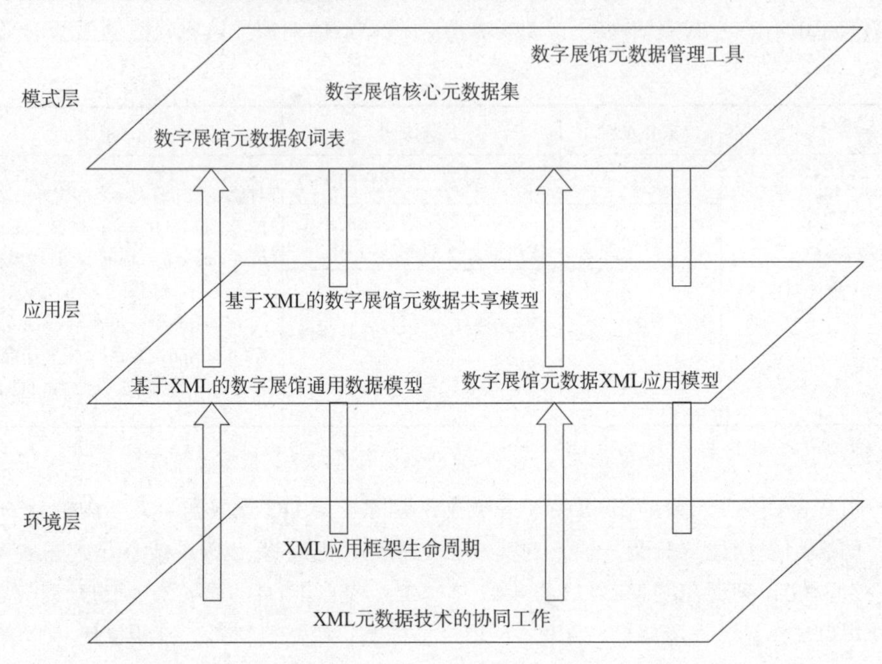

图 2-8　数字展馆信息资源元数据描述框架

其中模式层由数字展馆信息资源元数据描述模式框架描述，基于 XML 的元数据描述应用框架支撑了元数据的具体应用，而 XML 应用框架生命周期和 XML 元数据技术的协同工作解决了元数据应用的可操作性和可持续性。

该模式框架包含了核心元数据集、元数据叙词表、元数据管理工具。核心元数据集主要用于描述信息与服务的描述，主要分为五大类：一是向用户提供概览信息；二是对所述资源进行详细说明；三是对资料的合理性进行说明的要素；四是对资源之间的关系进行描述的要素；五是为文献控制提供了要素。元数据叙词表是用来描述信息和服务的词汇，而在功能和主题元素方面，需要使用函数词表和主题词表。数字展馆信息、服务及其他信息资源共享是数字展馆服务的电子目录。

元数据描述框架能否成功地实现，关键在于构建一个统一的 XML 技术应用框架，主要包括以下几个方面：一是以 XML 为基础的数字展馆元数据分享模型，描述了元数据的共享方式和利用准则，为不同类型的展厅元数据提供了一个新的划分标准，实现了对不同类型、不同层次的信息资源的划分；二是以 XML 为基础的数字展馆公共数据模型，对数字展厅信息安全、信息保密、信息存取、档案管理等进行了界定，并对其描述格式、数字加密方式、主机域名配置等进行了详细的阐述；三是数字展馆元数据 XML 应用模式，其实现的技术标准主要是数据的处理，包括 XML（数据描述模式）、UML（统一建模语言）、RDF（资源描述框架）等。

本章小结

本章主要介绍了数字展馆的建设。数字展馆建设看似简单，实际内部设计极其复杂。首先需要对资源进行搜集整合，其次需搭建系统平台并设置相关规范。数字展馆体系结构与框架也需层次分明，功能分化清晰完整，这些都需要设计者在制作数字展馆之前对这些有明确的规定与规划，以便更好地建设数字展馆。

知识点速查

- 数字展馆的建设内容应以大众为导向，以满足用户需求为标准。
- 数字展馆的资源建设库可以通过社会征集、购买或自建的方式构建，根据本地特色文化或省市级文化馆建设，结合各类群众文化活动和艺术档案建设。
- 数字化馆藏内容的四大要素：文本、图像、音频、视频。
- 虚拟现实技术是一种可以创建和体验虚拟世界的计算机仿真系统，它利用计算机生成一种模拟环境，使用户沉浸到该环境中。
- 元数据是指通过描述某一类资源（或物体）的属性，并对其进行定位和管理，从而帮助使用者进行数据检索。
- “数字展馆”的本体信息包括三种语义结构：本体信息元数据语义结构、描述信息元数据语义结构、关联信息元数据语义结构。
- XML 可以根据制作者的需要，根据对象的属性以及对象的关系绘制，建立面向数字展馆系统物理数据源和数据流程的元数据模型。数字展馆信息资源元数据描述框架根据建设的需要，形成一个基于 XML 语法的元数据语义描述。该框架主要由模式、应用、环境三部分组成。
- 元数据描述框架包括：基于 XML 的数字展馆元数据共享模型、基于 XML 的数字展馆通用数据模型、数字展馆元数据 XML 应用模型。
- 数字展馆资源的数字管理包括两点：一是对资料的管理，二是对人员的管理。
- 按照展品的种类，数字馆可以分为代表性展品、工艺流程、制作工具、历史人文等多个部分，对已建成的展馆进行系统的展示。
- 虚拟数字展馆的基础设施包括：展馆建筑外观、室内展示场景、具体展品、制作工具等。其中，建筑、室内展示场景、制作工具等都是通过场景建模的方法来实现的。
- 数字展馆系统功能包括：漫游方式、碰撞检测、数据库实时更新、播放影像、实时添加弹幕、具体模型信息展示等。
- 通过对 DC 的分析，其中的标题、主题、格式、类型日期、描述、创建者、其他责任者、来源、语种、关联等 11 个主题元素可以被规范化制定。将核心元素进行范畴划分，最终分为本体信息、描述信息、关联信息三个核心体系。

思考题与习题

2-1 试述数字化馆藏内容的四大要素。

2-2 试简述数字展馆资源的来源。

2-3 什么是虚拟现实技术?

2-4 数字展馆的资源如何进行数据加工?

2-5 怎样对数字展馆的资源进行数据处理?

2-6 按照展品种类，数字展馆可以分为哪几个部分?

2-7 数字展馆基础设施包括哪些?

2-8 数字展馆为什么要资源规范化?哪些资源需要规范化?

2-9 数字展馆的总体结构设计分为哪两部分?分别需要完成什么内容?

2-10 数字展馆系统通用体系结构都包括什么?

2-11 3D 漫游指的是什么?

2-12 漫游方式的两种路线是什么?有什么区别?

2-13 数字展馆的建设若缺失碰撞检测会出现什么问题?

2-14 什么是元数据?

2-15 在资源描述方面，广泛应用的标准是什么?其描述网络文档的关键核心元数据属性共包括多少个?

2-16 元数据模型语义结构分为几个核心体系?都是什么?

2-17 数字展馆的本体信息包括几个方面?分别是什么?

2-18 数字展馆规定的信息日期具体到哪?来源地具体到哪?涉及的语种都包括什么?

2-19 数字展馆描述信息的制定主要包括什么?

2-20 主流的元数据描述语言是什么?数字展馆信息资源元数据描述框架主要由哪三部分组成?

第3章 数字展馆情境化设计

本章导读

本章共分四节，分别讲述了数字展馆情境化展示、数字展馆情境设计、数字展馆情境体验特征和数字展馆情境设计方法。情境设计在产品设计、教育、陈列等诸多方面都有广泛的应用，并且随着环境设计技术的不断成熟，情境化设计在各方面的应用也越来越丰富和深入。以情境展示空间作为研究载体，一方面，通过对展览的表现特点和观众的需要进行剖析，提出了展览空间从“保护意识”到“文化体验生成”再到“潜在传承志趣引导”不同层次的展示需求，以及展品展示传播的根本问题是“文化体验性”的塑造；另一方面，为“场景反映”“认知、情感体验满足知识普及加深”等文化体验提供了展示功能和相应的表达方式。通过二者的需求和功能的衔接，以场景化的展示设计技术为主导，有效、有意识地传递信息。

这一章介绍了数字展馆设计的基本原理，为数字展馆的建设提供了一种新的支撑，并以此作为其先导，依托表现语言来建构。另外，本章还根据表现对象的多样性特征，探讨了不同水平的表现形式，以满足展示需要。通过情境化的思考，在大的空间中营造出情境化的展示小环境。

知识目标

- 掌握展馆情境设计方法。
- 了解数字展馆情境设计要素与原则。
- 了解数字展馆情境体验特征。

知识要点、难点

1. 要点

- 熟记设计数字展馆情境所需的相关要素。

◆ 总结数字展馆情境体验特征。
◆ 分析如何实现以观众体验为核心的情境设计。

2. 难点

◆ 学会数字展馆情境设计方法。
◆ 熟记数字展馆情境设计原则。
◆ 熟记数字展馆情境设计重心。

3.1 数字展馆情境化展示

随着经济的飞速发展，人们对物质生活的要求越来越高，精神文明的追求也在逐步提升。对于数字展馆来说，如何以最快速度引起人们的注意，并被人们所接受，成为数字展馆设计的重要研究内容之一。

情境化艺术近年来逐渐开始受到人们的关注。好的情境化展示，不仅可以为产品本身加分，同时能够更好地宣传产品。因为展馆的文化形式具有通俗性、实践性、可操作性、事件发展性等特点，所以在日常的文化交往中，人们更多地强调用图形、图像、参与性活动代替文字，通过创造叙述的空间来调动观众的情绪，以更直观的语言和条理性完整的内容去感染观众。

数字展馆情境化展示如图 3-1 所示。在蓝印花布展馆（本书中提到的蓝印花布展馆为作者个

图 3-1　数字展馆情境化展示

人设计作品，属于数字展馆中的一种）中，通过对蓝印花布情境的创设，为参观者创造一个身处花布展馆的情境，在此基础上，人与展馆之间还可以产生一种互动，激发参观者的兴趣和喜悦之情，区别于情境，以情动人。

情境化设计是对商业空间中场景及其环境的一种再设计，是以一个主题为切入点，构造出一个具有情感化的、生动的场景。参观者可以获得身临其境的体验、强烈的感官刺激，更好地融入场景中的人文情怀设计。情境化设计应用于产品设计、教育、展示等诸多方面，其将文化元素、科技元素、商业元素与艺术元素融为一体。作为展示环境设计的一种，情境化设计使得环境更加丰富多彩，其新颖的创意、独特的风格以及视觉、情感的强烈表现在吸引众多消费者的同时，以其最直观的形式将展示信息有效地传递出去。华南师范大学刘树老认为，在“体验式”消费盛行的大背景下，结合家具陈列与销售的特点，从空间布局规划、色彩、照明、空间陈设等方面，创造出一种新的发展趋势。汤洁认为，服装品牌应将“情境化”的设计思想和品牌终端的构建结合起来，突破以往的陈列模式，以受众的感觉为核心，将信息传递给消费者。在信息化的快速发展中，情境设计在满足人对物质、精神两方面的需求的同时，也为企业的品牌形象注入了新的活力。四川音乐学院的易晓蜜通过对场景设计产品的特点分析，着重指出，场景设计是一种新的产品设计方式，其在产品设计中体现出人文价值。华中师范大学杨凤从四个方面探讨了中学艺术课堂环境设计的实施：情境导入、激发学生兴趣；情境感知、领悟知识；场景应用、当堂练习；情境评价。在艺术教学过程中，把情境化融入每一个环节中，使艺术教学充满生机。

随着场景设计的不断深入，一些学者对“情境化”的发展和应用趋势进行了反思。比如，易晓蜜从人与人之间关系的发展、人的价值归纳出了两个主要的发展方向：“民族性”和“意义性”。周维娜在《诗格》中引入了王昌龄对“境界”的解释——“境况”。境界的具体表现，可以反映出设计师的文化底蕴和经历，以及展现目标的文化内涵和经济实力。情境化设计关键如图 3-2 所示。

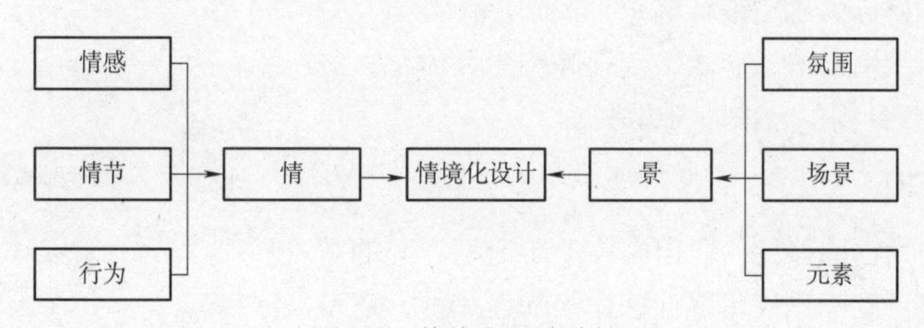

图 3-2　情境化设计关键

情境化设计模型分为三部分：情境的整体概念规划，系统情境的概念设计和情境的连接。该模型是从实践的角度对情境化设计进行解析。情境化设计模型如图 3-3 所示。

图 3-3　情境化设计模型

1. 情境的整体概念规划

情境设计的整体规划，如图 3-4 所示。

情境概念的构思是一个从宏观到微观的过程，通过逐层塑造达到情境化设计的目标。那么首先要对情境概念进行整体的规划，这是全盘布局的第一步，为后续情境概念界定范围，从梳理过的世界观元素出发，找到具有世界观特色的概念，并且对预计包含的系统进行归类和分组，预估现有概念是否可以容纳规划的系统，是否具有延展性，便于后续具体情境概念的设计。这个阶段要确定主情境和概念方向，各系统的情境可以只是一个模糊的草稿。

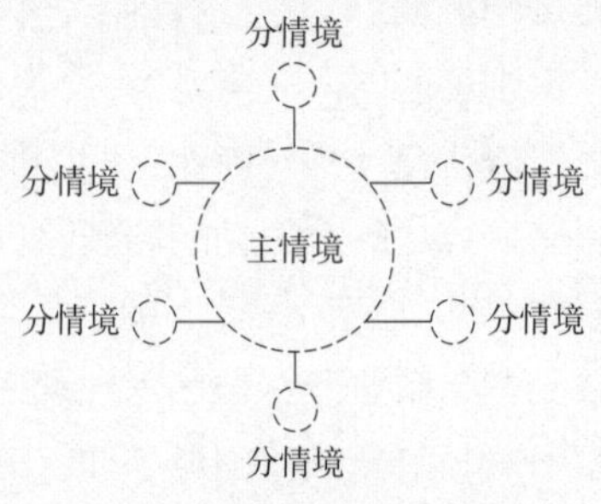

图 3-4　情境设计的整体规划

2. 系统情境的概念设计

概念设计是设计的重要阶段，这主要表现在以下几个方面：首先，据资料显示，概念设计阶段投入的费用虽然只占开发总成本的 5%，却决定了总成本的 70% 以上；其次，概念设计决定了基本特征、性能和主要框架，在概念设计结束后，设计的主要方面就被决定下来了，而后续的过程只是保证概念设计结果对设计需求的满足，详细设计阶段很难纠正，甚至不能纠正概念设计阶段的设计缺陷和错误；更重要的是，概念设计阶段所受的约束较少，自由度较大，创新设计主要是在这个阶段完成的，故概念设计是设计过程中一个非常重要的阶段，它已成为企业竞争的一个制高点。

概念设计在产品设计开发过程中处于整体规划之后、具体设计和详细设计之前的阶段，工作过程主要是寻找切入点，分析确定新品契机，到设计纲要确定为止。概念设计处于整体规划工作过程之后，是设计过程的第一步，有着设计先导的作用。概念设计要参照计划的立案过程及结果再进一步分析，目标为确定设计概念，找到设计亮点，并将功能、机构、使用方法、形式、色彩等构想具体化，概念设计为具体化设计提供一些基础想法。

3. 情境的连接

情境连接分为自由移动、非自由移动和组织界面的常用镜头动画。镜头动画不仅可以保证体验的连续性，还可以利用空间方位提升可用性，甚至带来更强的氛围和故事性。情境连接如图 3-5 所示。

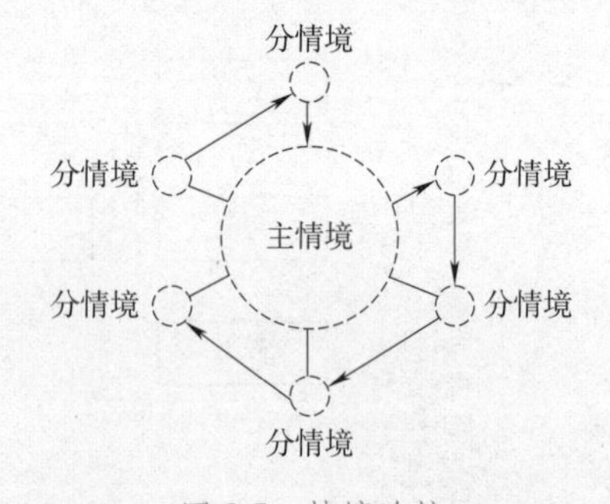

图 3-5　情境连接

3.2 数字展馆情境设计

尽管“情境营造”在展示空间设计中已得到了应用，但与“情境化设计”这种整体的设计理念相比，单纯的“情境再现”的形式还不能充分发挥其方法论的价值。整个空间的语言元素需要由一个完整的叙述空间语境来调动和展现。

3.2.1　展馆情境设计要素

1. 情境空间的构建要素

（1）光线

光是产生视觉感知必不可少的一部分，在室内空间环境的设计中主要考虑人工光的设计，一个良好的灯光照明设计对整个展示环境的风格与特色都起到了至关重要的作用，情境空间中所有氛围、意境的营造都离不开一个好的灯光设计。

灯光本身的色彩与调子，照明形成的光斑、光晕以及光的层次都具有装饰性。直接的灯光散落在指定的位置射出一圈圈光影，照明的同时还突出了主题；间接的灯光不会直射地面，光线投射至墙上再反射至其他地方，柔和的灯光在辅助主题情境叙事的同时，又表现出情境的存在感和现实感。这两种灯光灵活的处理与配合，对情境空间的构建起到一定的指向和引导作用，一些灯光热烈跳动，一些灯光柔和隽永，透过当中的光线强弱的对比散发出不凡的意韵。而灯光下情境空间的独特个性与迷人魅力，也为情境空间的创造带来了更高的价值。在图 3-6 的博物馆灯光展示中，为创设家居情境，一部分光线重点照明，一部分光线照亮整个空间，将直接与间接的照明相结合，很好地营造了情境空间优雅、柔和的氛围。

图 3-6　蓝印花布主题博物馆灯光展示

（2）材料

材料的质感会给人不同的视觉和心理感受。材料的粗细、明暗、松紧都会对空间的大小和视觉效果产生影响，通过对材质的选择可扩大或缩小展示的空间。当人们的五感与材料接触互动，便会生产生某种心理反应，进而激发对材料的某种联想性的情感。通过敏锐的视觉洞察力与独特的艺术表现力将材料与艺术情感相结合，建立起从材质到情感的构建与嫁接，对艺术化的情境进行充分表达。如运用一系列的木质材料来展现古典家具主题的博物馆，木制的家居设计，古典的艺术壁画，都勾起人们对以往生活的记忆。古典家具主题博物馆材料展示如图 3-7 所示。

图 3-7　古典家具主题博物馆材料展示

（3）色彩

陈列的色彩为主色调与周边环境二者相互支撑，陈列空间应依据产品的具体情况选用不同颜色的展示光源，以达到最佳的效果，以强调空间的色调。

色彩是指整个空间的主要色彩。色彩在展示设计中的定位，展示视觉情况的改善，展示信息传输效率的提高可提高信息传输效率。具有适当和确切的定位的色彩能够增强观众的视觉吸引力和展现空间的引导作用，能够充分展现空间环境的艺术表达。色彩方向的展示设计，首先要根据展览的性质和主题来确定展览空间的主色调，以及适合的色彩的组合、空间的色彩关系等。

如图 3-1 所示，根据“蓝印花布”主题设计展馆，背景板、地板等颜色交相呼应，给人一种沉静、心旷神怡的舒适观感。

2. 情境空间的视觉要素

视觉感受指的是人们对于外界的第一反应。人的视觉对外界某些特定的信息进行高度的选择，接收并传递到大脑。对于情境空间的塑造，视觉效果往往会起到吸引人、给人留下深刻印象的作用。

（1）图形图像

在文字还没有出现之前，图形图像语言就已经是人们交流思想的一种工具和方式，具有很强的可视性、象征性和感染性，在人们的生活中无处不在，已成为现代文明不可缺失的一部分，给人们的生活带来了快捷和便利。针对特定空间情境的表达，展开设计观念和完善创造性的思想体系，进行图形图像的创意。将空间的信息、艺术的审美与有创意的形式结合，通过情境的构建，从而产生形式以及心理的效应，来达到情境的渲染和传播的目的。从这个有力的切入点来探寻展示空间环境设计的意义，延伸到社会各个领域，引起群体的共鸣，激发心理上的认同感以及促进社会的共同进步。

在古典家具数字博物馆中，将需要展示的内容通过图像等进行设计与展示（见图 3-8），将古典家具的边柜等物品进行三维展示，使其产生视觉上的冲击，以达到对古典家具主题的渲染，其本质还是对图像的创意、再设计。

图 3-8　古典家具主题博物馆图形图像展示

（2）色彩透视

不同的色彩带来不同的视觉效果，从深色到浅色、从冷色到暖色，不同的色彩基调会引起人们的不同感受。色彩作为强大的视觉符号，寄托着人们的各种情感，影响着展示环境的空间感、舒适度、环境氛围以及使用效率，对人的生理、心理都具有很大的影响。因此，色彩在情境化空间的设计中作为最具表现力和感染力的重要元素，其最终呈现的色彩效果将直接影响着设计效果，从而影响人的情绪，产生直接的心理效果。在感受色彩的过程中，人们往往会被色彩所产生的错觉和幻觉引导，将对色彩的感受与联想结合，并产生相应的物理效果和间接的心理效果。同一造型的不同材质、同一材质的不同色彩、同一色彩的不同光照、同一光照的不同反光，都会造成不同的视觉和心理感受。冷色系在心理上易产生压抑、沉静的紧缩感，暖色系则易产生温暖、轻松的舒展感。不同的民族文化对色彩也有着各自不同的传统，而大众对于色彩的喜厌程度，影响着情境空间中对色彩的应用。利用色彩的变化来拉近与延伸空间的距离，通过冷暖的交替来塑造轻快活泼的空间，隐性地表达情境与叙事，这是商业情境空间常用的手法。

3.2.2　情境空间的构建方式

1. 情境素材的搜集

情境的获取是对于外界信息进行处理、提取，通过设计进行组合与创造的过程。通常以主题为切入点，从与主题相关的信息内容出发，寻找与之匹配的元素，充分了解主题的历史与发展，并调查相关案例，储备参考用的资料，类比分析，创造出独特且具审美的主题情境。

以蓝印花布为主题的博物馆，以非物质文化遗产、蓝印花布为切入点，通过这些词产生一系列发散的思维，然后开始收集与之匹配的元素，对其进行选择、分析并作为素材，将图像风格迁移技术与生成式对抗网络技术相结合生成图案，最终应用于蓝印花布图案设计中，呈现主题情境独特的魅力。

2. 情境的获取

情境的构建往往从空间的主题出发，来传达某些空间元素表现的背景逻辑或故事，再现主题的独特性与艺术性。在主题情境的基础上将所需的故事语言用各种与之相关的素材联系起来，从素材的研究到艺术的描述，用视觉化的情境故事从环境中获取信息，为之后静态、动态的故事情境的表述做铺垫。通过具体的设计，将人、空间元素与环境信息进行构建，实现情感、表现力、语言活动下的艺术再构，艺术性地勾勒出主题限定下的故事情境。

3. 情境的导入

只有在前期对情境素材进行搜集、获取，最后才能更好地形成空间的情境化。从空间设计的本质——人的角度来划分，情境可以分为静态和动态，以及两者相结合的三种情境构成方式。考虑到一些商业空间的局限性和表达内容的针对性，静态的情境构成更加偏向对展示陈设品的一种静态的构思，这种设计方案用情感来打动人心，即情在心中。而动态情境的构成融入体验式的互动，利用消费者的要求和愿望，创造一个人与环境互动的舒适空间，即人在境中。将两者结合从时空、动静来呈现情境，灵活地应用于商业展示环境的设计中，不断创新思路以适应现代社会的发展趋势。

例如，革命历史主题展馆，将革命年代历史导入情境空间的构建中，从政治、军事、文化取材，导入大量的历史元素，再现了革命年代历史生活的场景，将人带入革命时期的氛围中，给观众增加了趣味性，更深层次地倡导革命文化，从而打动人的内心，勾起对历史的一系列情怀。

3.2.3 展馆情境设计原则

所谓“情境”，就是由人与环境之间通过物理或生理的刺激所产生的一系列关系与反应。它既不能单纯地指代一个空间环境，又不能仅仅将其视为在环境中生成的一系列反馈感知。在对“情境”进行解析的过程中，空间环境（情境）、人（身处情境中的主体）、情感（人在空间内的感知要素及感知反馈）共同构成了情境的核心内容，同时，三者在相互作用之下构建起内涵丰富的情境空间。

1. 情境化设计与智能技术的融合创新原则

在展厅的视觉设计中，以智能化的视觉表达方式为参观者提供智能的视觉体验。视觉语言的独特之处在于其在智能技术中的表现。一方面要确保展馆视觉表达形式的鲜明和独特，另一方面要考虑到参观者对视觉的智能要求。展馆在理念、形式和功能上的创新表现，应当立足于参观者的实际需要，在这样的前提下，结合展馆的空间布置和展品自身特征，进行创造性的表现。智能化技术的运用和融合，使展馆的视觉语言能够随着参观者和实际环境的变化而发生变化，从而为参观者提供最适合的视觉语言表达。由于信息技术的飞速发展，以及不断涌现的科技手段，人们的阅读和接受方式发生了变化，传统的、固化的展馆设计语言已无法适应人们的个性化要求。在未来的展厅中，将智能技术和场景设计相结合，将是一个发展方向。

2. 情境化设计与受众需求的统一和谐原则

设计是一门多学科交叉的边缘学科，是一门以满足大众的需求为目标的学科。在展馆的设计中，一切创意和功能都以满足观众的需要为中心。展厅的视觉设计对营造情境有很大影响，所以应从个体化的角度来考虑，对其进行个性化的设计，并将其创意的视觉设计理念与观众的个性化要求结合于展馆视觉设计实践活动中。

从功能的角度来看，在展馆的视觉设计中应用了 AI 技术，使得展馆的设计更加有创意，智能化的人机交互，能够实时地、能动地为观众提供个性化的视觉呈现，大大降低观众搜集、检索信息的工作量。从感性的角度来说，智能展馆的视觉设计最突出的特征就是智能化，能够根据观众搜集、检索信息的分析，主动地调整策略，实现与观众的智能交互，给人们带来轻松、愉悦的体验。

3. 智能化技术在情境化设计中的均衡原则

在展馆的视觉设计中，智能化技术的应用性和艺术性都以展馆观众的需求为基础。功能实效性是指设计策略能否达到观众对展馆信息方便、便捷的要求，而艺术的独特性在于将展馆的视觉信息有效地传达给观众，使观众得到有趣、多样、智能化的感官体验，从而获得精神享受附加值的提升。功能有效性立足于艺术性的独特性上，而它的独到之处在于它的实用性，二者在展厅的视觉设计实践中是互相关联、互相服务的。

俗话说“物极必反”，在实践情境化设计时，往往因为对取舍与轻重的判断力不足，使得整个设计显得用力过猛，因而适得其反。因此既不能为了实用功能而不顾艺术性，又不可一味地追求艺术独特性而忽视了功能实用性。将智能化技术运用到展馆的视觉设计中，既要注意功能的实现，又要兼顾艺术的表达，使其达到平衡、合理的效果，从而使观众获得更为轻松和愉快的观展体验。

3.2.4　以观众体验为核心的情境设计

1. 展示内容与观众之间关系的构建

一件出色的现代空间设计作品，除了对比例、材质、工艺性的掌握外，还必须考虑是否能够传达出一种观念和情感，使其在空间中表现出与其情感相关的意境。情境化设计（contextual design）将所展示的对象与观众置于展示空间内同等地位，关注展示内容与观众之间关系的构建，其对空间内容的表达包含“物境”“情境”“意境”三层含义。类似于王昌龄对“境界”的三重解释：

一为“物境”，以象传情、有物之境谓之物境，得其形似。在情境化展示设计中，“物境”是展示内容的物质层面表示，构建有序的实体展示空间，将真实全面的展示内容向观众准确传达。

二为“情境”，以情达意。在情境化展示设计中指代展示内容的深层表意，通过营造具有感染力的空间氛围及展示互动方式，引发观众的精神愉悦和情感上的认同意识。

三为“意境”，得其真髓。在情境化展示设计中为展示内容的主题升华，将展示的意象和目的融入展示空间，转化为观众观展消化之后的文化余味和文化意识。

王昌龄的“三境”，不仅表达了诗歌艺术的创作境界，同时也提示了空间意识层层递进的规律，以信息交互原理中的空间域或空间场的本质来认识，说明由于发出信息的系统性、结构性、有机性的不同，信息的接收者的记忆存储、知识结构的不同，其处理信息的结果则大不相同，以致输出反馈的性质、强度、形式、效果也大不相同。这就充分表明，“物境”是否能够构成适合人类生存的“情境”，对“意境”的陶冶至关重要。

在王昌龄的“三境”中一直围绕“情境”为中心进行论述。所谓情境化设计，就是根据一个主题构建了一个生动的场景，让观众“身临其境”，从而使观众能够更好地体会到主题内容。这里的场景可以是由不同的材质模拟而成的，也可以用视频来模拟，还可以是一些有代表性的物体、图形、符号、声音来引发观众的想象。人们往往把自己的感觉与周围的环境相联系，也就是所谓的“触景生情”。在展示空间中，直觉场景可以快速地引起观众的注意，使观众在真实环境的感染力影响下得到情感释放，从而引发对展示对象的深思。

“情境”自身包括“主题”和“环境”两个要素，其在展示空间中是呈现内容和呈现形态的表里结构。在内容层次上，情境呈现设计以“主题建构”为特征，以清晰的中心主题展开。在展览空间里，一个主题是通过一个特定的角度来表达其核心理念。在形式表达上，环境展示空间呈现为空间与核心理念的融合。根据情景主题，在展示空间中利用各种表现形式的展示对象构建环境，并在此基础上进一步合理搭配，选择生动的展示方式，使其富有趣味和情感色彩。

与“情境”相比，“情境化”是一种应用性的概念，它通过运用“情境营造”或者“情境的思维方法”来进行空间设计，使其在特定的应用中发挥作用。“情境设计”即把“情境化”的思想引入设计领域。从本质上说，情境化展示是一种生动的文化认知经验，观众通过场景的演绎对展示对象进行层层深入的认识，而在这个过程中，通过一个能调动观众感知的展示环节来加深这种体验性，主要表现为感官体验。除了视觉感受（灯光和色彩），听觉辅助视觉更能够塑造出特有的体验。

情境设计是一种表现时间和空间的艺术，它以空间特性为基础。场景是情境设计中不可缺少的一部分，其首要任务就是营造出一个合理的舞台，不仅要符合角色的行动需要，还要有一个合理的视角关系，与数字展厅的艺术风格相协调，使场景、人物、剧情融合并合乎情理。传统的场景绘制是一幅幅静态的画面，通过造型元素、透视、构图、色彩、光影、肌理等要素来塑造空间感。随着数字展厅的类型和技术的不断进步，场景的制作也随之变得更加多样化，比如二维平面的绘画场景、三维软件的立体场景、照片实景场景等。在具象空间中，它的客体形态必须与剧本内容、角色表演需求、历史风貌特征一致，艺术形式要与整个展厅的整体风貌协调一致，这样才能顺利地进行。出色的场景制作必须具有一定的空间表达能力，远近关系、层次感、深度感、主次感、虚实感，都要在具体的空间中进行，以便于人物的演绎，从而使人物和人物的关系更加紧密。因为情境设计艺术还具有时效性，因此，通过构图和景物的视觉改变，可以激发观众的情绪。通过对镜头空间的塑造，以及对镜头的空间转换，可以作为一种特殊的叙述方式，提高数字展厅的艺术效果。三维数字展馆情境展示如图 3-9 所示。

2. 情境化展示空间设计提高观众文化体验

人的情绪会受到环境的影响，而环境也会随着情绪的改变而表现出不同的含义，这也是人们联想的结果。也就是说，触景生情，情境性的表现空间注重通过元素设计使观众产生身临其境的感受，在不知不觉中引起观众的情绪共鸣。在展示空间中，通过对呈现的物体进行直观的场景还原，可以快速地引起观众的注意，并使其在现实情境的感染下获得情绪的宣泄，进而引起人们的思考。

人类的所有行为都是经验的过程，文化空间也是如此。从根本上说，情境化的展示设计是一种具有鲜明文化意识的经验。情境化展示空间注重提高展示空间的可体验性，注重对“认知”与

"体验"的提升，从而使观众获得最佳的文化体验。一方面，要按照叙事的主线来构建情境。在展示空间中，实际上是对被呈现的物体进行了一种情境式的叙述，通过情境语言和多种情境的演绎，使观众对所呈现的事物有了一层又一层的深刻的认识。另一方面，通过设置能激发受众知觉的展示环节来加深这种体验，其主要体现在感官上。在视觉上，除了光与色的感受之外，视觉可以创造出一种特别的沉浸体验，特别是在特定的文化空间中更是如此。在多方体验的结合下，使文化内容得到最大限度的传播，从而达到对文化空间的个性化要求。

图 3-9　三维数字展馆情境展示

情境化展示空间强调了多媒介的信息输出，从而提高了信息的传递效率，促进了观众在展览中将信息转换为知识。在传统的展示区，大量的知识信息如背景描述、文字介绍等，会给观众带来很大的信息量，而文字的接收则比较单调，在有限的展示期内，观众在观看完一场文化展览之后，很难获得足够的信息，无法形成系统的知识。在情境化化的展示空间中，减少了分散、大面积的平面文字信息，转向叙述化、有主线的信息传达方式，利用各种形式的媒体，如图、文、声、像等多种渠道形式向观众进行传达。通过有针对性地、全方位地刺激观众的视觉、听觉等感官，使其获取更多的信息。

情境展示空间的信息传递方法是为了激发观众的兴趣，调动观众的参与和表达意愿。在传达信息的过程中，也给观众提供了一个反馈机制，通过对信息的反馈，可以让观众产生"传递（接收）、表达（接受）、反馈（吸收）"的完整的信息传递过程。具体而言，要创造一个有形、可听、可触摸、生动、丰富、立体的空间，让观众可以全身心地沉浸于空间之中。情境化设计展示空间信息传输机制如图 3-10 所示。

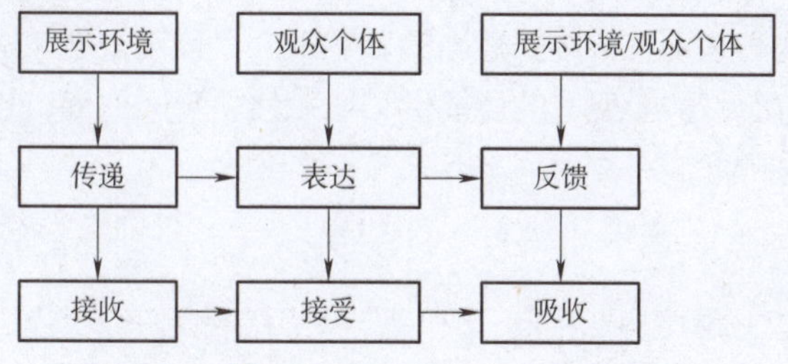

图 3-10　情境化设计展示空间信息传输机制

3.3 数字展馆情境体验特征

展览作品是交流的主体，观众是交流的受众，二者从内部向外部呈现出不同水平的展示需要。而情境展示空间则通过运用情境化的设计手段来表现出对传播者、接受者的空间关怀，并将其定位为文化展示的目标。以情境构建为基础的陈列空间应遵循“情境展示”与“可实施”的衔接，从而达到“情境化”的展示效果和“放大”的效果。产品展示空间情境化设计引入机制如图 3-11 所示。

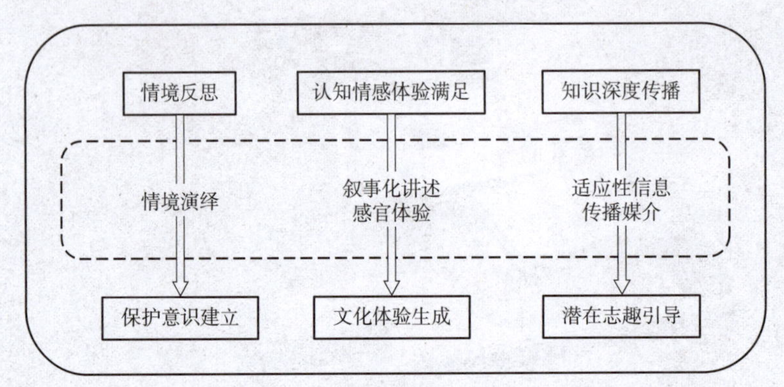

图 3-11　产品展示空间情境化设计引入机制

情境呈现的空间表现为：

1. 空间构建理念

情境展示空间在三条主线上发挥了各自的显示功能，为展示空间的建设提供支撑。首先，创设情境，引起观众的共鸣和反省，从而促进展览作品的保护意识。例如，情境化的展示空间，通过对传统手工艺的情境化呈现，可以把观众带到与之相关的年代或工作环境中，让观众亲身体验传统手工艺的魅力。或以多元情境的融合演化，演绎出展示内容的发展兴衰，以反映当今社会背景下传统手工业的生存状况。在此基础上，将保护与传承的观念融合起来，逐步加深和提高大众的保护意识。其次，通过情境化的“认知”与“体验”来创造优势，从而实现良好的文化体验。融入情境设计的展示空间，可以在创造体验的基础上，实现观众认知与情绪的双重满足。在空间结构与表现形式上，力求使文化体验全面、多样。情境叙述的叙述方法使得呈现的内容一览无余，因此，观众逐渐加深了对呈现事件的认识。在有限的空间里，感觉性的经验会影响观众的情绪，从而引起观众与文化客体之间微妙的情感距离。从内容到形式，精练展示过程中的文化体验。第三，以情境演示的形式，将信息转变成知识，进而提升观众的兴趣。情境化的表现设计方法是将抽象和错综复杂的文化内容区别开，选择适当的表达媒介，使观众在了解其现实生活的同时，也能丰富知识的内涵。一方面，扩大展览的传播性和继承性；另一方面，也能吸引更多人参与到展览中，拉近与展览相关的产业。

2. 展览内容组织与构成

把展览内容特点和“主题建构”中的“环境”特点结合起来。展览空间对展览内容的组织，应该围绕展览的主题对展示的相关内容进行陈述。情境是以题材为基础的，而表现是以情境为基础的。

在展览内容的空间表现上，情境性表现的空间表现形式包括了有形和无形两个层次。即“物境”是以实物的形式呈现，“情境”则是以展示的环境为主体，而“意境”则是将展品的“意象”与“环境”相结合。上述的内容都需要在情境化的展示空间中加以注意和表现。

3. 展览形式选择与应用

在非物质文化遗产的环境展示空间中，运用了情境的表现手段。非物质文化遗产展示空间的内容环境塑造则是以文化内容的表达为主，根据非物质文化遗产作品的多种形式，对环境的塑造丰富运用，使其具有层次性。在这一基础上，呈现出活动性、互动性、参与性等特点。

4. 情境演绎物质空间

（1）场景复原

场景复原，在博物馆的历史主题展览中常用，将一个特定的场景尽量还原成原状。通过静态模型、实物、蜡像、标本等进行等比例制作，模拟自然光、自然声塑造原始环境，以寻求“真实性”。目的在于使观众能够最大程度地、最真实地了解事件的发生和发展。场景复原与电影摄影中再现真实的历史场景相似，但是由于空间区域的限制，它又呈现出“局部还原”“模拟性”等特征。

场景复原是在传统的展示空间中运用的一种视觉再现方式，它是一种特殊的历史场景或事件背景。比如，追溯传统手艺的来源，从文字、照片、传承者的描述中，还原出原本的场景，或者匠人在古老的街道上表演，或者在古老的工坊里用心制作，或者故事的起源，这些都是有背景的。对文物的追溯，往往是观众理解其全部内容的开始。它可以让观众对它的时代背景、技艺原型、社会功能，甚至是传承者的传承地的原貌等有一个直观的认识，从而将其背后的文化内容可视化。

（2）情景再现

情景再现指的是运用想象和联想，艺术地再现历史人物当年的情景。情景再现法包括“重大历史事件的情景”“典型历史人物的情景”“著名文学形象的情景”“诗词意境的情景”四种情况。前三种可归为同一类，统称为历史情景，后一种称为诗词情景。

情景再现与场景复原相比，更侧重于氛围的渲染和重点描写。所以，它并不局限于单纯的视觉还原，而要在局部还原的前提下，将情景主题艺术化。情景再现中的建筑要素不仅包括实物装置，而且在空间尺度、布景手法、色彩搭配、灯光渲染等方面都针对性地表达情景主题和焦点，形式更为灵活、多样。这与情景戏剧中的舞台艺术表现相似，若要展现多个场景时，可以将影像技术与“分镜头”相结合。

由于受到空间、时间和表现方式的制约，工艺美术类情景再现中涉及的非物质文化遗产自身存在着大量的非物质因素，比如艺术的社会角色、技艺操作的过程、作品的创作理念与过程、具有表演性质的技艺对象等。“情景再现”是通过连续分镜头记录和舞台渲染等手段，将这些场景进行艺术剪裁和重组，使无形的场景以多种媒体的形式展现给观众。

（3）情境延伸

情境延伸包含两个层次。首先，揭示了展示对象的内涵。情境延伸的实质是“以物托物”，与“场景复原”“情景再现”等概念相区别。与橱窗式的环境塑造相似，是以物体本身的主题为背景，运用背景、装置、色彩、灯光等元素营造出一个小环境，以此来烘托展示对象。其次是展示对象在情境中对观众的心理捕捉，即在展现对象的情境中，强调环境气氛的形成，从而提高对观众的吸引力。

情境延伸利用橱窗陈列这一小空间的环境创造方式，人为地塑造出创作场景、使用场景、艺术氛围、文化语境等外在环境，从而引导观众由外而内地对展品进行全方位的解读，并融合声色、气味等感官体验，使场景从场景自身向观众延伸。

（4）语义迁移

迁移是一种心理学术语，它是一种学习新知识、新技能、新问题的态度。语义迁移是指一种语言在语义层面上的作用。语义迁移是数字展馆建设的一个重要组成部分，强调对对象的简单表达，并以其他物体的形式进行表达。迁移学习通过解构自身的文化象征，以特定的方式或其他物件来表达主体与客体之间的关系，形成一个小型的文化空间。

在展厅内，除陈列对象之外，还设有各种辅助展示媒介及产品，如展示架、照明系统、多媒体设备等。展示架等陈列装置依托于展品，与展品形成更加紧密的空间关系，将展品自身的文化内涵进行通俗化解读，转化为产品语意融入展架的设计理念，能够使其呼应展品的展示意象，与展品形成良好的语意互动关系。

（5）意象营造

在信息时代，设计不仅要有物理功能，更要能激发使用者正面的积极情绪，激发他们的思维和情感，以满足他们的心理需要。

所谓“意象”，是过去拥有经验的重现，即人们有意识的记忆。意象营造是在展示空间中相对模糊地表达内容，并创造出一种氛围。以一种文化主题为核心，通过空间装置的方式，使空间具有意象化、艺术化、装饰性的效果，凸显其文化内涵与审美需求，在展示空间中起到点明或烘托主题或依托的作用。设计师从文化的意义上赋予了场景言不尽意的意境，使观众在观赏展览时，从外形上通过想象、领悟等非逻辑的思考，升华为内在的情绪，从而在观展中得到身心的愉悦。

展览中“无形”的文化形态占了很大的展示空间，同时也展现了主题和分支的主题，对观众来说都是一种看不见的抽象的文化载体。在这种展示对象面前，过分的渲染会使观众的注意力分散，从而导致观众对其认识的偏差。根据展览的主题来决定形象，运用装置艺术和灯光、色彩等空间辅助的表现手段，营造出一个不会在展示中喧宾夺主，同时也能形成整体的空间气氛。

5. 情境体验的特点

以情为本、以境为载体的文化展示空间，将“文化空间”和“物质空间”有机地结合，融情于境、情境相融，激活展品陈列是提高展览有效性的重要构建方向。

从广义上讲，“设计中的情景化思维是为一个总体遐想、总体的目标、总的方向而展开的，是形成决定及付诸实施必须要有的过程”。这也是设计行为所提倡的整体思维。在产品的设计中，“情境化设计”又称作“情景化设计”，它包括“情化”与“景化”两方面，一方面突出了使用者与产品之间的情感联系，另一方面又注重与周边的视觉、功能、生态的协调。在互动设计的大趋势下，“情境化设计”更多的是一种方法性的应用，用于推动和优化可用性设计或体验设计。

（1）真实的沉浸性体验性

沉浸感是指观众在数字展馆中感受到的虚拟世界，理想的虚拟沉浸感会使观众真假难辨，观众会在视觉、听觉多感官下将虚拟世界和现实融为一体。

① 视觉上的潜意识：人们对一切事物的感觉，都是从眼睛中产生的。在数字展厅中，观众通过视觉观察到的虚拟世界必须具有真实性和实时性，并且不能受到外部环境的影响，从而达到更好的体验。

② 听觉沉浸感：在数字展馆的虚拟情境中，要真实地模拟现实环境中产生的音效，来配合视觉画面。

③ 触觉沉浸感：数据手套、方向盘、驾驶舱等具有强大反馈的硬件装置，为观众提供了在虚拟环境中实际操作时的反馈，这样可以获得非常高的真实感。

④ 嗅觉沉浸感：利用气味产生装置，观众可以在不同的虚拟环境中体验到不同的气味。在科学家们的努力下，在不久的将来，我们能够真正地体会到四季更替、鸟语花香、春意盎然的美好生活。

（2）实时交互性

交互是指以自然的方式观察和操作虚拟环境，以确保观众操作的真实性、实时性和有效性，并能得到自然的反馈。在传统的展馆中，大部分观众都是通过鼠标、键盘等单一的输入设备进行交互，而现在，观众可以通过数据手套、数据头盔、语音识别、力反馈方向盘等设备来进行交互和操作。数据手套如图 3-12 所示；力反馈方向盘如图 3-13 所示；虚拟驾驶与军事训练，如图 3-14 所示。

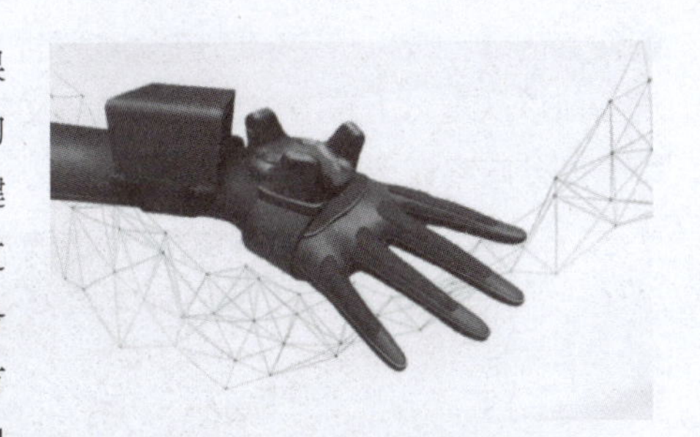

图 3-12　输入设备——数据手套

图 3-13　力反馈方向盘

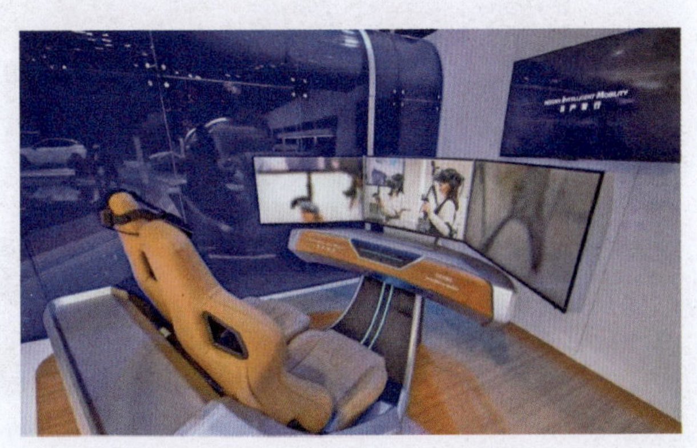

图 3-14　虚拟驾驶与军事训练

（3）展示设计的独特性和趣味性

数字展馆的展示设计不仅仅是简单的摆放展品。不管是部分还是整体，展示空间都需要用心设计，创造出别致的艺术空间，以便第一时间就能够抓住观众的心，从而突出展品的艺术魅力，使观众能达到身临其境的感觉，更深入地了解展品。

3.3.1 身临其境的展馆沉浸体验

来自中国的创意团队——What's medialab 联合设计机构 UG 展出了一幅《时光秘境》，这幅作品的灵感来自西班牙艺术家萨尔瓦多·达利的《记忆的永恒》，它的创作是一个人的梦境和幻想，也是他的潜意识。而为了寻求这一超现实主义的幻觉，《时光秘境》的创作者利用智能设备，以一种全身心投入的方式，把奇异画面和栩栩如生的细节展示出来，创造出充满想象却又有一定真实性的画面，呈现给人一种在真实生活中看不到的奇异、有趣的画面，让人感受到超现实作品要传达的深层意蕴，让人沉浸于幻想、幻觉与时间重组的世界。这或许就是超现实主义绘画和沉浸体验的魅力。

当下，数字展馆是传统展示方式与现代展示方式并存，因而其常见的展示形式也多种多样，主要有以下三个类别：

1. 图文展示

在数字场馆的展示空间中，文字信息和图像等传统的表现形式更为普遍。这种平面二维展示的形式，担负着展品介绍、无实物展示等功能。在有限的场地空间中，通过实物照片、文字说明、解说等内容，或以特定的历史发展为时间轴，或以相应类别为结构，形成一个或多个展示区。参观者可以从视觉上获取信息，并通过文字、图像理解其基本信息、形成过程、发展状况等，并将每一部分内容连接到自身的价值。图文展示如图 3-15 所示。

图 3-15 图文展示

2. 实物展示

数字展馆内展示内容所涉及的实物，即制作工具、文化附属产品、工艺产品等，通常采用展柜、展台等形式来展示，并与相应的图片内容相结合，让观众对所呈现的内容有一个全面的认识。实物展示的方式将数字展馆中具有主题代表意义的实物近距离展示在观众面前，观众通过观察感受凝聚了深厚中华文化的造物魅力，并通过现代工艺制品感悟其技艺价值、文化价值、艺术价值，以及中华文化的传承。实物展示如图 3-16 所示。

图 3-16　实物展示

3. 多媒体展示

在数字展馆中，大多会融合各种多媒体技术进行辅助展示。应用最为广泛的是视频展示相关文化资料，即在数字展厅中使用电子显示屏，除了“全息投影”和“触摸屏幕”等互动式多媒体技术，还可以通过投影等媒体来传递信息。多媒体呈现方式多样，能融合文字、图片、视频、音乐等多种内容载体。通过视觉、听觉等多种感觉，使观众与展览环境融为一体。多媒体展示如图 3-17 所示。

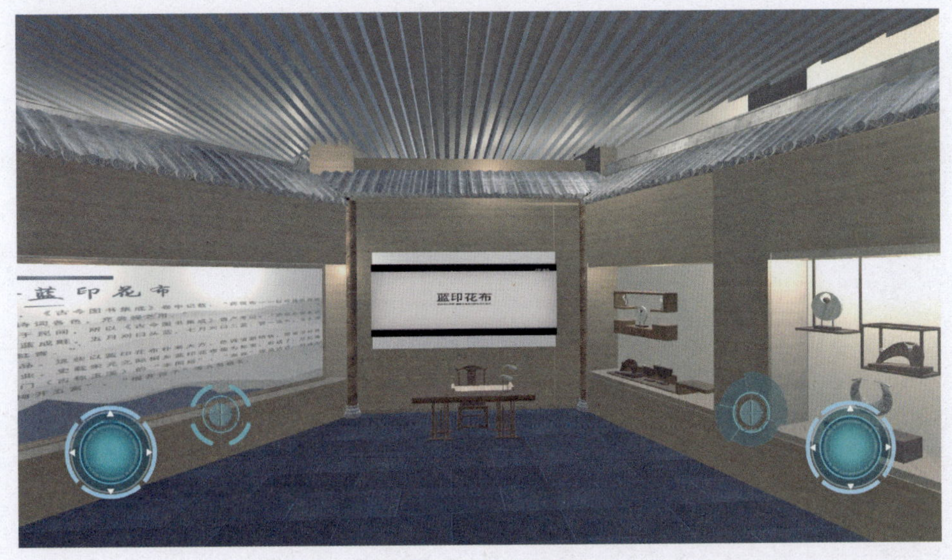

图 3-17　多媒体展示

3.3.2 “新媒体”下展示设计中空间的艺术特征

信息技术在各种资源重组中得到有效运用，图形、影像、声音、光线等经过各种技术的处理，全面整合。运用多媒体技术的发展，达到了数字动画动态发展的目的。与此同时，空间的渗透、全方位的影像更让人对空间的形态有了更深刻的认识，语言呈现设计、创造视觉愉悦与不同的空间形式，体现了不同的技术手段，是一种跨领域的融合，为设计工具和空间的设计提供了新的途径。

1. 空间的有形与无形

展览空间是一种持续的空间扩展，也可以说是一种连续的空间展示，它是一种静止、凝固的实体空间模式，它改变和重组了空间的认知形态和对活动的感觉，用极少的手段做出反应，从而体现出不同的空间表达。新媒介系统既具备创造空间的功能，又与各种空间形态并存，在数字资讯与科技多元、虚拟视觉变迁的观念中，透过人与空间的沟通，透过沟通的方式，让空间得以扩展，展示的视觉形态与空间形态，都因科技的革新而发生变化。

2. 空间时间的特征

空间是一个抽象的概念，会因人的认知和描述而发生变化，可见空间与集合的分散程度也会随之而变，而且会因时间、地域、环境等因素而产生不同的主题。空间也会影响时间过程技术的扩展，这就意味着，在新媒介环境下，空间可以被视作一种新的可视化的互动方式，通过这种方式，可以使展示设计中的表达方式和空间语言变得更有意义，促进不同的角度、不同的信息、不同的空间形态、不同的时间、不同的人的行为。

3. 空间的流动性特性

作为一个展览设计师，要考虑的不仅仅是时间的流逝，而是一种流动的空间形态的空间分布和移动，使之变得更加开阔和丰富，并能满足观众的心理和娱乐需求，通过对周围的环境进行规划，将观众的浏览方向进行合理引导，从而达到良好的空间艺术效果。

3.3.3 突破围墙的展馆虚拟体验

1. 展馆的虚拟现实发展

随着科技的进步，虚拟现实技术也得到了快速的发展，作为一种新型的显示方式和传播媒介，虚拟现实技术逐渐进入人们的日常生活中，对人们的生活产生了深远的影响，在教育、娱乐、工业、展馆、数字城市、医疗、军事等各个方面都有了很大的发展。

虚拟现实不仅给人们带来了丰富的体验，而且也满足了人们对信息社会的需求。近年来，虚拟现实技术所产生的“身临其境”的神奇效果，已经深入到了各个领域，成为近年来世界科技领域研究的一个重要课题。该技术以计算机图形、人机界面、传感、人工智能等为核心，应用于设计、医学、娱乐等多个方面，被誉为 21 世纪最具发展潜力的科技之一。在展示设计中，传统的表现形式已经无法满足数字化时代的需求，需要新的技术手段来丰富和拓展展示的张力。虚拟现实应用于设计领域为传统的展览设计注入了一股新的活力。

“虚拟”一词是指人们在现实生活中对自己的想象和思想的一种行为，而“现实”则是一种普遍的概念。因此，所谓的“虚拟现实”，就是通过计算机的3D图像技术来达到人们对视觉、听觉、触觉、气味等感官的感知。

展示设计的数字化表达技术包括CAD、虚拟现实、多媒体等。虚拟现实技术，通过设计软件，将展品的三维形态展现出来，再制造出一种虚拟的场景。这是一项全新的科技，通过计算机软件的加入，以及先进的感测装置，可以让人的感官感受到真实的虚拟世界。比如，在虚拟环境中，你可以近距离地看到野鹿和走兽的生命活动，还可以戴上数字头盔，感受宇宙的奇妙，在太空中漫步。因此，人们认为，虚拟现实技术的运用一定会给设计行业带来一场变革与革新。多媒体技术是一门综合性的技术，它将各种技术融为一体，涉及存储、输入、输出、界面技术、交互技术等。与虚拟现实技术相比，多媒体技术是一种新的传播手段，而虚拟现实技术则是在一定程度上实现更多的交互性。

虚实相生是中国传统审美范畴的重要组成部分，因其有着化实为虚、化虚为实、虚实结合的独特表现形式，在丰富艺术的审美内涵、开拓艺术的表现空间中有着重要作用，备受艺术创作者青睐。一个成功的虚拟展品的展示离不开技术与艺术的相互融合、相互促进，这样才能展示出虚拟展示设计的艺术魅力和高端的技术水平，而不是单纯地只靠技术或者艺术来吸引观众参与。虚拟展品的独特性主要体现在将展示与互动相结合，这种表现方式的优势在于除了视觉、听觉的感受外，使观众对产品的认知上升到了新的高度。

2. 虚拟现实的特征

从总体上看，它具有四个主要特征：交互性、仿真性、精确性、广域性。

（1）交互性

交互是虚拟现实产品最大的特色，可以让观众在虚拟的环境中尽情欣赏，这样才能更好地引导观众的需要，促使观众更好地理解展品的信息，以满足观众的需要，这样才能更好地进行交流。

（2）仿真性

传统的人工制作效果图、三维模型只能达到单一静态的展示效果，而虚拟现实则是利用各种软件对其进行润色、编排，达到全方位、细致、生动、逼真的效果，达到一种全新的视觉体验，让观众有一种“穿越时空”的感觉。

（3）精确性

虚拟陈列设计是纯粹的数字显示方式，因此在计算机的计算体系中，信息会变得更为精确，而且，如果设计的作品要做一些改动，那么虚拟现实设计就不会再手工绘制实体模型了。通过对相关数据的修正，可以迅速地产生新的方案，从而减少资源的浪费和损失，大大提高了效率。

（4）广域性

传统的展示设计由于时间、地域、材料、环境等因素的限制，无法将展品最大程度地呈现出来，而虚拟展示设计则是一种完全数字化的系统，可以让展品的展示不受时间、地域的限制，同时也能满足传统的展示空间、时间、资金、管理等方面的限制，扩大展示的空间和展示范围，便于信息交流和贸易。在国际博览会和大型国际展览会中，更能体现出它的优越性，为社会创造更多的经济效益。同时，也更加符合可持续发展的要求。

3. 虚拟现实在展示设计中的表达方式

虚拟现实技术是一种优势互补、相互关联的软硬件技术。在展示设计中，虚拟现实技术的表现形式一般可分为四大类：全景影像技术、三维显示技术、立体声效技术与交互技术。

（1）全景影像技术

现代数字影像已走进千家万户，将摄影机 360° 地拍摄一套影像，再以影像处理的方式将多种影像进行拼接，再以计算机技术即时、全方位地交互观察，即全景影像。严格来说，这项技术并不能算是一种虚拟现实技术，但却能让人有一种真实的感觉。由于全景影像技术的实施相对容易，而且费用也相对低廉，因此在很多场合都有广泛的应用。

（2）三维显示技术

三维立体呈现给人一种“身临其境”的感觉。在很大程度上，要实现可视功能的逼真，主要依赖于 3D 影像加工技术和理解能力。三维显示技术是基于 3D 软件产生的三维影像，其本质是软件技术。三维显示技术中最常用的就是多信道投射技术，多信道投射技术能够实现环幕影像的投射。三维显示技术中近年来兴起的空气影像技术，是一种比较先进的技术，能够在空中呈现三维影像，同时又具备触觉灵敏的互动性。

（3）立体声效技术

虚拟现实中的声效技术，可不是一般的立体声，它是一种非常真实的技术，通过 3D 技术，可以让人在真实的环境中感受到各种物理属性。立体声效技术能让观众辨别出很远的地方的声音，并能辨别距离，在一个三维的虚拟空间中，3D 音响效果会被反射到三维物体上，产生声音的折射和衰减，从而模拟出真实的声音。

（4）交互技术

现代陈列设计中，单一的音像表现方式已经不能适应各种展示方式，需要运用现代科学技术与观众进行沟通，以满足观众的需求。随着虚拟现实技术的发展，展示设计的新面貌也随之出现。交互性为展示设计的表达提供了很大的便利。目前，交互技术分为三种互动形式：空间定位、环境变化、三维行为。如果说三维模型和贴图提供了虚拟世界的骨架和框架，那么互动技术就是血液和灵魂。

4. 虚拟现实的应用现状

虚拟现实技术是当前展览设计中最常用的一种技术，在数字城市领域中应用最为广泛。数字城市是城市规划中的一个应用领域，而在目前的发展中，数字城市的规划是一个非常成熟和成功的领域。以前的数字城市在做规划的时候，都会先做一些模拟，然后再根据实际情况来判断一个项目的可行性。数字城市规划是在实际城市规划遭遇重大试验瓶颈后，快速发展起来的新兴产业。

虚拟现实技术更多地运用于展馆。近年来，中国展馆发展迅速，已经是全球最大的展览国。但在这个产品快速普及、精益求精的年代，展厅不仅要耗费大量的人力、物力，还要花费很长的时间，以及严格的地理条件。因此，许多企业都意识到，因特网的种种优点与虚拟现实技术的结合，将会为展馆带来全新的活力。

近年来，虚拟现实技术越来越多地应用于文物、古建筑等领域。文物古迹的修复和利用是一个特殊的产业，因为这些文物都是珍贵的，无法重建，都是国家的重点保护对象。许多文物古迹，都是要进行恢复和发展的，而且风险也很大。利用虚拟现实技术进行文物古迹的恢复与发展，是降低风险、降低资源消耗的有效途径。随着虚拟现实技术的发展和文物古迹的修复技术的发展，对虚拟现实技术的需求将会大幅增加。

目前，在展示设计中，使用虚拟现实技术仍有许多有待完善的地方。从虚拟现实的设计到最终的制作，都是以技术为基础的，更多的是将模型的颜色、材质等都恢复到本真的状态。而虚拟现实技术在艺术上还有很多不足之处，需要在未来的发展中，通过产业的交流，逐步提高其在艺术上的创意。

在展示设计中，虚拟现实技术的不足还体现在过分注重图形的规范化和程序化，而忽略了对用户的人文关怀。因为目前，虚拟现实技术已经开始应用于产品的销售。由于其高度商业化的趋势，使得虚拟现实技术在工业中的应用越来越广泛，其重点在于向用户灌输大量的商业信息，即虚拟现实在硬件方面的运用是否合理，过于强调了虚拟场景，忽视了用户的交互。

比如说，一个完整的虚拟现实系统中UI是非常复杂的，一般人根本不可能掌握。目前市场上并没有一个统一的规范，一些UI的设计更是毫无逻辑可言。还有一些虚拟现实的产品，存在一此强制的交互方式，比如一个人想要了解一些产品，就必须要做一系列的详细的介绍，因为目前的虚拟现实用户数量还不够多，设计师的行业工作时间不长，所以还需要进一步的开发。

在展示设计中，展示的表达方式存在着太过单一的不足。市面上的虚拟现实产品都比较相似。很多类似的公司，因为还处于技术和设计的探索阶段，所以并不能很好地界定虚拟现实在艺术上的创新。同样的技术，从模型到灯光的材质，再到交互效果，每一家公司的作品都是大同小异，缺乏创意。

在数字化展厅中，虚拟现实展示设计具有两大突出特色：空间仿真和互动体验。数字展馆，就是利用真实的建筑数据构建3D模型，都按照工程的要求对馆内的所有细节进行建模，将场馆内的光线、颜色、材料、物体的移动全部展现在观众面前，让人有一种强烈的、逼真的感觉。

例如，利用3D技术、虚拟现实技术，将各展馆的展品进行分析、设计、融合地域文化与设计理念，并在后期加入“环境大作战”“找不同”等互动游戏，提高展会的观赏性，实现不受地理、时间和展项限制的虚拟世界博览会。

3.3.4　基于智能的展馆个性体验

将人工智能技术引入到展馆中，将智能化、交互式的体验方式引入现代展馆的视觉设计中。在智能技术日新月异的今天，人工智能技术已经深入人们的生活、学习、工作中。从更广阔的角度来看，第四次工业革命，包括人工智能、量子技术、清洁能源、生物技术等，都在改变着人类的生存和生活方式，特别是在“互联网+”和“智能+”等新概念的不断涌现下，人工智能技术正逐步冲击着传统的生产模式。科学技术的发展对人们的经济活动、生产、生活、需求、思想观念等产生了巨大的影响。

从根本上讲，数字展馆是一种全新的沟通模式，突破了以往单一的沟通模式，以智能技术与人机互动为指导，丰富了数字展厅的表现形式，并扩大了互动的趋势。它可以使显示内容可及、视觉体验多样，从而达到信息文化的有效传递，使人们在心理上尽量加强视觉上的沟通。

随着智能数字化技术的不断发展，展馆的陈列设计从平面设计逐步过渡到数字技术与艺术表现的融合。在新媒介时代，数字显示方式的扩展，便以智能数字技术为基础的显示方式逐步实现了从实物到虚拟的转化。从单一的平面形态到多维的动态空间，极大地增强了信息的承载能力。信息技术的不断更新和装备的不断升级，使展厅的视觉设计方法和手段得以延伸，同时也带来了思维模式与设计取向的重大变化。展示设计在观众需求、设计理念、技术手段等方面都发生了不同的改变和发展。从平面到单维度的展示设计逐渐向多维、强交互、虚拟的融合方向发展。

关于智能技术的特征和艺术的综合性，本质上就是把艺术审美的精神体验引入到多元化、交互性、虚拟和现实的发展之中。总之，社会发展和新科技的出现为数字展厅提供了一个持续的创新平台。在科技与视觉艺术的双重影响下，数字展厅的智能化技术研究是值得我们重视的。

数字展厅设计强调的是人与人之间的互动以及信息的接收，而视觉设计则是通过计算机处理，实现展品、观众、环境的跨界融合，通过观众的不同需要，创造出不同的体验，从而加强人们与空间的关系。借助这种智能化的展示平台，观众可以迅速地与场馆的环境融为一体，发掘观众的情绪感受。观众由于参与而得到了视觉美感的提升，而智能技术使得展览与空间之间更加和谐，立体的视觉设计使展厅的视觉设计更自然、更具视觉冲击力。

随着展馆信息化、数字化的发展，目前国内外对于展馆中运用的智能化技术还没有一个全面的认识。在此期间，人们对数字展馆有了不同的名称，如“空间博物馆”。目前，人工智能已经进入第四次工业革命的初期，其应用范围也越来越广。国内外学者也在积极探索将人工智能技术运用到展馆中的可能性，目前国内的相关研究已达到世界先进水平。通过建立以数字显示为基础的多维知识获取链，并逐步呈现出多元化，更加注重细节的展示。2011 年，日本东京大学立潮谷川团队研制出了一种利用 3D 数字扫描技术来实现对文物进行虚拟显示的技术。虚拟展览使参观者能够更加全面、立体地观察和认识展品。另外，美国弗吉尼亚大学的研究团队利用虚拟现实技术还原了意大利罗马的历史，加利福尼亚大学的研究团队还在西班牙圣地亚哥大教堂进行了一次虚拟还原，Martin 等人相信，诸如艺术展厅之类的文化遗产组织应当继续使用数字媒介，以提高展览的效率。另外，在《“有形文化”——对多点触控设备设计的虚拟展示》一书中，作者认为，艺术展览馆等传统的艺术机构已经开始频繁地运用数字媒体技术来进行展品的陈列，而设计人员和馆长则可以将视觉互动的工作运用到展厅设计中，并且在设计过程中能够更好地安排展品的形状。Editor3D museum 的编辑在多点触摸技术的基础上，使展馆的设计更加顺畅和稳定，同时也使得展示方式能够与多种应用程序终端和数据格式相匹配。国外很多数字展览馆都精确地定位了展会的形态，已经有数以百万计的展厅在网上进行推广，并逐步采用了基于智能的多媒体技术。

目前，国内有关“智能展馆”的研究还不多见。本书在对国内外有关文献进行分析、整理的基础上，将数字展厅的研究划分为技术应用型、总结归纳型、范例型三大类。李晓玲等人认为，运用 Cult3D 技术可以实现互动，为智慧化的展示平台带来一种新的互动模式。

浙江大学、敦煌研究院于 1998 年启动了“敦煌石窟虚拟显示系统”，这是国家自然科学基金的重点课题。通过智能化的数据技术，展现了洞窟中的真实景象。敦煌莫高窟在智能化数字技术的基础上进行虚拟漫游。另外，洞穴内的壁画数字化信息资源库也得到了加强，在石窟壁画的艺术展示中，既有平面又有三维。北京航空航天大学在 DVENET 上实现了虚拟现实技术的应用，并从实物虚化、虚物实化、高效的计算机信息处理和分布式系统四个角度探讨了虚拟现实技术在 DVENET 中的应用。

浙江大学计算机辅助设计与 CG 国家重点实验室研制的一套台式机虚拟实景漫游系统，能够达到三维的视觉效果，并通过多种互动设计，让整个场景看起来更加逼真。国防科技大学多媒体研究中心开发了一套 HVS 虚拟现实空间建模系统，它不但降低了三维立体建模的复杂性，而且能够让观众在虚拟现实场景中任意移动，实现了虚拟现实技术的一次突破。杭州大学还开发了一套名为“故宫漫游”的“虚拟故宫”，让人们足不出户就能领略到故宫的壮丽，在不同的空间里自由地游览，获得很好的视觉体验。上海数字博物馆的视觉艺术区，利用多媒体、三维、虚拟技术实现三维场景的搭建、藏品的虚拟化，让游客可以自由观看三维的虚拟文物。

通过对数字展厅的实际运用和大量的科研实践，我们可以看到，数字展厅从最初的单一理念发展到一个系统、全面的理论体系，并且在不断的实践中积累着宝贵的经验。然而，在数字化展馆的实际应用中，由于技术发展的不够成熟，仍然存在着交互性、灵活性等不足。

近年来计算机技术飞速发展，大数据技术、光学成像技术、图像增强技术、虚拟现实技术等在展馆的视觉设计中得到了应用，使展览设计的交互手段和思维模式发生了变化，从单调的视觉设计模式逐步向技术和艺术结合的综合性设计模式转变。

随着科技的发展，人们的接受能力越来越强，网络时代的来临，使得人们能够更好地接收信息，从而产生了更多的个性化要求。展馆作为信息传播的重要载体，以人工智能技术与展馆的视觉设计作为新切入点，取代传统的静态的展示形式，能够展现基于智能化技术的灵活、立体化、动态的新型展厅视觉设计。

3.4 数字展馆情境设计方法

数字展厅的情景展示设计在内容构建、形式应用和空间叙述三个层面上都起着重要的作用。通过创造情景事件，塑造多元文化体验，支持文化内涵的表现，使观众融入展示环境，感受展品的历史、文化、艺术价值。要避免以展示对象为核心的传统陈列方式，导致展示内容在文化和价值层次上的丧失。

另一方面，通过多种场景的推理，可以使场景语言在大环境、小分区、展示分项的规划与设计思路中得到充分的体现。为了营造平等、活跃的展示氛围，利用展示空间内的环境媒介，使展示主体之间的互动关系变得更加紧密。这样，展示空间的舒适度、敏感度、受众黏性以及可信度都得到了改善。

另外，展品的展示空间以情景叙述方式组织陈列，既确保了展示空间的整体结构，又增加了观众的视觉感受和空间的感染力。

3.4.1 情境体验基础上的认知升级

作为一种应用性的设计理念，情境化设计与其他显示设计方法相比，具有自己的应用特点，基于对整个展览空间的控制和对展馆设计的最优化，在实际应用中需要注意以下几点：

1. 整体性

（1）内容完整性

任何一种物质文化都是由人物、事件、情节等多重要素构成的文化复合体，呈现空间必须严格按照其内部的发展脉络，以切实、流畅、详尽的文化意象来呈现给观众。对展馆内文化的讲述要从整体上展开，找出最能体现展览对象的主题，并将其围绕中心主题展开，最终形成事件体系。

（2）形式整体化

情景展示空间在表现形式上的运用，主要是根据适用性来度量，并且为了与情景的塑造、事件的发展相匹配，可以将多种表现形式结合起来，而不受展示空间的制约。但在运用时，应注重运用方法的整体性。一是，一切的陈列方法都要依赖于整个展示空间的气氛与基调；二是，要避免相同的陈列形式在一个展示空间中反复出现，以免引起观众的体验疲劳；三是，要合理地控制互动场景设定的数目，避免给观众带来情感上的冲击；四是，要充分利用整个环境中的展示形式，在整个空间中实现整体的协调性。

2. 适度性

一是，由于呈现方式的融合，势必要在空间中添加更多的显示媒体，而过多地利用媒体，不但会加大展览的难度与费用增加，而且会产生大量的资讯接触，给观众带来空间上的压力，从而降低观展体验。所以，使用表现媒介应该有“适度性”。二是，场景表现空间的内容设置可以引导观众的观看，但是“引导性”的设置必须要有一个标准，如果引导语过于模糊，很可能导致观众的认知偏差，影响正确的传播，同时也会抑制观众的主观认知、联想和反馈。既要保证展示内容的主观性，又要保证观众的主观能动性。

3. 引导为先

情景展示的实质就是通过营造情景，使观众更迅速、更全面地参与到展览中来。一切情景的设定、显示形式的支撑都要按照引导的思想进行。引导观众在观看过程中，以正确、有序的步调推动展览过程；在引导观众聚焦于展览对象的同时，使观众能够从展示对象的表层看到其层层叠叠的文化基础；引导观众产生情感反馈、思考以及感悟表达。因此，在情景展示空间中运用表现形式要起到启发和引导作用，避免直接说教。形式上的断层，或者过分渲染，给观众带来极端的观展体验。

4. 传播为上

展示空间是一种以“文化传播”为主体的非物质文化的载体，它从展示方式到整个空间的建构都是围绕着它的实现来进行的。在这一前提下，情景性展示空间在陈列内容上要有主次，有准确的定位和合理的依据；展示形式要贴近展示对象，富有独立鲜明的特色；展示氛围要灵动有趣，具有渗透力。

3.4.2　多元叙事中的展馆情境设计

要使观众迅速地被展馆展示内容所吸引，并与其周围的环境相融合，则其所呈现的环境必须具有鲜明的个性；要使观众轻松有序地观看，就需要对展览对象有整体规划和情节的演绎；要使展览的效果得到更深入、更广泛的发挥，就必须在展示环境中加强与升华各环节的联系。可见，建筑的空间形态是创建一个合理的展示空间的先决条件。工艺美术类非遗范畴本身就具有较强的主题性和故事性，其展现的内容不能脱离其自身的整体文化表达而建构，必须依托其自身的价值集中表现点以及发展脉络进行组织。建筑空间形态的核心在于对观众进行精确的表达与引导，发掘其所要表达的层次感，将其作为叙述的主体，通过多种场景的反复演绎，使其实现内容与形式的互动，以达到具有吸引力的展示效果。

在陈列设计中，叙述是以叙述的形式将物品置于一个空间，即设计者按照叙述的先后次序将陈列的内容进行有序的分割。在广义上讲，叙事是把陈列的内容和相应的空间联系起来，并在一定程度上利用陈列的空间和视觉表达来刺激人们的好奇心。情景叙述呈现了三种空间叙述形式。

1. 线性叙事——连环情境

线性叙事是最保守，也是最常见的一种空间叙述方法，它将展览空间分成多个区域，以事件发生的时间为线索，按照事件的发生、发展的先后次序来安排展览的内容，让内容完整展现。这种空间叙述方法侧重于展现内容的文化脉络，适合于表现具有较深历史背景的文化客体。

展品的形成与发展都有其历史脉络，以时间为顺序，对其进行线性叙述。通过对工艺的历史发展和工艺文化的梳理，通过不同的时间节点，形成一个连续的展示主题，围绕着一个单向流动的空间走线展开，通过各种形式的视觉元素，来缓和各个主题的空间，从而使得各个主题场景可以连接起来，彼此独立，同时也体现出艺术发展的内在连续性。同一时期的实物陈列品围绕着对应的主题环境排列。观众一进入展厅，就会看到与之相适应的非物质文化的原貌与代表作品，并沿着一条一条的直线，逐步深入到不同的发展阶段，最后呈现为今天的形式。到了这时，整个展览的内容由远及近依次进行，观众也就将全部的内容看完了。

2. 圆形叙事——焦点情境

圆形叙事把陈列内容分成几个层次，把主要的表现对象放在中间的一个视觉焦点，以确保观众的注意力和认识。然后，将展厅的内部空间分割开来，在中央展厅与展厅之间，形成一个“同心圆”的空间结构，让观众在参观的同时，可以随时回到中央展厅。圆形叙事空间的布局，使中心的主题场景成为展示空间的中心，既能满足其“主人”的需求，又能满足其小规模的陈列需求。美术类展览内容大都是以其本身的艺术价值为主要的表现方式，在展示空间中必然占据较为突出的地位。以圆形叙事的空间叙事方式为技艺表现的特殊平台，结合技艺表演、技艺体验等展示内容，营造具有技艺价值的主题情景。在周边的空间分区中，可以按照技艺所反映的文化价值，设置主题情境，分别展现技艺的发展历程、技艺的文脉、历史文物、代表作品等。在观看或参加艺术表演后，观众可以沿着环状的路线观看其附属的文化内容。

3. 交叉叙事——分散情境

交叉叙述适合于将大事件串联起来或者平行呈现内容。展览空间被清晰地分成若干小空间，每个小空间组成一个独立的主题场景供展览，并通过一个观展通道将各空间联系起来。突出展示对象的主要表现内容，主题鲜明、形式灵活。

在一些非物质文化遗产的传承和展示中，有许多平行的分项或多个流派，为了让人们更好地了解它们的系统，在展示的时候，要对它们进行一些空间上的划分。而且，每一个项目都有可能涵盖了从历史、现代技术、艺术表现、展览等方面的整体内容，因此，运用交叉叙述的方式，将各个子项连接起来，形成独立的环境空间，以实现展览内容的系统化和多样化。

展示空间叙事讲述类型图示如图 3-18 所示。

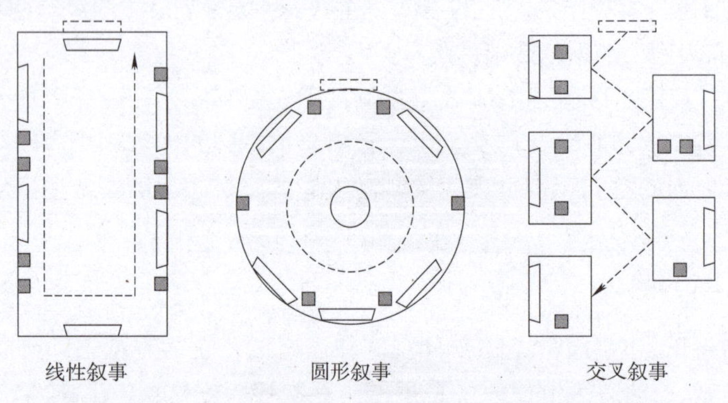

图 3-18 展示空间叙事讲述类型图示

3.4.3 虚实融合下的展馆情境化展示

虚实相结合，才能使艺术得以呈现，使之成为艺术之美。“虚”与“实”在中国美学上具有不可忽视的影响。随着计算机技术在影视中的运用和扩展，电影创作者在对待“虚”与“实”之间的关系时，已经不限于通过电影中所描述的“虚”与“实”的关系，而可以通过创造虚拟的人物和场景来实现与现实的互动，也可以通过建立一个纯粹的虚拟世界来表达创作意图。所以说，“虚”与“实”在以各种形式影响着人们的审美行为。

大多数人在记忆时，都会选择“有意义的记忆”，而否定“机械的记忆”，这是由于人们能够根据“意义”来理解编码与分类，也是由于兴趣的参与更有助于后期的记忆。在展厅的设计中同样体现了“意义”和“兴趣”的功能——情境化的设计让观众在“虚拟”（非真实场景）和“现实”（真实感受）中获得“真实”的体验。

虚实相通是中国传统审美范畴的一个重要内容，它具有化实为虚、化虚为实、虚实结合的特殊表达方式，在艺术的内涵和拓展艺术的表达领域中起着举足轻重的作用。比如，在具体的美术创作中，有的时候把景物当作“实”，把感情当作“虚”。有的时候把“实”当作“虚”来衬托；有的时候把可见的当作“实”，把无形的事物叫作“虚”。经过长期的发展和演化，中国美术中的“虚实相通”的美学观念也是多种多样的。无论是在展厅的空间设计还是在展品的陈列上，都表现出一种“虚实相通”的美感。

数字技术为人类带来了一种新的生命体验。虚拟现实技术是一项新兴的技术，尽管它才刚刚被运用到展览设计中，但它的优点却是显而易见的。这不仅仅是一种视觉上的艺术，更是一种全新的、独一无二的交互式体验。首先，它是一种即视感，这是其他任何一种表现方式都无法比拟的。二是其天然特性的互动，不仅通过传统的手段、多媒体演示、鼠标、键盘、触摸屏等方式来进行操作，而且通过人们的生活习惯与虚拟的环境进行互动，从而更真实、更深入地理解产品的特性，达到最好的交流效果。

这说明了虚拟现实技术是现代展示设计的一个新的开端，它具有前所未有的真实性和创造性。它既能合理地协调人与人之间的互动，又能为新的艺术表现方法提供指导。随着人类社会的进步，虚拟现实技术将被越来越多地运用到陈列设计中。

虚拟现实技术作为一种新兴的技术载体，其引入显示技术的多样性和人性化，更能适应当今社会的信息化要求。其次，虚拟现实是设计师在视觉和听觉要素之间进行艺术设计的一种思考活动。单靠技术的支撑是不可能的。在处理细节和让人感觉到的过程中，更需要进行艺术设计与加工。这对设计师来说，也是一个很大的挑战。设计师要不断地提升自己的艺术修养。最后，利用数字艺术的交互性和超现实感等特性，在人类与世界、人与艺术之间建立起一种全新的联系。同时，它也为我们的创作方法、艺术特色增添了新的色彩。总之，作为一种新的数字技术，虚拟现实设计的出现对展览设计来说，也是一种全新的阐释。

虚拟现实技术的呈现方式多种多样，体现在产品的呈现上。针对不同的产品特点，可以采用最恰当的陈列方法，再加上艺术修饰的技巧，使其内在的属性更为突出。比如，在虚拟现实中对产品进行定制化演示，可以通过手机、计算机、网络、数字媒体等进行展示，还可以将 VR 技术和体感游戏等技术融合在一起。

在展示设计中，互动性分为用户与产品交互、用户和设计者交互两个方面：

- 一个逼真的虚拟环境能使用户产生一种身临其境的体验，同时也能使用户与产品之间的互动变得即时、有趣。用户可以通过鼠标、键盘，从多个角度观赏产品，并能任意更改色彩、形状、环境，参与到产品的设计之中。
- 用户和设计者彼此交流、互动，并促进双方的交流，比如在虚拟展厅设计中，用户可以通过网络登录虚拟展厅，通过语音、对话等让用户更好地理解产品，同时也能听取用户的意见。虚实融合展示，如图 3-19 所示。

在展示设计中，虚拟现实技术的核心是互动技术。这一关键技术已经改变了工业对陈列设计的认识。通过引入虚拟现实技术，可以充分地发挥出展示设计的优势。互动是一种全新的体验感知技术，它在展示设计和虚拟现实融合的基础上，新增了一种触觉体验。尽管目前触觉互动还很初级，大部分都由特定的硬件组成，比如头盔的虚拟眼镜或者计算机上的鼠标、键盘，但科技的发展速度是我们无法想象的，推动着传统的陈列设计在新时代不断更新、进步。

虚拟现实就是一个类似于实物展示平台的虚拟平台，将设计运用到实际场景和产品中，两者在虚拟世界中的使用方法都是一样的。在设计阶段，真实的环境和最终产品的展示都在虚拟空间中进行。另外，虚拟环境极大地节省了人力、物力、时间、空间等资源，将显示设计引入虚拟世界中，就显得尤为重要。因为它是一种技术表达方式，在展示设计中，必须将虚拟空间的每个角落和细节都进行艺术化的设计，从而实现虚拟环境的最佳呈现。

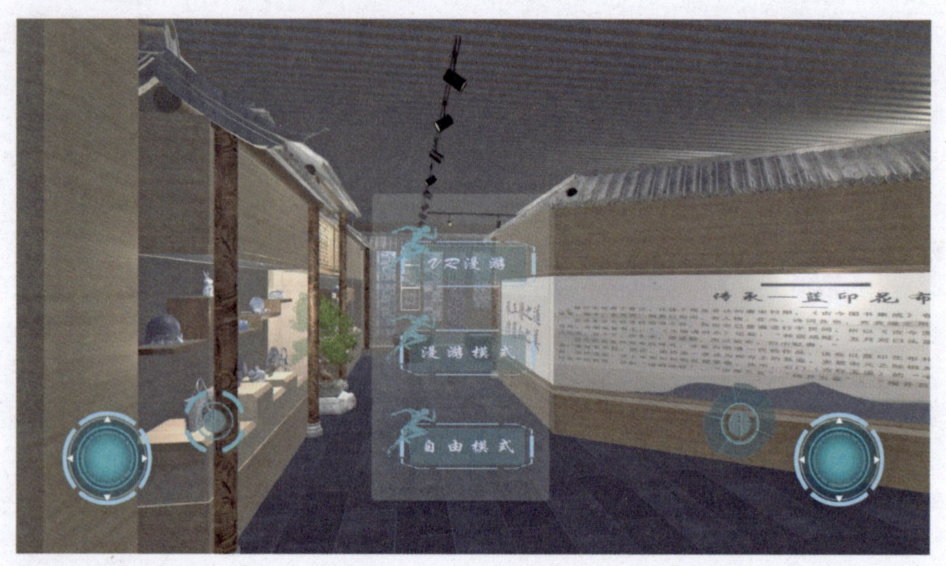

图 3-19　虚实融合展示

本章小结

设计一款好的数字展馆，情境化的设计是核心。在设计展馆的过程中，不同光线、材料的选择都会影响数字展馆的呈现。本章对数字展馆的情境化设计进行了完整系统的介绍，详细介绍了情境化设计的要素关键、构建方式与原则，以及数字展馆情境体验特征与展馆情境设计方法，为设计者在设计数字展馆内部情境时提供帮助与借鉴。

知识点速查

- 空间反馈（即情境）、人（身处情境中的主体）、情感（人在空间内的感知要素及感知反馈）共同构成情境的核心内容，同时在三者相互作用下构建起内涵丰富的情境空间。
- 在数字展厅的视觉设计中，智能技术是不可或缺的一个环节，智能化的视觉表达方式为参观者带来视觉盛宴。数字展馆的智能化设计，一方面要确保展馆视觉表达形式的鲜明和独特，最大程度地展现出展馆的理念、主题；另一方面要考虑到观众对视觉的智能要求，立足于观众的实际需求。
- 情境化设计模型分为情境的整体概念规划、系统情境的概念设计、情境连接三大步骤。
- 情境的构建要素分为光线、色彩、材料三个方面。情境空间的视觉要素有图形图像、色彩透视两方面。
- 数字展馆的设计面向用户，一切创意和功能实现都要以用户为核心。
- 在数字展馆的视觉设计中，智能化技术的应用性与艺术性都以展馆观众为中心。功能实效性是指设计策略能否解决受众方便、便捷的要求；艺术的独特性则是通过对展馆视觉信息有效传达，赋予受众极致的智能化感官体验。两者相互联系与服务，不可或缺。
- 情境化展示设计将所展示的对象与观众置于展示空间内同等地位，关注展示内容与观众之间关系的构建，其对空间内容的表达包含“物境”“情境”“意境”三层含义。“情境”自身又包括“主题”与“环境”两个要素。

- 传统文字信息输出较为单调，用户无法系统地接收知识。而情景化展示空间强调多媒介的信息输出，提高了信息的传递效率。利用图、文、声、像等渠道进行传播，形成叙事化、有主线的信息表达。
- 情景展示空间的信息传递方法：传递（接收）、表达（接受）、反馈（吸收）。
- 情景呈现的空间建设理念为展示空间的建设提供支撑。首先，创设情境，应引起观众的共鸣；其次，情景化“认知”与“体验”创造有利的优势，实现良好的文化体验；最后，通过情景演示，将信息转化为知识，从而推动传承兴趣的导向。
- 情景应以题材为基础，表现应以情景为基础。因此，展览空间对展览内容的组织应当围绕展览主题创设环境进行展示内容讲述。
- 在数字展馆展示形式的选择与应用上，应表现出活动性、互动性、参与性等特征。
- 场景复原是以寻求“真实性”为目的，通过静态模型、实物、蜡像、标本等进行等比例制作，模拟真实环境。
- 情景再现使无形的场景以多种媒体的形式展现给观众。它并不局限于单纯视觉还原，可以在一定的基础上进行情景主题的艺术化。与“场景复原”相比，其更侧重于氛围的渲染和重点描写。
- 场景扩展包含两个层次：首先，揭示了展示对象的内涵；其次，指向表现对象在情景气氛中面对受众的心理捕捉。
- “意象营造”是指在展示空间中相对含糊的表现内容和营造空间气氛，在展示空间中发挥着展示主题或依托于主题渲染气氛的作用。
- 情景体验的特征有：真实的沉浸体验性、实时交互性、展示设计的独特性与趣味性。
- 数字展馆常见的展示形式有：图文展示、实物展示、多媒体展示。
- 虚拟现实是通过计算机的 3D 图像技术来达到人们对视觉、听觉、触觉、气味等感官的感知。虚拟现实技术，通过设计软件将展品的三维形态展现出来，再制造出一种虚拟的场景。
- 展示设计的数字化表达技术包括 CAD、虚拟现实、多媒体等。
- 虚拟现实具有四个主要特征：交互性、仿真性、精确性、广域性。虚拟现实技术的表现形式一般可分为四大类：全景影像、三维显示显示、立体声效技术及交互技术。
- 现代数字展馆设计趋势正在打破单一的沟通模式，展馆的展示设计从单一的平面形式到多维的动态空间，由原有二维平面化设计形式逐渐向数字技术和艺术化表现相结合的综合设计形式转变，从而构建沉浸式、多维度、强交互、参与表达的智能数字展馆。
- 数字展馆在应用过程中需在整体性、适度性、引导为先、传播为上等方面进行把控。
- 情景叙述呈现三种空间叙述形式：线性叙事——连环情境、圆形叙事——焦点情境、交叉叙事——分散情境。
- 在展示设计中，互动性分为用户与产品交互、用户和设计者互动两个方面；一个是用户通过操作与产品的交互；一个是通过使用者、设计者彼此沟通交流进行交互。

思考题与习题

3-1　在数字展馆情境设计过程中，与智能技术相结合需要注意哪些问题？
3-2　数字展馆的情境化设计与观众需求有什么关系？
3-3　智能化技术在数字展馆的情境化设计过程中应保持什么原则？
3-4　情境设计的主要任务是什么？
3-5　什么是情境化设计？情境化设计在数字展馆中又起到了什么作用？
3-6　场景复原的目的是什么？
3-7　情景再现与场景复原有什么区别？
3-8　语义迁移在数字展馆的建设中起到什么作用？
3-9　情景延伸具有什么作用？
3-10　情境化设计分为哪两个方面？分别侧重于什么？
3-11　情境化设计具有什么特性？

第 4 章 数字展馆设计实现关键技术

本章导读

本章对数字展馆设计实现所需要的各种关键技术进行了全方位的阐述与讲解，让读者对如何利用相关技术设计展馆，怎样利用这些技术实现数字展馆进行系统介绍。

受时间、天气、路程等客观因素限制，人们往往会因此错失出行机会。数字展馆设计以其丰富的想象力、良好的交互性及极高的沉浸感等优势受到人们青睐。近年来，随着数字科技的发展，实现数字展厅的技术也在不断进步，性能也在不断提高。如何运用现有技术实现与线下展馆场景高度相似的线上重现，在多维信息空间中建立沉浸式人机交互环境成为人们主要关注的话题。

通过前三章的介绍，我们对数字展馆的概念、内容以及数字展馆情境化设计进行了详细的介绍。本章从数字展馆设计实现所需要的技术入手，重点介绍数字展馆设计实现所需的关键技术及其技术相关内容，使读者对数字展馆设计有更进一步的了解，为读者在技术方面指明方向。

学习目标

- 了解数字时代展馆设计所需关键技术。
- 了解虚拟现实技术。
- 了解基于图像的三维虚拟技术。
- 了解三维全景技术。
- 了解 Web 3D 实现技术。

知识要点、难点

1. 要点

- 熟悉虚拟现实技术相关内容。
- 掌握三维虚拟技术原理及其特点。

2. 难点

- 学会基本建模技术。
- 学会 Web 3D 实现核心技术。
- 理解 VRML 的基本工作原理。
- 掌握三维全景技术的原理及其特点。

4.1 虚拟现实技术

虚拟现实技术，也称虚拟环境、灵境或人造环境，是指通过计算机直接将视觉、听觉、触觉等感官直接赋予受试者的一个虚拟世界。虚拟技术是仿真技术发展的主要方向，是将仿真技术与图形学、人机交互、多媒体、传感、网络等技术有机结合在一起的一项具有挑战性的前沿技术。虚拟现实技术包括模拟环境、感知、自然技能和传感设备等方面。

虚拟环境：由计算机生成的、实时动态三维立体逼真图像。

感知：一个完美的虚拟实境，应当具备所有人的一切感知。除了计算机图形技术所产生的视觉感知之外，还有听觉、触觉、力觉、运动等感知，还有嗅觉、味觉等，都是多重感知。

自然技能：指一个人的头部转动，眼睛、手势，或其他人体的动作，计算机会根据使用者的动作，及时对使用者的反应进行采集，并将它们分别回馈给使用者的五官。

传感设备：指的是三维交互设备。

4.1.1 虚拟现实技术的特征

虚拟现实的技术主要包括多感知性、浸没感、交互性和构想性四个重要特征。

1. 多感知性（multi-sensory）

理想的虚拟现实应该具备人类所有的感官能力。多感知是指除普通计算机技术所具备的视觉感知以外，还包括听觉、力觉、触觉、运动，甚至味觉、嗅觉等等。由于现有的技术，尤其是传感器技术的局限性，使得虚拟现实中的感知能力仅限于视觉、听觉、力觉、触觉和运动。

2. 浸没感（immersion）

浸没感，也就是所谓的“现场感”或者“存在感”，最理想的仿真环境，就是让使用者很难辨别真伪，让使用者完全沉浸在计算机创造的三维虚拟环境中，所有的东西都是真实的，听觉是真实的，味觉是真实的，如同在现实世界中的感觉一样。

3. 交互性（interactivity）

交互，指的是用户对模拟环境内物体的可操作程度和从环境得到反馈的实时性与自然程度。在虚拟现实系统中，用户对模拟环境内物体的可操作和从环境得到反馈是相互的，而且这种操作和反馈是实时的。例如，用户在虚拟空间中握住虚拟环境中的东西，这时我们也应该能感受到手握住东西，视野中被抓的物体也能立刻随着手的移动而移动。

4. 构想性（imagination）

构想性，也就是所谓的“自主性”，它强调了虚拟现实技术应该拥有更广阔的想象空间，它可以扩展人类的认知能力，既可以模拟现实中的场景，也可以随意构想真实世界中无法发生的场景。

总体而言，一个完整的虚拟现实系统包括：完整的虚拟环境，高性能计算机为核心的虚拟环境处理器，头盔显示器为核心的视觉系统，语音识别、声音合成与声音定位为核心的听觉系统，以方位跟踪器、数据手套和数据衣为主体的身体方位姿态跟踪设备，以及味觉、嗅觉、触觉与力觉反馈系统。

4.1.2　虚拟现实技术的分类

通常，我们会将虚拟现实技术分为四大类：桌面级虚拟现实、投入的虚拟现实、增强现实性的虚拟现实、分布式虚拟现实。

1. 桌面级虚拟现实

桌面级虚拟现实是通过个人计算机和低级工作站进行仿真的，计算机的屏幕是用来观察虚拟世界的，而其他的设备则是用来操控虚拟世界的，可以帮助使用者控制虚拟世界中的各种物品。系统要求使用者利用定位跟踪装置和其他手控输入装置，如鼠标、跟踪球等，在显示器前面，利用计算机显示屏观看 360° 的虚拟世界，并对其进行操作，但此时使用者由于周围干扰并不能完全投入。桌面级虚拟现实的最大特点就是使用者不能完全投入，但它的成本却很低，因此，它的应用范围更广泛。常见桌面级虚拟现实技术有：

（1）基于静态图像的虚拟现实技术

基于静态图像的虚拟现实技术，利用连续采集的影像，将其与计算机相结合，以构建真实的虚拟空间，以最小的代价使之具有较高的复杂性与较高的真实感，因此，可以在 PC 平台上实现。

（2）虚拟现实建模语言

该技术是互联网中一项非常有前景的技术，用程序语言描述基本的三维物体的造型，并在特定的控制下，将其整合为一个虚拟的场景，使用浏览器浏览的时候，在本地对其进行解释执行，从而产生一个虚拟的立体场景。

2. 投入的虚拟现实

高级的虚拟现实系统让使用者仿佛置身于一个虚拟的世界。通过头盔显示器或其他设备，将使用者的视觉、听觉和其他感官进行封闭，并通过位置跟踪器、数据手套、其他手控输入设备、声音等，让使用者感觉自己置身于虚拟的环境中，并能全身心地投入到游戏中。常见的沉浸式系统有：

（1）基于头盔式显示器的系统

在此系统中，使用者必须佩戴一副头盔状的显示器，使其与外界的视觉和听觉完全隔离，并依据不同的用途，为使用者带来立体视觉与三维空间感受。通过语音识别、数据手套、数据服装等先进的界面装置，可以让使用者在虚拟环境中，以一种近乎真实的方式进行互动。

（2）投影式虚拟现实系统

投影式虚拟现实系统允许使用者在一块屏幕上看到自己在虚拟世界中的影像，使用者站在一种单一颜色（一般是蓝色）的背景下，由一台摄影机拍摄使用者的影像，再由一条数据线将影像资料传输至后台的处理计算机，计算机将使用者的影像与单一色彩的背景分隔开来，转换成一个虚拟的空间，而与计算机相连的影像投影机则会将使用者的影像连同虚拟影像一同投射到使用者所观察的屏幕中，使用者可以在虚拟世界中观察到自己的行动，此外，使用者还能与虚拟空间进行即时互动，计算机会识别使用者的行为，并根据使用者的行为而更改虚拟空间。

（3）远程存在系统

远程存在系统是由虚拟现实技术和机器人控制技术相结合的一种系统，在某个地点操作一个虚拟现实系统，结果在另外一个地点发生，使用者可以通过立体显示器获得深度感，显示器与远地的摄像机相连；利用运动追踪和反馈设备对操作者的移动进行追踪，对遥远的移动（如阻尼、碰撞等）进行反馈，并将其传递至远方完成。

3. 增强现实性的虚拟现实

增强现实性的虚拟现实不仅仅是通过使用虚拟现实技术来模拟现实世界、仿真现实世界，还可以通过这种方法来提高使用者对现实世界的感觉，即在现实中不能感知和不便感知的感觉。这类虚拟实境的典型例子是战斗机驾驶员的平面显示器，该显示器能把仪器读数和武器瞄准数据投影到驾驶员的眼前，让驾驶员不用看驾驶室里的仪器，就能把注意力集中在敌机和导航上。

4. 分布式虚拟现实

如果多人通过计算机联网参与到同一个虚拟世界中进行虚拟体验，那么这个虚拟世界就会被推上一个新的高度，也就是所谓的分布式虚拟现实系统。当前最具代表性的分布式虚拟现实系统是作战仿真互联网（defense simulation internet，DSI）和在军事训练中应用的模拟网络系统SIMNET。

4.1.3 虚拟现实技术的关键技术

虚拟现实是多种技术的综合，其关键技术和研究内容包括以下几个方面：

1. 环境建模技术

环境建模技术就是对虚拟环境进行建模，其目标是获得真实的三维环境信息，并根据实际情况对其进行虚拟环境模型的建立。

2. 立体声合成和立体显示技术

在虚拟现实系统中能有效地克服语音和使用者的头部动作之间的相关性，并能在复杂的场景中实时地产生立体图像。

3. 触觉反馈技术

在虚拟现实系统中，使用者可以通过对虚拟对象的直接操控和感受其作用，使使用者有一种身临其境的体验。

4. 交互技术

在虚拟实境中，人与人之间的互动已经超越了传统的键盘、鼠标等，而使用数字头盔、数字手套等复杂的传感器设备，三维互动技术与语音识别、语音输入技术等先进的感知技术，这是非常有效的人机互动方式。

5. 系统集成技术

人是通过眼睛、耳朵、手指、鼻子等器官来感受真实世界。由于虚拟现实系统包含了许多感知信息和模型，所以其集成技术是其中最重要的技术，如信息同步、模型标定、数据转换、识别和合成等。

所谓“虚拟现实”，就是通过计算机来构建一个具有真实图像的模型。人类能够和这个模型进行互动，并且在现实世界中生成同样的反馈信息，让人能够得到在现实生活中同样的感觉。虚拟现实技术可以用于构建目前并不存在的环境（合理的虚拟现实）、不可能达到的环境（夸张的虚拟现实）以取代耗资巨大的真实环境。

虚拟现实技术是一种具有视觉和听觉双重功能的虚拟现实系统。这种体系在城市规划中扮演着重要角色。该模拟系统也可以用于保护文物，重现古代建筑。利用虚拟技术将珍贵的文物展示给人们，有助于保存真正的古代文物。利用虚拟现实技术制作的文物展馆，如图 4-1 所示。

图 4-1 虚拟现实展馆

由于虚拟现实技术的广泛使用，使计算机的使用达到了一个全新的高度，它的功能和特点是非常明显的。同时，我们也可以从更高的层面来认识它的功能与意义。一是从“以计算机为主体”

到“以人为主体”的思想。二是哲学上对“虚”与“实”的关系有了更深刻的理解。

以前的人机交互需要人们习惯于计算机，但是有了虚拟现实技术，人类就可以和计算机进行交流，而不必意识到自己在同计算机打交道。这样，人们就从复杂的计算机工作中解放。在当今信息技术越来越复杂、用途越来越广泛的时代，如何充分利用它的潜能显得至关重要。

虚拟现实技术是一个很大的领域范畴，目前，以互联网为基础的虚拟现实技术，可划分为两个范畴：一是基于图像的三维虚拟技术，二是基于图像的三维全景技术。

4.2 基于图像的三维虚拟技术

三维虚拟技术是虚拟现实技术的一个重要分支，其研究始于20世纪60年代，直至90年代初三维虚拟技术才逐渐形成一套较为完整的体系。近年来，三维虚拟技术已广泛应用于旅游出行、商业物流等行业，日常生活中随处可见三维虚拟产品。三维虚拟技术已经开始改变人们的日常生活，受到人们的极大关注。三维虚拟技术并不是简单地一项高新技术，它的发展，不仅改变着现在，更关系着我们的未来。

那么，到底什么是三维虚拟技术？

4.2.1 三维虚拟技术概述

三维虚拟技术，又称三维虚拟仿真技术、虚拟现实建模语言（virtual reality modeling language，VRML），与传统人机界面、普遍视窗操作相比，三维虚拟技术在虚拟现实的基础上实现了质的飞跃。三维虚拟技术是一种可以创建、体验虚拟世界的计算机仿真系统，它是一种利用计算机生成虚拟环境，同时对复杂多源数据进行融合并进行可视化操作与交互的一种全新方式。三维虚拟技术包括虚拟环境、传感设备等。利用三维虚拟技术制作三维动态实景与实体行为系统仿真，使用户获得良好体验并沉浸其中。三维虚拟技术是仿真技术的重要方向，是仿真技术与多媒体技术、传感技术等多种信息技术的集合，是一门富有挑战性、多融合交叉技术的前沿学科与研究领域。

1. 三维虚拟技术的应用特点

多感知性：三维虚拟技术不同于传统应用界面，除一般计算机拥有的视觉感知外，还具有触觉感知、听觉感知、运动感知等一切人所具有的感知功能。

强交互性：指使用者在虚拟环境中对目标的行为和反馈。三维虚拟技术具有极其强大的交互效果。

真实存在感：在虚拟场景中用户感受到真实的一种程度。一个理想的仿真环境应当达到一种让用户难以分辨的地步。

自主性：虚拟环境中的物体依据现实世界物理运动定律动作的程度。

2. 三维虚拟技术的交互任务

虚拟仿真的基本交互任务是实现人机交互。打破计算机与所处环境的时空界限，利用计算机构建虚拟空间，用户可通过相关设备，使用手势、语言等各种感觉器官发生交互，如图4-2所示。

图 4-2　三维虚拟技术

基本交互任务分为四种：行进、选择、操纵、系统控制。

行进：又称视点运动控制，指用户在虚拟场景中，通过改变自己的视野和移动的方向，让虚拟的场景随着自己的视野而发生变化，最终抵达目标地点。

选择：用户通过其操作拾起虚拟环境中的一个或多个物体。

操纵：改变虚拟环境中物体的属性，包括位置、方向、比例、颜色等。

系统控制：用户在虚拟环境中通过设备向系统发出命令，如添加、删除、存档等。

所谓的虚拟仿真应用，就是通过计算机技术来产生一个模拟的虚拟环境。通过与虚拟环境的关联，用户可以通过与虚拟环境的互动和影响，达到接近真实的体验。虚拟仿真应用很大程度上解决时间、空间、成本等一系列问题，未来发展可期。

4.2.2　三维虚拟技术应用领域

三维虚拟技术给人们的生活带来了巨大变化，先进技术的发展无形中促进虚拟现实多元化与可视化发展。如今的三维虚拟技术已广泛应用于旅游、商业、教育等行业领域中，相比于以往的单一二维图文模式，三维虚拟技术在许多方面更加具有优势。集视、听、触觉为一体的三维虚拟作品的沉浸式体验，使得三维虚拟技术不只是一种营销，而是真正能够提升生活幸福感的全新技术。三维虚拟技术与相关设备的发展，不断改变着各个领域。

1. 商业领域

目前，三维虚拟技术在酒店、餐饮等商业领域得到广泛运用，受到大众广泛关注。三维虚拟技术在商业领域的应用普遍分为三种：第一种，全景分享。将全景分享至微信、微博等各大平台。第二种，利用三维虚拟技术在各个商业平台网页中添加三维虚拟作品，如携程酒店等。第三种，加入交易链接，如支付宝、口碑等。三维虚拟技术因其对虚拟技术现实的充分运用，吸引目标人群兴趣进而产生购买欲望，为许多领域都带来了巨大收益，并且已逐渐成为一种常见营销手段。三维虚拟技术在商业行业的应用，如图 4-3 所示。

图 4-3　三维虚拟技术在商业行业的应用

2. 教育领域

教育行业中如何激发学生的兴趣，提高学生的课堂注意力，是教育行业一直以来的最大难题。学校引进三维虚拟技术，学生利用 VR 眼镜等交互设备，完全沉浸于虚拟世界中，沉浸式感受语文知识背景、三维模型等，使学生告别枯燥的课堂、乏味的文字知识。通过人机交互的新颖方式，提高学生的学习兴趣，帮助学生更加透彻地理解知识。并且随着三维虚拟教育资源的不断丰富，学生可以自主对相关材料进行搜索、学习。三维虚拟技术在教育行业的应用，如图 4-4 所示。

图 4-4　三维虚拟技术在教育行业的应用

3. 数字展馆

随着掀起的数字化浪潮，一系列数字化衍生产物逐渐诞生，数字化虚拟展馆便是其中之一。现如今，世界上已有很多博物馆应用此技术，如法国卢浮宫数字博物馆、纽约大都会数字博物馆等，足见虚拟数字展馆意义重大。以三维图片构建虚拟空间，并运用三维虚拟现实技术打造 3D 智慧数字展馆，将生活中的实体展馆搬运至网上，实现线上与线下展厅相结合的方式，获得便携参观体验的同时，达到了良好的传播效果。运用三维虚拟仿真技术线上进行展厅游览，能给用户身临其境的视觉感受与冲击，对展厅游览内容产生极强代入感与舒适体验。

4.2.3　三维虚拟技术在数字展馆中的应用

相较于传统实体展馆，三维虚拟技术在数字化虚拟展馆应用中具有许多优势。该技术不仅缩减了许多制作过程中的复杂程度，提高了效率，还有效控制制作成本，最重要的是该技术的应用可以达到传统展馆无法达到的效果。

利用三维虚拟技术实现数字化虚拟展馆，涉及软件包括 Photoshop、3ds Max 等。三维虚拟技术在数字展馆的应用，如图 4-5 所示。

图 4-5　三维虚拟技术在数字展馆的应用

1. 三维虚拟设备

现阶段三维虚拟技术常用硬件设备大致可分为四类，分别是：

① 建模设备，如 3D 扫描仪等。

② 三维视觉显示设备，如 3D 展示系统、大型投影系统（CAVE）、头戴式立体显示器等。

③ 声音设备，如三维的声音系统以及非传统意义的立体声等。

④ 交互设备，如位置追踪仪、数据手套、3D 输入设备（三维鼠标）、动作捕捉设备、眼动仪、力反馈设备以及其他交互设备。

三维虚拟设备，如图 4-6 所示。

图 4-6　三维虚拟设备

2. 三维虚拟模型

为了使三维虚拟模型更加具有真实性，需要将三维虚拟模型与现实参照物进行比对，进而确定模型参照物的尺寸。值得注意的是，制作模型时应时刻注意实际情况中物体的比例变化，避免出现比例失调的情况。此外，尖利边缘在屏幕中易发生闪烁，制作过程中应注意边缘的细节处理，适当提高边缘部分的分辨率，以保证物体边缘具有过渡面，产生光滑线条，同时也利于虚拟画面真实感的呈现。

（1）注重画面质感呈现

采用三维虚拟技术制作贴图时，设计工作人员需要对材质进行调试，这是由于不同材质在灯光影响下产生的效果不尽相同。应尽量避免选择磨砂性质以及细小条纹材质材料，否则易发生画面闪烁等情况，直接影响到物体最终所呈现色彩效果。调试过程中需要工作人员有极强的耐心与细心。

（2）灯光设计

在展馆制作过程中，灯光设计是极为重要的组成部分，在三维虚拟设计软件中，照明效果并非表达光源自身，灯光的设置在一定程度上直接影响最后展馆的视觉效果与体现，奠定了展馆主题的氛围基调。好的灯光设计可以引导观众进行重点视觉定位，不同展馆场景需求不同，灯光设计应做出相应改变。

（3）关于碰撞检测

在人机交互过程中，为使虚拟场景更具极强的真实感，与现实世界高度相似，需采取多种方式方法对虚拟世界中的物体进行碰撞检测处理，对用户交互行为、用户运动进行一定的限制，如限定用户移动范围，防止用户穿墙而过，虚拟世界中出现物体穿物而过时避免物体融合现象等。减少基本元素相互相交、提高算法的实时性，是保证在三维虚拟环境中碰撞问题检测，避免上述现象发生的核心。

碰撞检测的算法可大致分为两大类：空间分解法与层次包围盒法。空间分解法，即将所构建虚拟空间全部分解为相同体积大小的正方体单元格，并对占据相同的单元格或者占据其相邻附近的单元格进行相交测试，典型例子为八叉树、四面体网、规则网格等。层次包围盒法，即采用体积大、几何特性简单的包围盒近似替代复杂物体，从而对与包围盒重合的对象进行相交测试，典型例子为包围盒、包围球等。后者使用较为广泛，更适用于复杂的碰撞检测。

数字展馆与三维虚拟现实技术的完美融合，为线上虚拟数字展馆提供了有效的技术支撑，在满足时代需求的基础之上，探索新时代大背景下特色数字化产物的产出。数字展馆和虚拟现实的结合实现了一个创新互动体验空间，运用现代化信息技术打造高级沉浸式体验感数字展馆，实现人机交互体验与手动漫游的乐趣，其创新性与实用性满足观众日益增长的新需求。

随着社会技术的发展，计算机和三维虚拟技术的发展日益显示出旺盛的生机，推动了展馆的数字化进程。同时，三维虚拟技术在数字展馆的研发和生产中也显示出了自己的优势，其发展前景非常广阔。这项技术不仅减少了展馆的投资，而且对展馆的建设也有很大的帮助。三维虚拟技术的运用，改变了传统的展厅展示模式，达到了以往技术领域所不能达到的真实效果，因此，相关技术人员应当重视三维虚拟技术的研究与应用，未来的三维虚拟技术将对数字展馆的制作起到互关重要的作用。

4.3 基于图像的三维全景技术

4.3.1　三维全景技术概述

1965 年，虚拟现实之父 Sutherland 发表论文《终极的显示》，首次提出虚拟现实系统的思想。近年来，虚拟现实技术不断发展，衍生出众多新技术。在数字影像技术发展的今天，以三维全景影像为切入点，以影像为基础的影像技术开始崭露头角，并逐渐为人们所熟悉。三维全景技术因其高沉浸感、强真实感、方便快捷等优势而越来越受到人们的重视。

全景，又称全景摄影或虚拟实景，即用相机进行 360° 环拍，组成一组或多组照片连接或通过一次性拍摄而成的全景图片。三维全景技术（3D panoramic technique）是迅速发展的一种视觉新技术，是虚拟现实其中的一个分支，是一种基于全景图像的真实场景虚拟现实技术。采用实地拍摄的照片建立虚拟环境完成虚拟现实创建。利用数字图像处理等计算机技术对实景照片进行图像处理，为用户提供关于视、听、触觉等极具逼真效果的感官模拟，使用户突破空间限制，有身临其境般的体验。

传统的三维技术及以 VRML 为代表的网络三维技术都是利用计算机产生的影像来构建立体的三维模型，而三维全景则是利用真实的影像拍摄来构建虚拟空间。三维全景技术，采用实景拍摄图片，进行图像拼接与一系列数字化操作来生成虚拟场景，从而建立虚拟环境。在观看三维全景时，可按鼠标左键拖动视角进行放大、缩小图片等一系列操作，可以全屏播放，也可以通过添加高质量背景音乐，视觉、听觉效果更为震撼。同时，比起二维平面，三维全景观感效果更好，沉浸式体验更强，相比前者，三维全景技术更为简单实用。

1. 三维全景技术制作原理

三维全景技术的制作大体可分为两个步骤，即实景照片拍摄与处理制作。三维全景技术实景图由真实照片拍摄加工而成，因此，第一步需要对目标场景进行相关全景拍摄。目前，市面上全景拍摄方式大多分为两种——全景四件套（数码相机、全景云台、鱼眼镜头、三脚架）和全景相机。前者相对后者，相机价格更为便宜，因此全景四件套多为市面主流的拍摄方式。其次，在照片拍摄过程中，我们需注意对周围各个角度做到无死角全面拍摄，同时注意预留拼接重叠部分

（通常约 30% 左右）。

第二步，处理制作。首先，使用 Ps 软件对相关照片进行色彩、瑕疵等方面的处理。若采用的是三连拍方式，则还需在基础上对照片进行合成。处理完毕之后即可进行拼接，拼接完成之后，使用 Ps 软件将底部的三脚架进行处理，最后上传就完成了。

2. 三维全景技术的分类

（1）基于矢量建模的三维全景技术

基于矢量建模的三维全景技术是以“建模法”（geometry-based rendering，GBR）为基础的，它是利用遥感图像、CAD 数据等空间矢量数据对场景进行建模，以场景实景照片、多媒体数据辅助模型贴图丰富场景细节，生成虚拟立体场景，最后通过渲染得到高质量全景图。

（2）基于实景图像绘制的三维全景技术

以实景图像为基础绘制的三维全景技术（image-based rendering，IBR）是以图像学为基础的。在人工获取的场景图像的基础上，通过计算机对连续的场景进行处理加工，使其成为全景图，从而获得逼真的实景模拟效果。此三维全景技术制作又分为基于计算机视觉技术、分层表示、全光函数、全景图的方法。

- 基于计算机视觉技术的方法。在计算机视觉技术的基础上，利用计算机视觉中的多视图几何学原理，利用摄影图像的数据获取有关目标的三维信息，并对其进行视图插值、视图合成、视图变形等技术，实现了全景图的高完整度。

- 基于分层表示的方法。基于分层表示的方法是将三维场景划分为独立的放射运动模型，然后将 2D 影像与 2D 转换流结合到屏幕上。采用层次表示法可以区分背景和前景，赋予不同的绘制品质，并能对场景进行压缩和编码。

- 基于全光函数的方法。基于全光函数的方法是用全光函数来表达整个空间内可见光线，也就是描述一个场景中的所有可能的环境映射。从离散、有方向的样本中重建一个连续的全光函数，然后在新的视点上对这个函数进行采样，从而绘制新的视图。

- 基于全景图的方法。基于全景图的方法是将采集到的目标场景进行平滑拼接，直至该图像全部视角全部拼接，形成一张完整的全景图。基于全景图的方法通常用于生成全景图像、压缩图像、视频拓展等。

3. 相关技术

（1）三维模拟技术

三维模拟技术是一种由计算机技术产生的具有视觉、听觉、触觉、嗅觉等多种感官的真实环境，它是一种能够运用多种感知手段与虚拟环境中的物体进行交互的技术。由于现场的逼真，三维模拟技术被广泛地用于飞行训练、城市规划、设计制造等领域，可以节约大量的成本，提高生产效率。现在工业上的三维模拟有许多种叫法，比如虚拟模拟、工程模拟、立体模拟等等，这些都是按照这些技术的用途来命名的，而且也有许多与三维模拟技术类似的工程。

（2）三维立体技术

三维立体技术是运用先进的数字影像综合技术，制造出令人惊叹的三维效果。只要选取几张清楚的平面相片或底片，把它们扫入计算机，由计算机直接使用专业的三维绘图软件进行绘图及数字化，再由高精密彩色喷头印刷，最后由冷裱机装裱。作品完成后，观众会在视觉上感受到画面的层次和鲜明的色彩，强烈的视觉冲击令人印象深刻，极具艺术鉴赏性。目前三维立体技术的应用领域有摄影、广告、旅游、印刷、酒店、居家装饰、礼品的包装及防伪标的设计等。

（3）三维全景虚拟现实技术

三维全景虚拟现实技术也称实景虚拟，简单来说是基于全景图像的真实场景虚拟现实技术，该技术广泛应用于网络三维、网络虚拟教学等领域。以现实世界场景、物体为基础，利用实景照片构建高度相似的虚拟环境。在播放插件支持下，鼠标控制虚拟场景观察方向，并可控制左右、调整远近。用户仅通过三维窗口进行虚拟环境的交互浏览，给用户带来沉浸式的高级体验。

（4）三维虚拟技术

三维虚拟技术是将三维模拟技术和虚拟现实技术有机地融合在一起，通过虚拟现实技术来构建仿真模型和试验，使得仿真的过程和结果能够直观地呈现出来，从而使整个系统具有三维、实时交互、属性提取等特点。目前较为成熟的三维虚拟技术，采用沉浸式三维立体显示系统，戴上感应器的手套，模拟出虚拟的声响与感觉，让用户置身于一个十分真实的训练环境中，以适应各种课程的训练；还有一个可以连接玩家的大脑和计算机所创建的虚拟世界的头盔显示器，它包括两个眼睛和一个追踪系统。数据手套是一种输入 / 输出设备，它把操作者的手、大脑和计算机连接起来，创造了一个虚拟的世界。这是一种先进的计算机仿真，它让使用者不再是被动地观看人造环境，而是与之互动。

随着数字技术和多媒体技术的发展，三维全景技术近几年越来越流行，也经常会有令人眼前一亮、抓人眼球的作品呈现。如今的三维全景技术已经成为市场的风向标，在生活中的应用也越发广泛。越来越多的科技公司和视频平台看到可观的发展前景，投入大量资金与人力进行研发、推广，将虚拟现实和网络传播进行有机结合，推动三维全景技术与产业大力发展，使其更具有传递性与实际应用性。

4.3.2　三维全景技术的特点与优势

三维全景技术作为一种新兴的计算机辅助技术，在计算机上得到了广泛的应用。它是以实景照片为基础，根据实景拍摄、数字存储、影像合成、影像产生等方式，实现虚拟现实的创造。

1. 三维全景技术的特点

（1）强真实感

三维虚拟场景以现实中真实存在的景象为基础制作，是真实场景的三维展现。三维实景图像均源自对现实生活中真实场景的捕捉，给用户带来最真实的感受。

（2）实地拍摄

三维虚拟场景的获取是通过专业相机环绕拍摄而成。通过相机把目标场景完整、无死角、全方位拍摄记录下来，再通过计算机进行后期制作加工，将拍摄图片拼接起来，多角度展示给用户。

（3）高沉浸感

360° 三维环视效果，用户可通过鼠标进行游览等操作，用户仿佛身临其境。

2. 三维全景技术的优势

（1）体验感强

三维全景技术的图像与场景采用专业相机进行实景采集、生成，虚拟场景在生活中真实存在，且不会因场景对象的复杂程度而受到限制。而传统虚拟现实技术场景为虚拟构建，现实生活中不存在，传统的几何模型建模方法无法高度复刻还原生活场景。

（2）制作简单、效率高

由于三维全景技术场景多为实景采集，生成时间与复杂程度无必然关联，无须采用高档硬件设备，个人计算机即可进行操作绘制。无须建模，制作速度快、耗费成本低且方便快捷。

（3）可传播性

三维全景技术以栅格图片为内容构成，文件较小，发布形式多样化，适用于各种展示应用，易于传播。

4.3.3　360° 全景图的实现方法

三维全景技术总体分为两大类：一种是基于矢量建模三维全景技术，另一种是基于实景图像绘制的三维全景技术。360° 全景图像是基于实景图像绘制三维全景的一种方式。360° 全景图在我们日常生活中随处可见，但大多数人只是见过、听过，认为全景图制作复杂，对全景图并不是非常熟悉与了解。

360° 全景图，又称三维全景图。360° 全景技术是一种以真实为基础的虚拟场景技术，它是以多个角度为视角，运用数字相机进行多角度拍摄并对多幅图像进行扫描，最后由计算机对其进行处理并加载播放程序。360° 的立体影像采用专业的摄影机拍摄，以专业的三维平台建立数字模型。360° 全景图可以通过 IE 浏览器或者是播放软件在计算机上进行查看，它所产生的图像可以从普通图像中直接辨别出来，并且与视频有很大的不同。并且，360° 的全景影像可以通过鼠标来调节视角，看起来就像是在现实世界一样。

由于 360° 全景图的展示效果比普通视频更具真实性与互动性，以其独特优势成为近年来逐渐兴起的一种宣传方式。360° 全景图以其极强的沉浸性与交互性，直观、真实、全面地再现现实场景，受到大众的青睐。目前 360° 全景图技术已经应用于各行各业，杭州工艺美术馆的在线展厅即使用了 360° 全景图。

1. 360° 全景图制作原理

360° 全景图的制作通常是在现实场景中采用鱼眼镜头进行拍摄，采用的照片视角可达到 180° ，距离 1 米以上，景深可达无限远。在特定离散观察点用相机和云台拍摄多张照片并合成全景图，合并方法可以是圆柱投影或立方体投影。谷歌街景便是采用此种交互方式。这样操作可使被摄体在画面中显示出鲜明的纵深效果，之后利用专业软件对照片进行合成处理。同时，360° 全景图考虑到 Web 浏览的带宽限制，针对不同分辨率进行金字塔切片，前端组件根据用户交互输入、加载相应的切片。最后，发布为 3D 全景文件，所显示场景即为真实场景的还原。与传统的虚拟现实相比，360° 全景图更具真实感，也更为经济实惠一些，控制面板工具条也方便普通用户操作，更易上手。

三维展品制作技术的呈现类似于 360° 全景图，但也存在些许不同。如果说 360° 全景图是用来表现观察点身处场景内的景象，360° 旋转则是观察点位于观察对象之外，让对象自身转动，呈现不同角度的外观。360° 实景是摄影观察角度在转动，而 360° 展品制作则是观察点和角度不动，让被观察对象（也就是展品）旋转。这种方法不需要进行三维空间实体建模，只需要根据展示需求，拍摄一组精细影像，将这组影像进行批量预处理，之后辅以前后端的交互实现即可。两种技术都可以应用于博物馆展览，360° 全景图适合展厅漫游，而 360° 旋转则适合表现单件物品。通过转台 + 近距离高清拍摄，360° 旋转可以实现比现场更清晰的 Web 展示。

三维展品制作优点：加工成本低但浏览真实度最高，支持从各个角度放大 / 缩小来观察展品，既可以展示展品全貌，也可以展示展品细节。

2. 360° 全景图类型

360° 全景图有三种风景型（圆柱形、立方体形、球形）和一种对象型（也称物体型）。

（1）圆柱形三维全景

即为视角水平 360° 观看四周的景色。拍摄者均匀分布环绕拍摄八张照片再通过后期制作而形成。拍摄简单，但存在相应弊端，由于垂直视角小于 180°，因此利用鼠标上下拖动时视野受限，无法看到水平 360° 之外的场景顶部与场景底部。

（2）立方体形三维全景

即为全视角 360° ×180°。视角是水平 360°，垂直 180°，可看清的全方位视角由前、后、左、右、上、下共六张相片拼接而成。相机立于立方体中间，由前后鱼眼镜头拍摄两张平视角图像，然后进行拼接成整个立方体形全景照片。

（3）球形三维全景

球形三维全景类似于立方体三维全景，是在前、后、左、右、上、下相片的拼接部分过渡自然、顺畅、无痕迹地完成拼接。相对于立方体形三维全景，球形三维全景并没有相应的拼接折线。

（4）对象全景

对象全景拍摄时，相机并非固定不动，而是瞄准目标对象（如所拍摄对象为杯子，则以杯子为目标对象），转动目标对象，按顺序每转动一个角度拍摄一张照片，完成一次全景拍摄大约需要拍摄 12 ~ 15 张照片，最后由 Ps 软件对照片进行处理，通过三维全景软件编辑而成，发布于网站。对象全景应用广泛，多用于互联网电子商务、文物、工艺品展示等。

360° 全景技术与以往的虚拟现实技术不同，在 360° 全景图中，全部景色、建筑、人和物非虚拟存在，而是现实生活中真真实实存在的。三维全景由于其全视角、真实性等优越特性，近年来得到社会各界广泛关注。360° 全方位视角观察，突破传统网络二维平面，并通过人机交互，自由浏览，实现与虚拟场景、虚拟物品的连接，体验三维虚拟现实带给体验者的沉浸魅力。

3. 360° 全景技术的优势

① 真实感强，无视角死区。

② 用户可以通过鼠标对场景任意缩放大小与拖动操作。

③ 数据量小，硬件要求低，建模成本低并且速度快。

④ 对浏览器端硬件无特殊要求，用户只需上网打开网页便可观看。

⑤ 显示效果与真实场景一致，高清晰度的全屏场景，令细节表现更完美。

⑥ 实景漫游系统支持雷达式地图，使用户具有良好的体验感。

但 360° 全景图也存在一些缺点。现阶段 360° 全景拍摄技术已经很成熟了，但由于其并没有像 jpg 等格式的图片那么普及，因此 360° 全景图需要专业的识别存储平台。

360° 全景图仍然具有很大的实施成本优势、浏览器适应性优势，更适合用于互联网上的场馆展示。

相比较一般的效果图和三维动画，360° 全景图具有如下优势：

① 全方位展示了 360° 球形范围内的所有景致，避免了一般平面效果图视角单一，不能带来全方位感受的遗憾。

② 互动感较强，用户可以通过鼠标左键单击，从任何一个角度，全方位地观察到整个场景，就像是身临其境一样，体验到最真实的效果，这一点也不同于缺少互动性的三维动画。

③ 比普通的效果图贵，但比三维动画的性价比高，制作时间也更短。

④ 场景更加真实。大部分的三维实景都是基于图片拼接出来的，这样才能保证场景的真实。

4.3.4 三维全景技术应用领域

全景图弥补了单一视角的遗憾，相对三维动画而言又更加经济实惠，是不错的技术选择。三维全景技术具有广阔的应用领域，其应用领域如下：

1. 酒店全景展示

在网上订房已经普及的时代，通过网络查找相关酒店数据已不再新奇。但单一图片展示无法看清楚酒店的整体状况与环境，用户的选择因此会受到干扰。利用三维全景技术，用户可以线上浏览相关酒店的具体信息，浏览酒店外观、大厅、各个类型客房等所有内部环境，通过全景展示，用户可以看到酒店的全貌，为用户选择提供方便的同时，提高用户下单的可能，提升酒店的经济效益。三维全景技术在酒店行业的应用，如图 4-7 所示。

图 4-7　三维全景技术在酒店行业的应用

2. 电商店铺展示

网络购物有着用户可远程购物增加收益的优点，但用户无法面对面真实看到店铺实景，增加顾客的顾虑因此而影响销量。利用三维全景技术，建立三维全景展示，给顾客展示店铺全貌的同时，可进行形象升级，使顾客能够直观地看到店铺，从而增强顾客信任感，增加销量。三维全景技术对电商店铺的展示，如图 4-8 所示。

图 4-8　三维全景技术对电商店铺的展示

3. 汽车展示

可利用三维全景技术对汽车内部全景进行展示，展现汽车内饰与局部细节，使用户能够多角度、全方位观看汽车外观、查看汽车相关属性信息。也可在网上构建虚拟三维空间云车展，从而增加订单量与收益，使汽车销售更轻松有效。三维全景技术在汽车销售行业的应用，如图 4-9 所示。

图 4-9　三维全景技术在汽车销售行业的应用

4. 旅游景点展示

旅游景点经常会出现游客迷路、分不清方向等问题。因此，景区可利用三维全景技术将景点进行真实还原，创新的宣传方式也为旅客提供最好的旅行体验，这种宣传方式大大增加了宣传度，增加游客流量，增添收益。三维全景技术在旅游景点的应用，如图 4-10 所示。

图 4-10　三维全景技术在旅游景点的应用

5. 城市、政府规划全景展示

城市环境、建筑、桥梁、高速公路等交通设施建设各个阶段都有三维全景技术的身影。利用三维全景技术进行可视化展示，使设计师提前看到未来城市样貌，为设计师提供便捷设计方式，也方便对实施方案进行相应整改，对整个实施的情况进行比较评价。同时，对于政府开发投资环境可以做成虚拟展示发布至网络，为居民提供方便也利于城市宣传建设。三维全景技术在城市、政府规划的应用，如图 4-11 所示。

图 4-11　三维全景技术在城市、政府规划的应用

6. 文物三维展示

民族的文化对于一个国家来讲至关重要，对出土文物的完好保护有利于文化的传承、研究与记录。传统二维展示无法呈现文物的厚度，而三维全景物品展示，不仅可以将文物进行真实还原，还可以将文物的相关信息进行展示。用户在网络上即可对文物进行直观了解，利于对优秀传统文

化的宣传。三维全景技术在文物展示的应用，如图 4-12 所示。

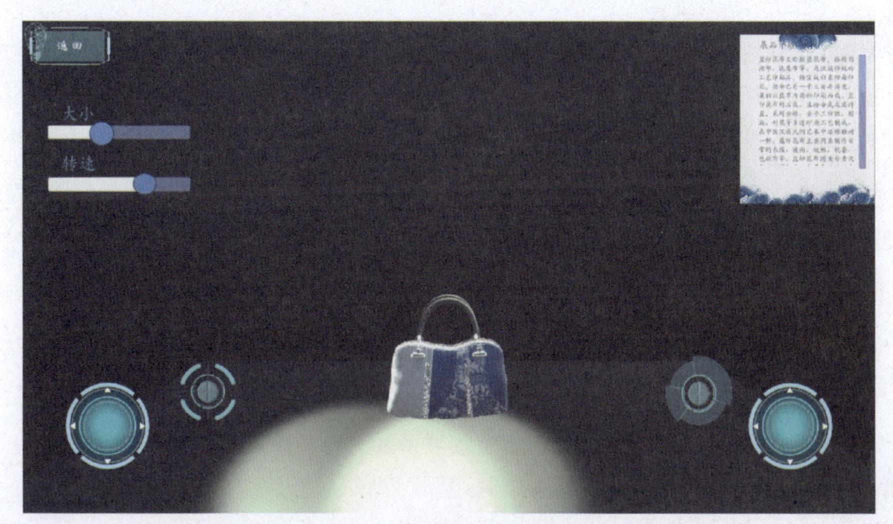

图 4-12　三维全景技术在文物展示的应用

7. 博物馆

将各类博物馆、军史馆等各特色场馆的全景图像与电子地图相结合，参观者可以自由穿梭于每个场馆之中，只需轻点鼠标即可参观浏览，配以音乐和解说、图片、视频等多媒体元素，使信息充实丰富、参观轻松新颖，让每一位参观者充分享受身临其境的现场体验感。三维全景技术在博物馆的应用，如图 4-13 所示。

图 4-13　三维全景技术在博物馆的应用

上述应用领域中多数使用展厅展馆视觉化设计。三维线上数字化展馆是一种视觉化展示技术，随着互联网与数字化的发展，越来越多的观众开始追求 3D 这种三维立体的观感。使用三维全景技术，将艺术设计与多媒体数字技术相结合，实现展馆展示目标的数字化展示，提升参展访客的互动体验。

三维全景数字化线上展馆以公共服务需求为核心，运用三维全景技术和虚拟技术打造三维全景可视化线上虚拟展馆。将实物提供线上三维展示互动形式，给用户提供随时随地、无所不在的线上展馆参观服务，实现与用户的高度交互，同时数字展馆能够达到传统实体展厅所不具备的展示功能，对展馆的主题达到更好的创新宣传与推广。

4.3.5 三维全景技术在数字展馆中的应用

三维全景技术是一种新兴的技术，作为虚拟现实的分支之一，其具有无可取代的地位。应用三维全景虚拟现实技术构建虚拟展馆，具有一定可行性。

1. 三维全景线上数字展馆的优势

三维全景线上数字展馆是一种全新的线上观展体验，参观者足不出户便可线上随时随地感受真实现场。三维全景线上数字展馆将现实世界还原到物联网上。通过必要的交互设备，参观者可进行任意浏览、放大、缩小场景，单击相应展品弹出介绍页面等操作。三维全景线上数字展馆把握每一个细节，通过结合音频、触感添加身临其境的感受，增加参观者互动体验感和信任度，提高参观者对展厅的观感体验。值得一提的是，利用三维全景技术，参观者可以拖动鼠标观看展厅中的全部场景，无死角、全方位，并模仿人眼习惯，场景可仰望俯视、远观近看、左环右顾、前进后退，物体可任意旋转观赏，单击查看物体相关属性，使观众体验更加真实且趋于人性化。

① 相比于传统图片与视频的形式，线上展厅的优势之一便是沉浸式、交互式的体验，参观者足不出户便能够身临其境，全方位、省时省力、多样化体验展馆。

② 三维全景技术近年来在互联网上不断壮大与发展，计算机技术的种类与数量也在与日俱增。运用三维虚拟技术，可以使 VR 全景以可交互的形式进行多样化展示，用户可在虚拟全景中进行真实互动，达到宣传目的的同时，深度感受物联网技术的壮大发展。同时，将物联网技术与计算机技术融入真实互动体验的方式，更容易吸引参观者的兴趣，获得大众的喜爱。

③ 传统企业宣传方式大多采用三维动画技术，虽能够达到直观的表达效果，但用户缺少互动与体验的感受。随着 VR 技术的不断延伸与发展，三维全景技术可以使企业宣传不仅仅是传统枯燥的形式，而是更加生动地对目标主题进行呈现，为用户传达更好的观感效果。

2. 三维全景线上数字展馆的核心

三维全景线上数字展馆的核心在于沉浸式与交互式的仿真真实浏览体验，让观众足不出户就可以身临其境地感受到。戴上相关的交互设备，用户可以以任意视角漫游、了解展馆的主题与相关内容。运用三维虚拟技术，使三维全景以交互的形式展示，用户可以在三维全景虚拟真实互动。三维全景数字展厅以公共服务的需求为中心，通过多维的展示和互动，使其与网上的虚拟场景进行高度的交互，为用户提供全方位的服务。数字展馆通过数字化技术，利用 VR、三维建模、多媒体等技术手段，实现了传统展馆所没有的功能。

3. 三维全景线上数字展馆的制作注意事项

（1）全景图像的摄影设备

由于全景图像拍摄具有一定特殊性和复杂性，对摄影器材的要求也很高，在没有死角的情况下，要做到对影像的采集，要做到最大限度地扩大单张影像的拍摄视角，同时要保证画面的曝光，并且要保证色彩温度的一致性，这样才不会影响到后期的拼接和合成。在图像获取时，必须围绕着镜头的节点来实现旋转。在全景影像摄影中，摄像机是影像采集的重要装置，其影像可以直接用于后期的拼接和合成，而传统的摄像机则是在拍摄结束之后再进行扫描。在拍摄全景影像时，所选用的数码摄像机不仅要能达到拍摄效果，而且还要能方便地进行后期的拼接和合成，所以拍摄全景影像时，最好选用专业的单反摄像机。就单镜头而言，在拍摄时，取景器所观察到的景物与真实景物接近，其结构和成像原则均不存在视差。专业的单反摄像机有手动调节功能，在拍摄的时候，即使背景光线有很大的差别，也可以用专业的单反调整功能来调整。

（2）全景图像的摄影技术

在全景影像的制作中，原始影像的质量直接关系到后期影像的拼接效果，所以要正确地进行影像制作。

其一，相机的设置与调节。为了保证一次拍摄成功，需要人工曝光，在 360° 的场景内，根据物体的真实亮度调节曝光，从而提高全景影像的质量。

其二，全景云台与节点的设置。全景云台是全景拍摄中必不可少的设备，合理使用它可以实现全景式图像的拼接。在相机中，节点就是镜头的核心，而在镜头的横向和纵向旋转时，都要求镜头的“节点”在旋转的轴线上。

（3）照片质量控制

建设虚拟场馆时，在运用 3D 全景虚拟现实技术的同时，要对图像的质量进行严格控制，这直接影响到整个建筑的效果。也就是说，在采用 3D 全景虚拟现实技术的前提下拍摄时，一定要正确地使用三脚架，保证它处于水平位置，并且要把它固定住，在拍照的时候要正确使用快门键，这样才能保证照片的质量。在摄影时，要使摄影场地的光线均匀、充足，并适当地选取合适的角度，以确保摄影的品质。在摄影时，应注意选择合适的摄影方式，特别是在旋转摄影时，要注意两张相片的交迭大小，以便于后续的相片拼接。在拍照的时候要注意反差，及时调整曝光，这样才能让相片无缝衔接，从而提升整个虚拟展厅的效果。

（4）全景照片建模与合成

在建立虚拟展馆的过程中，利用全景图像使观众感受到一种“身临其境”的真实感，从而提高了虚拟体验的可视化程度。所以，在建设虚拟展馆的时候，需要对其进行充分的建模与合成工作。也就是说，将所拍到的照片进行合理的拼接，以便于形成全景影像。采用 Java、ActiveX 等视频播放插件，用户可以用鼠标进行全方位的环视，既能满足观众的左右环顾需要，又能满足全方位观看的需要，从而达到更真实的效果。

总之，采用三维全景虚拟现实技术建造的虚拟展厅，不仅可以使传统的实体展馆发挥其应有的作用，而且可以实现人力、物力资源的最优化配置，改变展馆的陈列展示方式，有利于提高展览效率，在科技的支撑下，为文化传播带来极大便利，信息传递与反馈的时效性更强。通过搭建虚拟展厅，实现了无空间、无时间限制的高效率的虚拟参观，使其更具人性化，因此，以三维全景虚拟现实技术为基础，将成为传统实体展馆的一个重要发展方向。

4.4 Web 3D 实现技术

4.4.1 Web 3D 概述

Web 3D（又称网络三维）技术是随着互联网与虚拟现实技术的发展而产生的，是互联网与虚拟现实的产物，是基于因特网，依靠软件技术来实现的桌面级虚拟现实技术。Web 3D 技术字面上的意思就是在网页上展示与编辑三维场景或物品等，简单来讲可以将其看成 Web 技术和 3D 技术的结合。本质上，Web 3D 是本机的 3D 技术向互联网的拓展，其目的是在互联网上建立三维的虚拟世界，实现实时三维模型的浏览，并可以实现动态效果和实时交互，让人们更加清晰明了地了解真实的物体。

1. Web 3D 的历史

从技术上来说，Web 3D 技术起源于 VRML 分支，VRML 协会在 1997 年正式改名为 Web 3D（Web 3D Consortium），并制订了 VRML 97 新的国际标准。到目前为止，Web 3D 这个特殊的简称已经为大家所熟知。

Web 3D 协会于 2004 年获得 ISO 批准的新一代国际标准 X3D，这是 Web 3D 技术发展的新阶段。因为 X3D 将 VRML 的所有功能都集成在一个可扩展的核心之中，它可以为 VRML 97 浏览器提供所有的功能，并且具有向前兼容的技术特性；另外，X3D 采用 XML 语法，将 3D 内容融入流式媒体 MPEG-4 中。X3D 是可扩展的，开发人员可以根据自己的需要对其进行扩充，X3D 标准因此得到了业内的广泛支持。

X3D 标准使得更多的 Internet 设备可以生成、传输和浏览 3D 对象，使得 Web 客户端和高性能的广播工作站用户都可以享受到 X3D 技术带来的好处。同时，基于 X3D 的基础架构，实现了各厂商开发的软件之间的互操作性，终结了联网 3D 图形标准的混乱局面。目前，Web 3D 技术已发展成一种技术群，它不仅是网络 3D 应用的一个独立的研究领域，同时也是一个广泛的研究热点。

当前，面向实际应用的 Web 3D 技术主要包括 VRML、Java、XML、动画脚本、流式传输等技术，设计开发和组织各种不同形式的网络教学活动，使其选择余地更加灵活。不同的技术核心所使用的技术内核不同，其原理、技术特征和应用特点也各不相同。

2. Web 3D 的实现技术

（1）基于编程的实现技术

最简单的开发 Web 3D 的方式就是编程。它的编程语言有 VRML、Java、Java 3D 等，还要求有基层软件或者驱动库的支持，比如 ActiveX、COM、DCOM 等。VRML 和 Java 3D 应用最多。

VRML 是利用其提供的节点、字段和事件，直接进行程序设计，但是由于工作繁重，开发效率低，难以直观地表达出非常复杂的场景，因此需要其他的可视化编程工具来完成。此外，

VRML 所提供的 API 与实际应用系统的需求相差甚远，且操作复杂、使用困难。

Java 3D 是以 OpenGL、DirectX 等三维图形标准为基础的，其编程模式基于图像场景，这样可以省去之前 API 对程序员繁杂的细节要求，程序员可以更多地考虑场景以及组织，而不是底层渲染代码。所以，Java 3D 可以很好地为 Web 3D 提供支持。

（2）基于开发工具的实现技术

为了增强 Web 3D 技术的实效性，近几年，许多公司都开发了面向 Web 3D 对象建构的可视化开发工具，例如 Cult3D、Viewpoint、Pulse3D、Shout3D、Blaxunn3D 等，对不擅长编程的人员开发 Web 3D 对象提供了一个很好的实现方法。这些专门的开发工具，尽管用法和功能各异，但开发过程一般都包括：建立或编辑三维场景模型、增强图形质量、设置场景中的交互、优化场景模型文件、加密。三维建模是 Web 3D 图形制作的关键，许多软件厂商都把 3ds Max 作为三维建模的工具。对于特别复杂的场景，也可以采用照片建模技术。

（3）基于多媒体工具软件的实现技术

使用 Flash 和 TVR 等多媒体工具，可以轻松地实现 Web 3D 的开发，无须编写程序。在交互式矢量动画软件 Flash 中，将输入的序列图像或 360° 的全景图像，用 ActionScript 设定互动所构成的 3D 对象或全景虚拟环境，以达到 360° 视角可见的图像的控制。因为该技术是矢量的，它的图像分辨率不会因为缩放而降低，文件也很小。而且，因为使用了 Micromedia 的 Shockwave 技术，从服务器端向浏览器端传输仅需少量绘图指令，因此可以在较低的带宽下进行高品质的浏览，但是必须要安装 Shockwave flash 的 Plugin 来查看。

（4）基于 Web 开发平台的 SDK 的实现技术

通过 Web 的 SDK 实现 Web 3D 的技术近来受到关注，其中 WildTangent 和 EON Studio 技术成熟，得到了广泛的应用。

WildTangent 将 Java 和 Javascript 与 DirectX 进行封装，为程序提供了一个简单而又强大的开发环境。用户只要使用 WildTangent 网络驱动配合脚本语言或者所选择的程序语言，就能创造出令人眼花缭乱的三维图像（包括二维平面图形、声音和三维模型）。另外，WildTangent 的驱动程序可以通过下载控件来达到与 IE 和 Netscape 的兼容性。由于 WildTangent 技术具有很好的交互性，因此它的应用范围很广，但是要想通过 WildTangent 来创建互动效果，用户就需要掌握一些脚本语言的基本知识。

EON Studio 是一款多功能的 3D/VR 综合制作套件，开发者可以很容易地、迅速地构建交互的虚拟内容，而无须编写复杂的软件。该系统功能强大，易于学习，表现逼真，安全性好，制作的档案体积较小。

3. 国内 Web 3D 软件现状

（1）WebMax

WebMax 是上海创图科技公司自主研发的以 VGS 技术为核心的新一代网上三维虚拟现实软件开发平台。WebMax 具有独特的压缩技术、真实的画面表现、丰富的互动功能，通过 WebMax 开发的三维网页无须下载，只需输入网址，即可直接在互联网上浏览三维互动内容。其最大的优点就是压缩比高达 120：1，所以完成后的文档数量小，在网络发布上有很大的优势，画面也更加精致。在互动方面，还需要一定的编程能力，但对用户的计算机配置要求不高，目前这款游戏的服务器，已经升级到了 2.0 版本。新推出的 WebMax 3.0 版，在视觉效果、操作面板、互动功能、设计开发等方面都有很大的提升，可以和国外的技术相媲美。

（2）VRPIE

VRPIE 软件可以说是虚拟软件 VRP 的网络版，被冠以 VRPIE 的名称，它分为共享版和正式版，共享版提供了全部的功能，但没有保存功能。由于拥有大量的单机用户，因此 VRPIE 的推出在业内掀起了轩然大波。它的人性化好，成熟度高，上手速度快，很多简单的交互不需要编程就能完成，而且它还提供了软件编程接口，可以实现更复杂的交互，再加上后来出现的物理引擎系统，可以实现刚性碰撞、物理火焰、物理液体等效果，让软件更加完善。VRPIE 是一款有着强大技术后盾为基础的成熟虚拟现实开发工具，对我国的虚拟现实行业发展产生积极影响。

（3）Converse 3D

Converse 3D 在三款较流行的软件中最晚出现，软件一起步就提升到了 Directx 9.0c 的 API 图形接口上，加上这款软件的免费版仅有模型面数的限制，官方 logo 也消失了，这让 Converse 3D 变得更加神秘。虽然目前以 Converse 3D 为基础开发的一系列三维游戏的性能并没有想象中那么好，但是相信凭借其 API 接口的优势，Converse 3D 将会取得更大的突破。

值得一提的是，Converse 3D 的开发团队顺应了互联网的发展趋势，开创了“一个场景，一个社区”的理念，引领行业内的 Web 3D 多人交互功能，为 Converse 3D 的发展提供了广阔的想象空间，甚至为当下流行的 SNS 社区概念“虚拟”出了一种新的交互方式模式，成为一大亮点。因该软件目前没有提供编程接口，因此在界面上功能较多，在设计上可以更加人性化，在网站的发布方面也需要进一步完善。

作为一个新兴的计算机技术，Web 3D 技术有其独特的技术特色，在立体空间、立体物品的展示、展品的介绍、虚拟空间的营造与构建、虚拟场景的构造等方面有着独特的优势，是下一代互联网展示技术的核心，更是目前互联网技术换代与升级的趋势。由于该技术直接针对网络而提出，可以基于网页运行，投入较少，对硬件要求相对较低，一般不需要借助传感设备，也不要求用户具有沉浸感，而是注重在 Web 上实现三维图形的实时显示与动态交互，因而应用范围非常广泛。目前，Web 3D 技术在数字城市建设、电子商务、工程训练、远程教育、文博游览、企业展示、军事模拟、房产装修等领域获得了广泛应用，并取得了许多可喜的研究成果。

4. Web 3D 的应用

Web 3D 技术采用三维实时分布式渲染技术来实现无限大规模场景的实时渲染，与三维网络游戏的核心技术类似，但又有所不同。Web 3D 在三维网络游戏技术的基础上增加了压缩和网络流式传输的功能，无须事先下载客户端，便可以直接在网页内边浏览边下载。

（1）城市在线宣传

利用 Web 3D 先进的互联网技术和资源，以信息、图文、视频、音频等方式对城市重大活动进行全方位展示，利用虚拟现实仿真与 Web 3D 互联网技术，以超前的技术优势将城市放到互联网上，市民足不出户便可走遍天下。通过 Web 3D 技术，可以将城市现在和未来的面貌用三维的形式呈现于互联网，并通过与数据库的连接，实现信息的搜索和管理。Web 3D 技术在城市宣传的应用，如图 4-14 所示。

图 4-14　Web 3D 技术在城市宣传的应用

（2）网上看房

虚拟看房不是单纯地看图纸，现在大部分的房地产都采用效果图、三维动画宣传，只有极少数的开发商会使用三维虚拟技术来做广告。Web 3D 在线看房系统可以将户外楼盘和样板间放在网络上，让购房者在家里即可参观自己喜欢的楼盘。所有尺寸都是按实际数据进行制作，接近实际效果。Web 3D 技术在网上看房的应用，如图 4-15 所示。

图 4-15　Web 3D 技术在网上看房的应用

（3）企业产品展示

企业产品引入了 Web 3D 体验营销的概念，以其特有的技术手段为顾客提供更具针对性、更具性价比的品牌展示和增值服务，让顾客的产品在外界呈现出立体效果，并能按照不同的组合进行互动（旋转、换色）。利用 Web 3D 技术，实现了对企业产品的真实三维还原、多角度观看、任意拆装和组合，将目前只能在现场处理的问题搬至网络上解决。

（4）网上展馆

虚拟网上展馆利用全新 Web 3D 技术，将展览馆放到互联网上进行展示，在这个平台上，用户可以自行操作，可以对场景中的物体进行实时交互操作，同时也可和网页结合起来，将三维场景嵌入到网页中，通过二维信息对三维场景进行有效的管理和应用。Web 3D 技术在网上展览馆中的应用，如图 4-16 所示。

（5）数据整合与查询

虚拟数据整合的概念在业界比较混乱，包括系统整合应用、集成主机、集成存储、集成数据库、整合数据大集中等，从不同层面、不同角度阐述计算机系统整合的内涵和外延。其存在着多种整合形式和技术手段，例如，国内大型银行和电信业开展的全国性数据大集中，应属于数据整合的一种技术方式。该系统采用了三维和二维相结合的方法，将数据有效地管理起来，在 3D 场景中按下鼠标即可调用其参数和型号，并能实时查看任意一种产品的相关信息，为一些企业提供了一个三维可视化的信息管理平台。

图 4-16　Web 3D 技术在网上展览馆中的应用

（6）网上考核培训

兴趣和热情造就最好的学生。Web 3D 考核培训，则是利用虚拟现实技术进行教学，让学生在三维环境中体验到一种视觉盛宴，取代了传统的课本和多媒体，使学生的学习积极性得到极大的提升。利用 Web 3D 技术，可以使远程教育更加真实，尤其是对一些操作要求极高的专业，如汽车维修专业等。Web 3D 技术在网上考核培训的应用，如图 4-17 所示。

图 4-17　Web 3D 技术在网上考核培训的应用

Web 3D 技术具有交互性强、真实感强、易于网络传播等优点，体现出了它在网络教育中的独特优势和潜力。利用 Web 3D 技术对实验室环境进行仿真，尤其是一些危险、昂贵、操作难度高（易燃易爆）的化学试验，以及地震波传播、火山喷发等难以在实际环境中实现的物理实验。Web 3D 技术将会随着技术的不断发展而不断增强，其实现的技术也会越来越丰富。

4.4.2 VRML 简述

VRML，是一种用于建立真实世界的场景模型或人们虚构的三维世界的场景建模语言，是因特网上基于 WWW 的三维互动网站制作的主流语言，同时也是因特网上的一种三维标准。其本质是一种面向 Web、面向对象的三维造型语言。VRML 允许描述三维对象并把它们组合到自己的虚拟场景中，从而建立因特网上的交互式三维多媒体虚拟场景，且其具有平台无关性。

第一代 Web 实现了文档访问，能够提供阅读感受，对于熟悉 Windows 风格的 PC 环境的用户更易上手；第二代 Web 以 VRML 为核心，实现了多媒体、虚拟现实和因特网的结合，使用户在虚拟世界中如身处现实世界一般真实，有一种身临其境的感受，并在三维环境中任意探寻互联网上的资源。

由于 VRML 具有分布式、三维、交互性等多项独特优势，因此利用 VRML 可以创建多媒体通信、分布式虚拟现实、设计协作系统等全新的应用系统。VRML 创造了一种集多媒体、三维图形、网络通信、虚拟现实为一体的新型媒体，具备先进性与广阔的发展前景。如今，VRML 已经广泛应用于生活、生产、科研、商务等各种领域，VRML 的出现使得虚拟现实像多媒体和因特网一样逐渐走进我们的生活。

1. VRML 历史

1993 年，Mark Pesce 和 Tony Parisi 开发了名为 Labyrinth（迷宫）的浏览器，这便是最早 WWW 上 3D 浏览器的雏形。1994 年 3 月，首届 WWW 国际会议上将 VRML 术语定义为在 Web 上的三维实现语言。VRML 的出现使得虚拟现实技术得以应用于互联网络，从而揭开了 Web 3D 的发展序幕。

VRML 1.0 版的草案于 1994 年 10 月第二届 WWW 大会上制定。VRML 1.0 有一定的局限性，存在成像速度慢、不能进行并行处理、限制灯光范围等缺点，特别是它不允许移动物体，使得所创建的世界是静止不动的。

VRML 2.0 于 1996 年 8 月在新奥尔良召开的优秀 3D 图形技术会议上发布，它在 VRML 1.0 基础上进行了大量的补充和完善。VRML 2.0 以 SGI（silicon graphics inc）的动态境界 Moving Worlds 提案为基础，相对于 VRML 1.0 而言，其交互性、碰撞检测等功能都有极大的改善与提高。

1997 年 12 月，VRML 作为国际标准正式发布。1998 年 1 月，VRML 通过了 ISO 的认证，简称 VRML 97，VRML 2.0 进行了编辑修改和一些功能上的微调。VRML 作为 ISO/IEC 的国际标准，它的稳定性得到了保障。VRML 97 推动 Internet 上交互式三维应用的迅速发展，并且从 Netscape Navigator 4.x 和 Internet Explorer 4.x 开始内置 VRML 浏览器，VRML 也成为 Windows 98 的一个标准。

现如今，VRML 已引起计算机界的广泛关注，发展前景可观。Microsoft、IBM、Apple 等著名大公司纷纷推出了自家 VRML 产品，VRML 已逐渐成为 Internet 上发布 3D 内容普遍的开放标准。

2. VRML 基础

VRML 的对象称为节点，子节点的集合可以构成复杂的景物。节点可通过实例得到复用，并对它们赋予名字，进行定义后，建立动态 VR。VRML 的特点如下：

① VRML 定义了描述三维图形的对象——节点（node）。

② 由节点所被安排成的层次结构——场景图（scene graph）。

③ 使部分场景与其他部分分割开来，相互独立——分隔符（separator）。

④ VRML 定义的对象类型包括：立方体（cube）、球（sphere）、纹理映射（texture map）、变换（transformation）等。

⑤ VRML 定义了描述此对象的参数。

其中需要注意的是：场景图定义节点顺序的同时，场景图的状态也依赖于早期节点并影响接下来的节点。

虚拟世界由对象构成。VRML 运用各种对象来描述三维场景，且每个对象及其属性是构成 VRML 文件的基本单元。每个场景都是由具有不同层次结构的多个节点组成。VRML 使用场景图（Scene Graph）数据结构来建立 3D 实境，这是一种以 SGI 的 Open Inventor 3D 工具包为基础的一种数据格式。场景图规定了节点之间的等级关系和嵌套关系。

每个节点都可以有五个方面的特征：类型、域、事件、实现、名字。在 VRML 1.0 中共有 36 个节点，分为三类：造型节点（shape node）、属性节点（property node）、组节点（group node），以及一个类似于 C 语言中伪指令的特殊节点 WWW Inline。其中造型节点包括常用几何体和用于任意集合体的线框图（indexed lineSet）和面框图（indexed face set）。属性节点用于指定后续节点的属性，分为几何与外观组（geometry and appearance group），如坐标、材质、文本等；矩阵与变换组（matrixor transform group），包括矩阵变换、旋转、缩放、平移、变换；摄影机组（camera group），包括有无透视变换的两种摄像机，其位置、方向、视野可定义；灯光组（lights group），包括三种光源。

VRML 2.0 定义了 54 种基本节点类型，用户可以通过原型机制定义自己的节点类型。VRML 2.0 以 SGI 的 Moving World 提案为基础，在动态和视觉效果两方面对 VRML 1.0 进行了改进。为连接和控制动作、反应和动画定义了五个结构：节点事件域（node event field）、路径（route）、传感器（sensor）、插入件（interpolator）和脚本节点（script node）。其中脚本节点包括了 Java Script 或关联了一个 Java Applet，使开发者可以扩充 VRML 的行为和动态特性。在效果方面，提供了梯度和纹理映射背景、与地点相关的声音以及将 MPEG-1 视频映射到任意对象上的 MovieTexture 节点，还提供了轮廓地形（conroured terrain）、突出（extrusion）、碰撞检验（collision detection）、雾化效果（fog）等。

VRML 从用户的角度来讲，基本上是 HTML 加上第三维，但从开发人员角度来讲，VRML 环境的产生提供了一系列全新的标准、新过程和新 Web 技术。首先要解决的是交叉平台与浏览器的兼容问题，在设计时，需要清楚地指明能够运行的目标平台、CPU 速度可以运行的带宽和最适合使用的 VRML 浏览器。

3. VRML 的基本工作原理

利用文字信息来描述三维场景，通过 Internet 网上传输，VRML 的浏览器在本机上解释生成一个三维场景，解释生成的标准规范即 VRML 规范。正是由于这种工作机制，使得 VRML 在网络应用中迅速发展。VRML 的设计者们认为，文字的信息要比图形文件快得多，因此他们避免了通过网络直接传送图形文件，而是使用传输图形文件的文本描述信息，这样就可以减少网络的负担。

① 统分结合模式：VRML 的访问方式是以 C/S 模式为基础的，它为用户提供 VRML 文件，用户可以在网上下载想要存取的文件，然后在本地平台的浏览器上对该文件描述的 VR 世界进行访问；也就是说，VRML 文件中含有虚拟现实世界的逻辑结构信息，用户可以通过它来完成虚拟现实中的很多功能。通过服务器来提供一个统一的描述，客户机各自建立 VR 世界的访问方式被称为统分结合模式，这就是 VRML 的基本概念。因为浏览器是在本地平台上提供的，从而实现了 VR 的平台无关性。

② 基于 ASCII 码的低带宽可行性：VRML 与 HTML 类似，采用 ASCII 语言对世界进行描述和连接，确保其在多种平台上的通用性，并减少了数据量，因此在低带宽环境下也能使用。

③ 实时 3D 着色引擎：VRML 更好地实现了传统 VR 中的实时 3D 着色引擎。这个功能使 VR 建模和实时访问之间有了明显的分离，这也是 VR 与三维建模、动画的不同之处。后者预先着色，因此无法提供交互。VRML 提供了 6+1 个自由度，可以在三个方向上进行运动和转动，并与其他 3D 空间进行超链接。

④ 可扩充性：VRML 作为一个标准，它不能完全适应各种应用。有些程序想要更好的交互，有些则想要更好的画质，有些则想要 VR 世界更复杂一些，而这些要求往往无法同时实现。同时其又受到用户平台硬件性能的制约，因此 VRML 具有可扩展性，它可以根据自己的需求来定义自己的对象和属性，并且可以通过 Java 等方法来使浏览器解释该对象的行为。

4. VRML 的制作

（1）VRML 制作流程

VRML 制作大致可分为两个阶段：第一阶段，独立于计算机工作之外的建模。

VRML 中的建造理念与其他的工程建模有异曲同工之妙，它需要解决沟通问题，绘制草图，研究材料处理，生成模型、空间、化身，但也要考虑到技术上的局限性，比如，要根据目标平台，确定在 VRML 中应该放置多少个多边图形。在 VRML 中，首先要考虑到 VRML 世界的运动和执行动作，然后将各个目标分类，用于设定三维物体之间的相互联系，建立模型和动画，如果分类得当，就能缩小生成动画效果。

在虚拟实境中，需要考虑加入引力、撞击等效果，使得虚拟现实中的场景更接近真实，建模者需要生成代理几何模块（一系列调用指令），让浏览器在虚拟场景中只需监视一个很小的总目标，不用对虚拟场景中的所有目标进行计算，从而降低浏览器工作量，提高 VRML 的显示效果。

另外，VRML 文件的体积大小也是需要考虑的。VRML 文件中的自由曲面都是以 Ploygon 为基础的，它描述了曲面上的点在场景中的位置，所以文件中会出现大量的文字，导致文档变得非常大。NURBS 是在三维模型空间中，以曲线和曲面为基础表示物体轮廓和形状的方法，简化了对复杂表面的描述。NURBS 在 VRML 中的广泛使用，让一大堆的模型文件都变得很小，效果也比 Ploygon 的描述方式好很多。而且 VRML 还支持 Zip 的压缩，也使其模型文件体积进一步压缩，降低网络带宽需求，而不会影响用户的浏览体验。

①添加虚拟颜色、材料和灯光。每个浏览器都有自己的染色器（负责转换颜色），每个染色器的工作方式都不一样，染色器采用的是 3D 着色引擎，将虚拟现实建模和实时访问隔离开来，可能使得不同浏览器里颜色不同，因此，着色一定要确保制作者和用户在不同的平台显示器上都能看到同样的效果。

②加入材质、灯光可以产生层次感和现场感，增强逼真度，但是也要在质感和实际操作中平衡，否则会造成文件体积过大，占用 CPU 的执行时间。

③设定执行参数 NavigationInfo（VRML 文件的一个要素），用于设置一个运行参数导航信息，比如，用户在该场景中的显示比例、穿过该场景的速度与方式。

④视角选定。建模者应设想出最能表现出场景效果的某一区域，因此视角人员最好能有较好的技术背景，以便分析出制作工具在实际应用上述特色时可能会遇到的问题，以及在不同浏览器上的显示效果及该浏览器是否支持这些特色视角设计。视角选择不当，可能将毁之一旦。

第二阶段，生成 VRML 行为并设定虚拟现实中可以实现的功能。

VRML 97 的交互性很强，用户可以通过化身（用户在虚拟空间的代表）与其他的用户化身面对面地交流和沟通，真正实现 WWW 的多人环境，而它的实现需要编制复杂的行为。

VRML 制作的内容应当能在所有的浏览器上运行，一种方法是使用动画，动画可以使 VRML 世界更加逼真。许多制作程序，都需要用大量的时间检测节点来驱动动画，但同时也占用大量的 CPU 工作时间，减少时间检测节点的数量，并在其不执行实时工作时关闭，是提高 VRML 文件运行性能的通用方法。

（2）VRML 工作方式

① VRML 是一种用于 Internet 和 Web 超链接上的、独立于计算机平台的多用户交互的虚拟现实建模语言。VRML 浏览器是一个插件，又是一个帮助应用程序，也是一个单独的应用程序。在传统的虚拟现实中，VRML 也是一种实时的 3D 着色引擎，它可以在三维建模和动画中，提前给前面的场景着色，但是不能随意选择方向。

② VRML 访问方式采用了以 C/S 客户端模式为基础的方式进行存取。其中，服务器用于提供 VRML 文件以及支持资源（图像、视频、声音等）。客户端用于在网络上下载用户需要的文件，通过 VRML 浏览器进行交互式访问该文件所描述的虚拟境界。

③ VRML 和 HTML 一样，都是 ASCII 代码的一种语言，它是一组指令，告诉浏览器怎样创造一个三维的世界，并在里面航行，然后由再现器对其指令进行解释和执行（再现器是一个内置于浏览器内或外部的程序）。

④ VRML 是一种将三维图形和多媒体结合起来的文件格式。VRML 文件在语法上是一个显式地定义和组织起来的三维多媒体对象集合；从语义上来说，是基于时间的交互式三维多媒体信息进行抽象的功能行为，是基于时间的三维空间。

⑤ VRML 对象包括三维几何形体、MIDI 数据和 JPEG 文件等。VRML 内建了支持多个分布式文件的多种对象和机制，包括内联式嵌入其他 VRML 文件。

5. VRML 的优势

① VRML 不同于 C 语言、Java 等编程语言，也不同于 HTML 等标记语言，它是一种造型语言。相对于 HTML 语言，VRML 语言显得复杂一些，但利用 VRML 来描述三维物体，它又比其他编程语言简单一些。VRML 对使用者的编程功底要求不高，也可以利用其他高级语言与 VRML 进行一定的融合，灵活性强。

② VRML 通过 ASCII 文本格式来描述世界，保证了在各种平台上通用的同时也降低了数据量，从而也可以在低带宽的网络上实现。

③ VRML 的基础是采用 HTTP 协议传输数据的全球网和 SGI 设计的 Open Inventor 文件格式。VRML 可用来在 Internet 上建造和变换虚拟世界，同时具有很好的交互性，可支持大量的用户。通过 VRML 浏览器，用户可以在虚拟场景中漫游，并可通过超链接到达新的三维世界。

④在 VRML 中，传统 VR 所采用的实时 3D 渲染引擎被更好地表现出来。这个特性使虚拟现实建模和实时访问之间明显分离开来，这也是 VR 不同于三维建模和动画的地方，后者预先渲染，因而不能提供交互。

⑤ VRML 最大的优点是它的网络特性，VRML 文件本身所占空间很小，这样便于通过网络传输。然而 VRML 也不同于虚拟环境的专用开发工具 VRT、WTK、MR 等。目前它对虚拟现实的外围设备的支持欠缺，也不支持在虚拟环境中创建虚拟环境。

⑥ VRML 是一种三维造型与渲染的图形描述语言，通过创建一个虚拟场景以模拟现实中的环境效果，可以在网络中创建逼真的三维虚拟场景，它改变了网络上 2D 画面的状态，实现了 3D 动画效果；同时，它还具有很强的交互能力和跨平台能力，使得 VR 在远程教育、商业宣传、娱乐等领域得到了广泛的应用。

6. VRML 的应用

目前 VRML 技术的发展还处于起步阶段，未来其应用将会更加广泛。协作、共享、分布、普遍，是 VRML 的独特标签，VRML 的存在，使虚拟现实世界变得更加丰富多彩。

（1）商业应用

VRML 能够极大地提高消费者的购物体验，例如，进入虚拟世界的虚拟商店，选择需要的产品，然后通过互联网支付，商家将商品寄给消费者。

（2）远程教育

VRML 在建造人体模型、化合物分子显示等领域方面有其独特的优点。数据逼真度极强，可以在教育界得到广泛的应用，极大地增强学生的想象力，激发他们的学习兴趣，并取得良好的教学效果。同时，VRML 也在不断发展与完善，逐渐与计算机技术、心理学、教育学等行业进行深度融合，未来应用于教育行业的机会更加广阔。

（3）娱乐应用

娱乐领域是 VRML 的一个重要应用领域。VRML 最大的特点就是可以通过网络交换三维场景描述性语言，构建出一个真实的 3D 场景，让玩家可以在虚拟场景中进行互动，从而提高玩家的游戏体验。目前，VRML 正朝着实时通信、大规模用户交互的方向发展。

4.4.3 建模技术

Web 3D 的实现技术主要分为建模技术、显示技术、场景交互技术。大部分的 Web 3D 技术都针对三维显示技术的网络应用开发，因此 Web 3D 技术主要特点就是对 3D 模型的网上三维交互演示，所以 Web 3D 技术的主要特色，就是三维交互演示。也就是说，Web 3D 作品的制作，都离不开 3D 模型。因此对 Web 3D 技术的用户来讲，要想制作出一幅让人满意的 Web 3D 作品，在保持完整的原创性的基础上，必须要充分利用 3D 的想象进行作品的空间设计。

尽管大部分 Web 3D 技术为 3ds Max、Maya 等三维软件提供输出插件支持，但是并不是全部都需要用户的帮助，比如 VRML、3DML 等，都可以通过源代码来实现模型的空间设计。而且，Web 3D 文件与 2D 图形文件不同，它的大小取决于它的模型，它的造型越复杂，它的文件也就越大。

1. 选择 3ds Max 建模的原因

VRML 是一种常见的三维图形与多媒体通用交换的文件格式，其基于建模技术，用于三维物体和场景的交互描述，让 3D 图形爱好者可以通过网络进行实时 3D 模型的渲染。

但是，人工编写 VRML 的场景模型文件 wrl 文档是一个非常复杂的工作，很难在大规模的场景模型中实现。因此，很多公司都没有按照 VRML 标准来做 Web 3D 软件，他们自己研发了专用的文件格式和浏览器插件，目前大概已有 30 多个相似的软件。这些软件都有自己的特点，在渲染速度、图像质量、造型技术、交互性、数据压缩和优化方面，都要优于 VRML。

近年来，很多软件制造商利用 3ds Max 构建场景模型，并安装了相应的输出插件，然后直接构建了一个场景模型文件。目前一些知名的 Web 3D 图形软件公司，如 Cult3D，可以将其特定的文件格式直接输出到 3ds Max 中。

制作数字展馆选择 3ds Max 软件的原因如下：

① 3ds Max 主要应用领域为建筑动画、建筑漫游和室内设计，且常用于室内和室外渲染的基本建模、材料分配、映射使用和照明创建的图形文件。

② 3ds Max 的性价比很高，一般的游戏公司都能够负担得起，这让游戏的成本大大降低，同时也减少了对硬件的需求，一般的计算机设备都能够满足用户的需求。

③ 3ds Max 拥有许多能够高效工作的插件。

④ 3ds Max 的开发过程简单、效率高，可以快速地掌握。

2. 三维复杂模型的实时建模与动态显示技术

三维复杂模型的实时建模与动态显示是虚拟现实技术的基础。三维复杂模型的实时建模和动态显示可以分为两类。一是基于几何模型进行实时建模和动态显示；二是基于图像的实时建模和动态显示。其中，Cult3D 是基于几何模型的实时建模和动态显示的技术，苹果公司的 QTVR 是采用基于图像的实时建模和动态显示技术。

（1）基于几何模型的实时建模与动态显示技术

在计算机上建立一个三维几何模型，通常以多边形的形式进行建模。在确定了观测点与观测方向之后，利用计算机的硬件实现了消隐、光照、投影等整个绘制过程，并生成了相应的几何模型图像。该方法的最大优势在于可以任意地改变观测点和观测方向，使人可以完全沉浸在仿真建模的环境中，并在模拟的过程中充分发挥自己的想象力，从而基本满足 3I，即“沉浸”“交互”“想象”三个层次的虚拟现实技术需求。目前，基于几何模型的建模软件有很多，其中 3ds Max 和 Maya 是最常见的。大部分 Web 3D 软件都支持 3ds Max，可以将其产生的模型导入其中。

（2）基于图像的实时建模和动态显示技术

从 20 世纪 90 年代起，人们就一直在思考，怎样才能更容易地获得三维的环境和对象的信息。人们希望通过相机完成场景的拍摄后，自动得到所摄环境或物体的二维增强表象或三维模型，即基于现场图像的 VR 建模。在构建三维场景时，选择一个观测点设置相机。每一次转动，都会捕捉到一张图像，然后存储在计算机里。在此基础上进行图像的拼接，也就是将物体空间中同一点在相邻图像中对应的像素点对准。将拼接后的影像进行切割和压缩存储，以生成全景图。基于现场图像的虚拟现实建模技术有着广阔的应用前景，特别适用于难以通过几何模型方法构建真实感模型的自然环境，以及实际应用中要求真实再现环境的应用。而相对来说，基于图像的建模技术，只能收集真实的数据，而不可能让 VR 设计者完全自由发挥。

三维建模可以是三维扫描自动建模或者人工建模。它们最终的成果都是为了得到目标实体的带表面纹理贴图的三维模型数据。

人工建模指通过三维建模软件（3D modeling software），在参照实物照片、相关数据的基础上对实物的空间结构进行三维化复原，并通过纹理贴图（texture）使三维化数据具有贴近真实物体的质感与效果。

目前，人工建模存在两个问题：

其一：当增加新的藏品时，只有专业人士才能完成新藏品的建模工作。

其二：精细度低的模型可以获得流畅的交互体验，但难以获得藏品的真实观感；精细度高的模型可以逼近藏品真实观感，但需要用户终端具备较高的硬件运算能力。无法适应更广范围的互联网用户。

三维扫描则是通过设备完成多角度光学和距离采集，软件运算出目标对象表面的空间位置及纹理信息。目前民用级别的扫描设备精度仍然差强人意，如利用家用游戏机体感采集设备 Kinect 的 X 探测和光学感知，可以获得物体的三维模型。其优点是效果连续、可自由漫游场景或以任意视角观察物体。缺点是对用户端显卡性能要求较高，要获得精致的细节建模成本较高。

3. Web 3D 产品建模可视化应用特征

Web 3D 产品建模可视化可以通过浏览器查看产品 3D 建模，并且在互动操作下，可以任意地旋转和缩放查看产品细节和纹理，并且对产品进行 360° 全方位查看，单击即可查看产品介绍和材质，以及一键单击即可更换颜色进行观看，互动性极强。相比于传统线下展示产品，在时间和空间上都存在局限性，但是 Web 3D 产品建模却不需要考虑这些因素，不受时间和空间的限制。Web 3D 产品建模可视化三维模型展示更具有优势。

4. 3D 产品建模三维模型如何展示

3D 产品建模三维模型展示可以使用户足不出户在线上参观展品，并且在交互操作之下对展品进行全方位查看，这不仅满足了客户对于展品的需求，而且还提供了更加便捷的观看条件。3D 产品建模三维模型展示的融入，不仅可以为电商行业扩大受众群体，而且能够为客户提供更好的服务体验。互联网时代，Web 3D 产品建模可视化三维模型展示已经成为大势所趋。三维模型展示如图 4-18 所示。

图 4-18　三维模型展示

5. 建模时应遵循的规范

Web 3D 中所用的虚拟模型和游戏相似，所以一定要用建模，不建议直接用效果图的模型。因为在虚拟现实中，所有的运行画面都是通过 CPU 和显卡来实时计算的，如果使用一个复杂的模型，那么游戏的运行速度会大幅度下降，甚至会导致系统崩溃无法运行。如果模型面数太多，那么文件容量就会变大，在网络上发布也会增加下载时间。在大量的建模实践中，并结合著名的国产 Web 3D 虚拟现实软件 WebMax 的实际应用，从而总结出以下的模型规范：

（1）重新建模比改精模的效率更高

在实际的工作中，重新建模比在精模上修改要快得多，再次推荐尽可能地新建模型。比如：从一个模型库中提取一沙发模型，有 1 573 个扶手模型面数，而重新建立相同大小的沙发，模型面数是 176 个，建模速度快的同时制作方法简单、精简程度高。

（2）对象的命名

对象的名称不得多于 32 个字节，模型、材质和贴图名都不能用中文名称，否则在英文的操作系统里浏览虚拟场景会有问题。与此同时，在网络虚拟现实开发平台 WebMax 中，也不识别中文名称的贴图文件。

（3）场景中模型创建所采用的尺寸要合理

场景的起始单位非常重要，使用的大小必须符合实际情况，如果没有特殊说明场景的单位，精确到厘米即可。如果是一个城市的规划，用毫米来表示，就会造成文件编辑的时候数据很大，一旦确定了场景单位，就不能随便更改。

（4）单个模型的面数不要太多

严格控制模型的面数，弧形结构在保证效果的情况下，尽量控制面的数量，一般情况下，单个模型的面数不能超过一万个，这是网络虚拟现实，而不是一幅效果图。在使用面片建立模型时，若不对曲面进行异形编辑，就可以将其截面上的段数降到最低，从而简化模型的面数。

（5）烘焙和输出前，注意模型是多边形格式

烘焙的模型如果是一个多边形格式的模型，要比网络模型更利于贴图的 UV 分布，而且在输出场景的过程中，多边形可以加速场景的输出，不会有任何的错误，而且要保证模型的三角面的形状是等边三角形，而不是长条形，因为长条形的面不利于实时渲染，还会出现锯齿、纹理模糊等现象。

（6）删除多余的面

在构建模型时，不能看到的部分不能进行建模，将单个模型中看不到的面都删除，这样可以增加贴图的使用效率，降低整个场景的面数，从而加快交互场景的运行速度，如柱子的底面和顶面、贴着墙壁物体的背面等。

（7）面片物体的使用

用面片表现复杂造型，可以用贴图或实景照片来表现，例如窗框、树木、复杂的雕塑等。面片所用到的贴图，用带通道的 tga 或者 png 格式的文件。要注意的是，tga 和 png 文件必须放在 diffuse 通道中，而不是透明通道。

（8）拆分物体

为了减少一个模型占用大量的空间对裁剪优化运算不利，可以将其分解成一个个独立的模型。

（9）模型不要有裂纹

模型上不能有裂纹，不然画面会抖动，而且锯齿很厉害，细小的模型或其细节都要用贴图来显示，这样可以减少画面闪动。

（10）合并物体要合理

相同材质的模型，远距离的不要合并，材质类型相同的模型，如果相隔距离很远，就不要将其进行合并，否则会影响运行速度。

（11）捕捉功能的使用

在建模过程中，尤其是在建筑室内的模型，要使用捕捉功能，尽量减少虚拟场景中的锯齿，养成捕捉模型的习惯对初学者至关重要。

（12）物体间的距离要合适

保持模型面和面的距离，建议最小间隔为目前的最大尺度的 1/2 000，比如在制作一个室内场景时，物体的面和面的间隔不能少于 2 mm，在制作长或宽为 1 000 m 的室外场景时，物体的面和面的间隔不能少于 20 cm，如果物体的面和面的距离过近，就会产生两个面交替出现的闪烁现象，而且要选择合适的模型密度，否则会影响以后的运行速度；若模型密度不一致，则会造成系统的运行速度时快时慢，故建议采用合理的分布场景模型的密度。

（13）可以复制的物体要尽量复制

如果一个 1 000 个面的物体，烘焙好之后复制出 100 个，那么它所消耗的资源基本上和一个物体所消耗的资源一样多，所以模型要尽量复制使用。

（14）个别模型应使用贴图的方式加以表现

为了达到更好的效果和更有效的运算速度，在场景中可以将复杂的模型换成平面，再利用贴图来呈现植物、装饰物和模型的浮雕。另外，最好不要把细长的东西做成像窗户、扶手等模型。

这是因为这种细长的条状物体只能增加当前场景中的模型数目，而且在实时呈现的时候，会有锯齿状、闪烁等情况，而对于细长的条状物体，则可以通过贴图的形式呈现出来，其效果非常细腻，真实感也很强。

4.4.4 显示技术

近年来，计算机图形学在软硬件上都获得很好的发展。基于 Web 3D 技术的行业应用不论深度还是广度也都获得了业界认可。Web 3D 技术是个热度很高的词，之所以热是因为它有着独特的行业应用个性优势：从二维到三维，所见即所得。

Web 3D 技术实现的第一大部分是建模技术，第二大部分便是显示技术。顾名思义，把建立的三维模型描述转换成人们所见到的图像，就是所谓的显示技术。显示技术通过计算机运算而成，用户无须过问，只要选择显示质量能满足要求的技术即可。

需要注意的是，在浏览 Web 3D 文件时，一般都需要给用户安装一个支持 Web 3D 的浏览器插件，这个对于初级用户来说也是一件麻烦的事情。但 Java 3D 技术在这方面有很大优势，它不需要安装插件，在客户端用一个 Java 解释包来解释就行了。

Web 3D 的显示技术，是从 2D 到 3D 的图像展示，从二维平面转换为三维物体。利用 Web 3D 显示技术，我们能够真正实现网上观看真实物品的每个细节，仿佛真实物品就在手中。现如今，3D 展示技术运用得越来越广泛，早期主要应用于汽车、航空、机械等。如今随着电商行业的逐渐兴起，还有家具、服装设计、房产、珠宝、医疗、玩具等领域。

首先，基于 Web 3D 技术的产品展示能够有效地帮助客户从整体到细节、外观到内里多维把握产品信息，了解产品形态。

其次，Web 3D 技术除了能够仿真模拟原件的材质、外观，还对产品的各个部件进行剖面展示，并根据产品的运动原理进行 3D 动画模拟。我们可以详细地看到产品各个角度，并通过剖切功能清晰地查看内部结构，了解产品的内部结构和形态。据此，客户得以全方位了解产品的信息。

最后，基于 Web 3D 技术的产品展示是三维的，能够提炼、展示产品卖点。通过产品动画深刻演示产品的工作原理、操作过程等，通过背景音乐和场景来更好地展现产品，给人以身临其境的直观体验。

4.4.5 场景交互技术

网络最明显的特征在于其交互性，网络的关键在于交互。Web 3D 场景交互技术是一种可以在浏览器中显示和交互 3D 内容的技术，它是网页上实现 VR、AR（增强现实）和 MR（混合现实）的技术基础。Web 3D 技术的运用丰富了用户和场景之间的交互。同时，在交互的场景中，用户和用户的交流也将成为可能，特别是利用场景交互技术实现企业和客户的交流，促成双赢局面。Web 3D 交互功能的强弱由 Web 3D 软件本身决定，用户可以通过适当的编程来改善软件的不足，以满足本身需求。

系统的互动功能主要是以 3D 场景直接触发、二维用户界面按键控制等方式，使观众能够在 3D 虚拟场馆中感受到灯光、音响、视频播放等特效。这样，用户之间的交互就可以达到人机交互的目的，同时也可以确保用户的观察和分析更加个性化和多样化。

虚拟现实系统不但可以让人在客观的物理世界中体验到“身临其境”的逼真，还可以突破时间、空间等客观条件，让人体会到在现实生活中所没有的体验。通常在场景中漫游是以第三者视角为起点，俯视全局，2~3 秒后转换为第一视角，在入口处进行漫游，采用 Unity 3D 技术进行动态互动。

1. 场景交互技术的特点

① 在所有浏览器中呈现 3D 内容，也可以在微信中直接开启和转发。

② 多平台使用，无论是 Windows、Android 还是 iOS 系统都能运行，且具有一致的视觉效果。

③ 不用安装，只要有浏览器就能开启，程序自动实时更新。

④ 能实时变换 3D 材质、部件配置组合，所见即所得。

2. 虚拟现实场景设计

广义的场景包括地形模型、建筑模型；狭义的场景包括地形编辑、场景中物体的布置和灯光的设定。虚拟场景构建可以分为两类：一是基于图像建立模型，二是基于图形构建场景。

（1）基于图像构建虚拟现实场景

一个完整的虚拟现实系统由三大要素构成：人、虚拟场景、人与人之间的交互界面。虚拟场境是最主要的。

虚拟场景是建立在图像基础上的，即 IBMR 技术。该方法利用有限的已知图像（样本图像）生成新的图像，使其能在任何角度观察。该方法不依靠立体几何建模，而是以相机拍摄的离散影像或摄影机所拍摄的影像为基本资料，经影像处理后产生实景影像，再以适当的空间模式将其组织成虚拟实景空间。

该方法分为三个步骤：第一步是观察点的离散取样，即摄影。由于不能将全部的视角都拍进去，因此只能在一定的间隔时间内拍下一幅图像，故称为离散视角取样；第二步为模拟所采集的影像；第三步是进行任意视角重采样，即在漫游中，其视角可以到达任意视角，并由离散视角合成一个新视角。

基于图像的虚拟现实场景，要求计算机具有较大的记忆容量，同时具有较强的真实效果。如果需要的话，需要将 3D 建模技术与之相结合，其工作流程如下：

① 利用技术去除背景中不相关的物体，在特定的位置以不同的角度获取一幅图像，以获取充分的图像素材。

② 由获取的图像数量和焦距计算公式来确定投射圆柱半径。

③ 按照投影算法，将每个图像投射到以摄像机焦距为半径的柱面上。

④ 通过对投影图像的匹配和拼接，得到了圆柱形的全景拼图。

⑤ 建立立体模型，建立一个虚拟的环境。

⑥ 将 3D 模型拖入以全景影像为背景的窗口，并与之进行合并，形成一个虚拟场景。

⑦ 通过对窗口内所看到的景物进行反投影，获得任意方向的立体景物。

（2）基于图形构建虚拟现实场景

基于图形构建虚拟现实场景需要开发者具备熟练的建模技术，所建立的虚拟场景具备大量计算机矢量建模过程，对硬件系统及性能要求极高，所建模型便于人机交互的实现。随着矢量建模及图像纹理粘贴融合技术的出现及发展，三维景观逼真性已大大提升，不过对虚拟环境硬件性能的要求也越来越高。

本章小结

本章介绍了虚拟数字展馆设计需要使用的相关技术。在设计数字展馆的过程中可以使用多种方法对场景以及内部物品进行还原，通过三维虚拟技术与三维全景技术可以最大程度设计数字展馆样貌，通过三维全景技术一比一还原真实场景，通过 Web 3D 技术可以将展品进行真实还原，为设计数字展馆提供帮助。

知识点速查

- 虚拟现实的技术主要包括多感知性、浸没感、交互性和构想性四个重要特征。
- 虚拟现实技术一般主要分为四个大类：桌面级的虚拟现实、投入的虚拟现实、增强现实性的虚拟现实、分布式虚拟现实。
- 常见的桌面级虚拟现实有基于静态图像的虚拟现实技术与 VRML；常见的沉浸式系统有：基于头盔式显示器的系统、投影式虚拟现实系统、远程存在系统。
- 三维虚拟模型在技术呈现上注重画面质感的呈现，在灯光设计与碰撞检测上，需要多加注意。
- 三维全景技术采用实地拍摄的照片建立虚拟环境，完成虚拟现实创建，利用数字图像处理等计算机技术对实景照片进行图像处理，为用户提供关于视、听、触觉等极具逼真效果的感官模拟，使用户突破空间限制，有身临其境般的体验。
- 三维全景技术具有强真实感、实地拍摄、高沉浸感等特征。
- 360° 全景图共有三种风景型和一种对象型（也称物体型）。
- 360° 全景技术的优势有：真实感强，无视觉死角；用户可以通过鼠标对场景进行任意的缩放大小与拖动操作；数据量小，硬件要求低，建模成本低并且速度快；对浏览器端硬件无特殊要求，用户只需上网打开网页便可观看；显示效果与真实场景一致，高清晰度的全屏场景，令细节表现更完美；实景漫游系统支持雷达式地图，使用户具有良好的体验感。
- 三维全景线上虚拟数字展馆相比于传统图片与视频，提供了更多了沉浸式、交互式的体验，观众可以拖动鼠标观看展厅中的全部场景，物体可任意旋转观赏，单击查看物体相关属性，使观众体验更加真实且趋于人性化。
- 三维全景线上数字展馆的核心关键在于沉浸式与交互式的仿真真实浏览体验，让观众足不出户就可以身临其境感受。
- Web 3D 是基于 Internet、依靠软件技术来实现的桌面级虚拟现实技术。简单来讲可以将其看成 Web 技术和 3D 技术的结合，其目的是在互联网上建立三维的虚拟世界，实现实时三维模型的浏览，并可以实现动态效果和实时交互。
- Web 3D 实现技术大体可以分为四类：基于编程的实现技术、基于开发工具的实现技术、基于多媒体工具软件的实现技术和基于 Web 开发平台的 SDK 的实现技术。
- 基于开发工具的实现技术开发过程一般包括：建立或编辑三维场景模型、增强图形质量、设置场景中的交互、优化场景模型文件、加密。

- 由于 VRML 具有分布式、三维、交互性等多项独特优势，因此利用 VRML 可以创建多媒体通信、分布式虚拟现实、设计协作系统等全新的应用系统。
- VRML 语言不同于其他语言，它是一种造型语言，对使用者的编程功底要求不高，灵活性与交互性较强，并能够跨越多个平台。
- 基于几何模型的实时建模与动态显示技术是在计算机中建立起三维几何模型，一般均用多边形表示。
- 基于图像的建模技术是用摄像机对景物拍摄完毕后，自动获得所摄环境或物体的二维增强表象或三维模型。
- 三维扫描成型技术是用庞大的三维扫描仪来获取实物的三维信息，价格较为昂贵。
- Web 3D 产品建模可视化可以不受时间与空间的限制，摆脱局限性的同时，能够对产品进行 360° 全方位交互查看。
- 建模时应注意一些问题，如对象的命名、模型创建所采用的尺寸、合并物体的合理性与面片物体的使用等。
- 显示技术就是把建立的三维模型描述转换成人们所见到的图像，具有在线无差别浏览、内容图形可视化、轻量化模型、数据安全保障、支持多种软件格式、兼容所有终端等优势。
- 场景交互技术具有许多特点，如可以在浏览器中呈现 3D 内容，也可以在微信中直接开启和转发，多平台使用，无须安装，能实时变换 3D 材质等等。

思考题与习题

4-1　什么是虚拟现实技术？

4-2　虚拟现实技术最主要的特征有哪些？

4-3　三维虚拟技术具有哪些特点？

4-4　三维虚拟技术的基本交互任务共有几种？分别是什么？

4-5　三维虚拟技术常用硬件设备大致可分为几类？分别是什么？

4-6　在制作三维虚拟模型时，灯光设计起到什么作用？

4-7　碰撞空间的算法大致可分为哪两类？

4-8　在制作三维虚拟模型时，未对碰撞检测进行测试，会导致什么后果？

4-9　什么是三维全景技术？

4-10　三维全景技术的制作可分为哪两个步骤？

4-11　三维全景技术可分为哪几类？分别是什么？

4-12　基于实景图像绘制的三维全景技术又分为哪几种方法？

4-13　三维全景技术有哪些优势与特点？与传统虚拟现实技术相比，其优势主要在哪？

4-14　什么是 360° 全景图？

4-15　请简述 360° 展品制作原理。

4-16　360° 全景图共有哪几种类型？

4-17　请简述 360° 全景技术的优势。

4-18　相比一般的效果图和三维动画，360° 全景效果图具有哪些优势?

4-19　三维全景线上数字展馆具有哪些优势?

4-20　什么是 Web 3D 实现技术?

4-21　Web 3D 的实现技术可以分为哪几种? 分别是什么?

4-22　VRML 制作大致可分为哪几个阶段?

4-23　VRML 的访问方式是什么?

4-24　Web 3D 的实现技术主要分哪几部分 ?

4-25　3ds Max 相对于其他软件，具有哪些优势?

4-26　三维复杂模型的实时建模与动态显示技术可以分为哪两类?

4-27　Web 3D 显示技术具有哪些优势?

4-28　虚拟场景设计分为哪两类?

第5章 展馆展示的新技术应用

本章导读

本章共分四节，首先介绍3ds Max软件、Unity 3D软件，之后介绍虚拟展馆内漫游与设计与数字展馆实例展示。

现如今，在各地展馆的不断升级改造中，各种展示人文、历史、城市、企业发展的展览馆、博物馆、企业展厅等也越来越趋向智能化。对于展馆设计行业来说，数字化展示技术是常用的展示手段，通过这些展示技术的应用，提升观众的互动体验感。随着技术的不断进步，越来越多的新技术以其独特优势走入大众视线。

本章从展馆展示新技术入手，详细讲述3ds Max、Unity 3D软件与其基本操作，并介绍虚拟展馆内漫游与设计相关知识，最后展示利用3ds Max、Unity 3D软件设计的数字展馆界面，为读者提供操作参考。

学习目标

- 掌握3ds Max与Unity 3D软件的相关知识。
- 学习数字展馆漫游的空间关系。
- 学习数字展馆相关设计。

知识要点、难点

1. 要点

- 熟记数字展馆漫游的空间关系。
- 熟悉数字展馆相关设计内容。

2. 难点

- 学会3ds Max软件的基础操作。

◆ 学会 Unity 3D 软件的基础操作。
◆ 总结完成数字展馆建设所需相关功能。

5.1 3ds Max 建模渲染和制作

5.1.1 3ds Max 简介

1. 3ds Max 的发展概况

Autodesk 3D Studio Max，又名 3ds Max，是由 Autodesk 公司开发的以 PC 为基础的 3D 动画制作与绘制软件。它在 1990 年由 Autodesk 的多媒体部门正式发布。1996 年 4 月，首个 3D Studio 1.0 版问世。从那以后，3ds Max 就一直在研发各种各样的外挂，并且吸取了很多优秀的外挂，成为了一款成熟的大型 3D 动画软件，它拥有完整的建模、渲染、动力学、毛发、粒子等功能，同时还拥有一个完整的场景管理系统，以及多个用户、多软件的协同工作。

2005 年 10 月 11 日，Autodesk 公司公布了官方的 3ds Max 8，使 3ds Max 正式进入中文使用者的视野。2009 年 4 月，3ds Max 正式上市，Autodesk 公司通过并购、收购等整合方式，使 3ds Max 成为一个近乎完美的动画制作工具，同时也在机械和建筑领域进行整合。3ds Max 2013 的发布，为使用者带来了更高的制作效率及令人无法抗拒的新技术。3ds Max 2016 版本提供了迄今为止最强大的多样化工具集。3ds Max 2018 的界面有了质的飞跃，而且支持中文、英文、法语、德语、日语和葡萄牙语六个国家的语言。3ds Max 2020 扩展了对 OSL 着色的支持，并且新增 14 个新的 OSL 着色器，此外还拥有高效灵活的工具集，使用户可以快速生成专业品质的 3D 动画、渲染和模型，在性能和稳定性方面也进行了加强。

3ds Max 在硬件上的需求相对较小，因此三维动画设计者可以通过相应的硬件配置来实现 3ds Max 的应用；其次，3ds Max 用户众多，学习材料、书籍也更多，这对设计者的自学很有帮助；第三，3ds Max 的性能更好，它拥有大量的插件，能够胜任游戏制作、电视节目和广告制作，并具备很强的动画效果。

2. 3ds Max 的功能分类

3ds Max，主要用于建筑仿真、石墨工具（包括自由外形雕刻、纹理绘制和高级多边形建模），可以完美地模拟人物和复杂、细致、逼真的场景，通过 CAT 的高阶人物，可以很容易地完成人物的动画，强大的粒子流系统可以为电影后期、电视节目包装和广告提供特殊的效果。所以，可以将数码软件的功能进行归类，大体分为角色动画、虚拟展示和后期制作三个部分。

（1）角色动画

角色动画是一种特殊的动画，它包含了电视和电影。在这些动画中，人物的形象是非常真实的，细致到他们的面部表情和行为都异常真实。大多数数码软件都具备角色动画的功能，例如 Animo，其具有传统动画制作流程的特性，其工作接口是以传统动画为导向的，而扫描后的作品则保留了画家的原有线条；还有 Flash，号称大众动画软件，它不但拥有简单的向量绘图和着色能力，还能做一些简单的动作动画，在此，可以将动画分成逐帧动画和补间动画。Flash 动画在互联网上得到了广泛的应用。此外，3ds Max、Maya、Softimage 等主要的 3D 动画软件，都是可以制作多边形模型、细分曲面模型的便捷动画工具。

3ds Max 公司特有的 Character Studio 人物开发系统拥有丰富的绘图插件，以及易于操作的操作界面，可以轻松地完成复杂的动画。随着数码技术在影视行业的不断渗透，越来越多的数码公司将目光投向了全 3D 动画的巨大市场，所以 3ds Max 作为三维软件的代表，凭借其出色的性能，在动画行业中得到了广泛的认同。

此外，多年来，3ds Max 作为一款高效率的动画软件，被广泛地用于游戏资源的创造和编辑。3ds Max 和游戏引擎的强大组合，为游戏开发者提供了大量的需求，让设计者能够充分利用自己的创意潜力，专注于最流行的作品。

（2）虚拟展示

虚拟展示动画就是通过计算机仿真创造出一个立体的虚拟世界，为使用者提供视觉、听觉、触觉等各种感觉，让使用者仿佛置身于真实的场景之中，能够及时、无限制地看到三维空间中的一切。该动画在各个行业中得到了广泛的应用，如城市规划、数字城市建设、房地产开发等，可以让使用者在视觉上产生强烈的、逼真的视觉冲击，同时也可以让政府规划部门、项目开发商、工程人员和市民，在任何角度都可以即时地看到规划效果，了解城市的形状，了解规划者的设计意图，而这些都是平面图、效果图、沙盘无法做到的；此外，在医学、军事演习、航天工业、工业仿真、文物古迹、教育教学、游戏娱乐等领域，均有广泛应用，既节约了经费，又突破了时空的局限。

（3）后期制作

后期制作是利用数码技术对实际生活中无法实现的、耗费巨资的工作进行数字化，以实现预期的效果。这在电视节目的后期制作、节目包装、广告等领域都有很大的应用。由于 3ds Max 本身的强大性能以及大量的特效插件，使得制作过程更为容易，因此很多知名制作公司都是以 3ds Max 为主要的 3D 制作软件，并因其出色的作品获得了业内的广泛认同。一大批经典电影，其中都有 3ds Max 特效。3ds Max 和 Maya 可以大大提升制作的效率和质量，3D 建模软件可以让 3D 模型变得更加逼真，更加炫目。

3. 为什么选择 3ds Max

3ds Max 的功能很强，涵盖了很多领域，比如建筑、工程、影视、教育、交通等。由于 3ds Max 技术易于学习、价格低廉，因此它是 PC 上应用最多的 3D 建模软件，主要表现为：

① 功能强大、易于扩充：具有多种模型化的特点，其最大优点是动态显示。

② 易于操作，易于入门：适合初学者使用。

③ 能与其他软件很好地结合使用。

④ 做出来的模型非常真实。

3ds Max 拥有许多强大的功能，包括基本外形建模、多边形建模、面片建模、NURBS 建模等，这些都是针对建筑的需要而设计的，3ds Max 可以随时根据需要进行建模。另外，3ds Max 还可以贴图、绘制 3D 模型，并可以设定光线效果，这都是很有实际意义的。3ds Max 可以直接使用

“MAX”格式的文件，还可以用其他格式的图片文件，如“.fbx”“.3DS”“.DWG”“.AL”。3ds Max 最大的优势就是可以和其他的软件结合，比如将自己制作的模型文件导入其他的软件中进行修改，也可以通过 3ds Max 进行绘制。

3ds Max 在精度上优于其他软件，并且能够精确地捕获模型的尺寸和位置，从而确保模型的逼真。但 3ds Max 也有自己的不足之处，那就是 3ds Max 的制作太过精细，这让 3ds Max 变得更加复杂，而且大部分都是人工建模，这就造成了一个很大的问题：3ds Max 并不适合制作大型的三维模型，会耗费大量的时间和精力。

4. 3ds Max 的建模方式

三维建模是三维设计的首要环节，是整个三维空间的核心与基石。如果没有一个好的模型，很难做出好的结果。3ds Max 模型的建立方法多种多样，除了几何模型、挤压图形、车削、放样建模和组合对象等基本建模之外，还包括多边形建模、曲面建模、NURBS 建模等先进建模技术。

建模的基本技术包括如下几个方面：

2D 建模，使用样条曲线和图形来生成 2D 图像，是以 x、y 两个坐标来代表一个图形物体。建立方法：通过使用图形面板来生成一个简单的二维物体，通过调节和修改面板的参数来生成更加复杂的二维物体，通过挤压、旋转、放样等方法建立二维立体模型。

3D 建模，利用基础模型、面片、网格、细化和变形，创造出立体的对象。用 x、y、z 来代表一个目标。创建方式：使用标准几何体，扩展几何创建基础模型；复合对象的组合成型；也可以用多边形网格、曲面片、NURBS 来建立一个复杂的模型。

二维放样，首先建立目标的剖面，然后将其放置在特定的路径上，然后沿着剖面插入一个表面或者表皮，从而生成一个立体的对象。

造型组合，将已有的对象合并组成一个新的对象。在这些算法中，布尔操作和图形合并是最主要的两种产生方法。

（1）基础建模

① 内置模型建模。内置模型建模是将系统所提供的几何图形相结合，形成一个立体的三维模型，这是 3ds Max 最简单的建模技术。内置模型是一个可以在系统中直接生成对象的模型，有标准几何和延伸几何。内置模型既能建立简易模型，又能为建立复杂的模型奠定基础。通过编辑内置模型，可以创造出不可思议的、非常复杂的模型。

② 二维形体建模。二维形体建模是由两个坐标值的样条曲线和形体构成的。样条曲线是一种特殊的数学规律。在 3ds Max 中，有圆形、矩形、椭圆等不同的形状。三维造型技术在三维空间建模中有着举足轻重的作用：利用样条曲线生成动画路径、曲面模型以及 NURBS 物体；通过挤压、车削等加工，可以将二维形状转换成立体的物体。

③ 挤压建模。首先对模型进行剖面曲线的绘制，然后使用曲线编辑器对其进行修正或者布尔操作。在确定了拉伸高度之后，通过法线对剖面进行挤压，形成一个立体。挤压成型技术是从二维图像到三维图像的一种重要手段。

④ 车削建模。首先将一个轴对称对象分解成一条曲面，并在此基础上画出一条曲线，并利用

曲线编辑器对其进行修正或布尔操作。在确定了转动轴线和转动角度后，将横断面曲线绕中心轴线转动，形成一个对称的立体模型。车削造型又称为转动放样，类似于挤出造型，是从平面到三维的一种基本方式。

⑤ 放样建模。放样建模是把平面模型转换成三维模型的一种方法，其使用范围比挤压建模和车削建模要大得多。它是把两个或更多的平面图形结合成一个立体的对象，也就是说，把不同的剖面用一条路线进行组合，从而形成一个立体模型。基本技术是建立通道和剖面。放样过程中，必须有两条以上的平面曲线：一条是确定放样目标深度的放样路径；另一条是测量剖面，确定放样对象的外形。路径可以是开放的或封闭的，但是一定要有一个独特的线。剖面也可以是开放的，也可以是封闭的，而且不受数量的限制，可以使用不同的曲线。在放样时，可以根据剖面和轨迹的改变来建立复杂的模型，而挤出是一个特殊的模型。放样建模技术是一种非常复杂的三维模型，它被广泛地用于三维建模。

⑥ 复合物体建模。复合物体是由多种模型形式组成的混合体，又称为组合体。三维合成目标的造型技术是把现有的三个对象结合在一起，形成一个崭新的立体对象。

（2）高级建模

3ds Max 有三种高级建模技术：网格多边形建模、面片建模、NURBS。

① 网格多边形建模。多边形模型是一种非常传统的、经典的造型方法。多边形模型有两条主要的指令：一是可编辑的网格（editable mesh）和可编辑多边形（editable poly），任何几何形状都能被压缩成可编辑的多边形网格，曲线可以坍塌，被封闭的曲线可以被压缩成曲面，从而获得多边形模型的原材料。该方法具有很好的兼容性，其特点是所生成的模型所需的系统资源最少，运算速度最快，而且可以在很小的面数下完成更复杂的模型。该方法将多边形分成三个不同的平面，利用编辑格子修改器或者直接将目标压缩为可编辑的网格。该技术的核心内容包括：在推拉面上建立基础模型，然后加入光滑网格修正器，使曲面光滑，并提高精度。这一技术运用了大量的点、线、面的编辑，对空间的控制力有很高的要求。能够很好地建立一个复杂的模型。编辑多边形是一种基于栅格编辑技术的多边形编辑技术，类似于编辑网格，将多边形分割成四边形，其基本原理和编辑网格一样，只不过是一种不同的处理方式。虽然编辑多边形和编辑网格所使用的面板参数基本上是一样的，但编辑多边形更适用于建立模型。3ds Max 的每次更新都在技术上改进了可编辑多边形，使得其在许多方面超越了编辑网格作为多边形模型的主要工具。

② 面片建模。面片建模是基于多边形造型的发展，但是由于是一种相对独立的模型，面片造型克服了面片难以进行弹性编辑的困难，因此可以采用与 BEZIER 曲线相似的方法对曲面进行编辑。曲面和样条曲面在原理上是一样的，都属于 BEZIER 方法，并且可以通过调节曲面的控制点数量来实现曲面曲率的变化。与样条曲线的区别是：曲面是三维的，所以它可以分为 x、y 和 z 三个方向。曲面模型的优势在于可以减少顶点的编辑，并且可以利用更少的细节来生成平滑的物体表面和表皮。

③ NURBS 建模。NURBS（非均匀有理 B 样条曲线）是一种基于数学理论的计算公式的模型化方法。该方法是根据控制节点来调整曲面，NURBS 就像是曲线一样。NURBS 是一种不相容的有理基础曲线，它是一种特殊的样条曲线，它具有更好的控制和更光滑的特性。如果配合放样、

挤压、车削等工艺，就能制造出各种形状的表面对象。NURBS 建模是一种描述复杂的物体非常好的方法，尤其是在制造飞机、汽车、动物等复杂的生物表面和流线型的工业产品时，不能创造出有规律的机器或者建筑物。

5.1.2 3ds Max 建模渲染和制作

不管是一个 3D 场景，还是一个 2D 界面，3ds Max 都能完成。它的基本流程与动画制作的流程类似，包含了交互元素的生成、动画的交互实现、输出文件的生成，但是交互的原型不需要骨骼、粒子等高难度的动画，一般的移动、缩放、旋转、材质的变化基本都能满足。

首先，构建主要的要素，包括场景、对象模型、指针、摄像机等，在有操作板的情况下，还要创建一个练习操作面板。在创建元素时，要注意模型的缩放和压缩文档的尺寸；而对于在造型上有困难或者需要特殊颜色变化的操作面板，则可以使用贴图的方式，但是要将面板上的各个要素分开，并分别绘制，以便在以后的互动中进行调整和修改。相机的设置也要考虑，相机的角度范围会影响输出文档中的窗口，因此可以根据用户的实际需求来调节，比如 1 024 × 768、1 280 × 1 024 等。同时，在建立虚拟环境的时候，要注意对虚拟环境中对象的属性进行分类，比如对象在交互过程中会发生相应的改变，轨迹如何，哪些可以利用贴图，哪些需要建模等，这些都是按照特定的交互任务来划分的。这样可以利用贴图来缩短模型所需的时间，从而避免由于大量的散乱对象而导致软件的使用变得复杂，从而提高制作和修改的效率。

本书中实例主要介绍了车削建模的应用。下面简单介绍瓷器的制作：

① 打开 3ds Max 软件，创建新场景，进入软件工作界面。3ds Max 工作界面如图 5-1 所示。

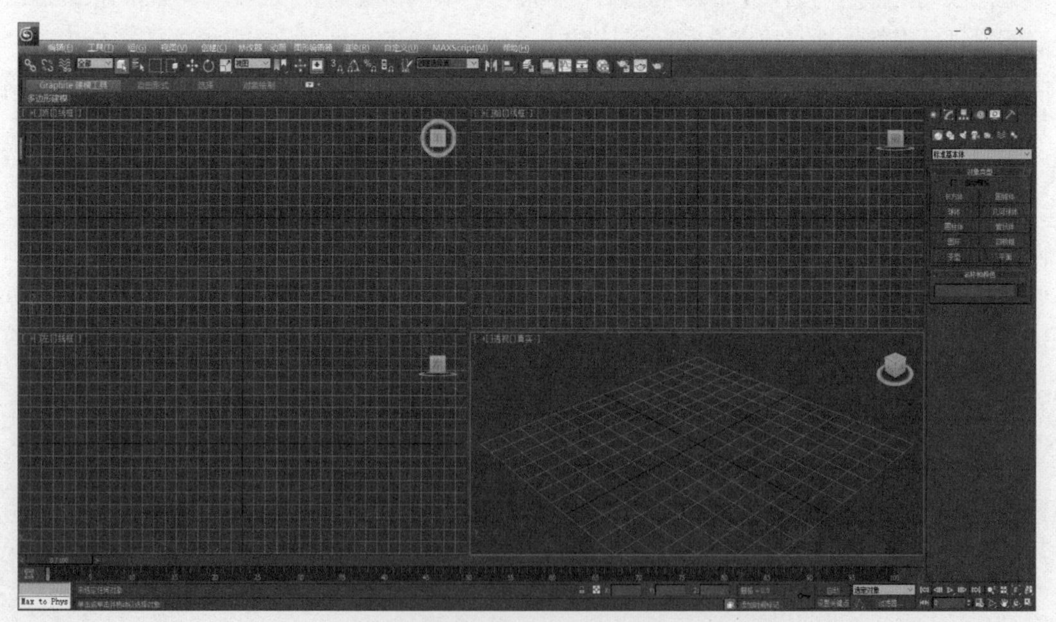

图 5-1 3ds Max 工作界面

② 单击前视图，按【Alt+W】组合键放大左视图，如图 5-2 所示。

图 5-2　放大左视图

③ 单击右侧图形，单击“线”工具，在前视图中画出瓷器的半剖面线型。半剖面线型如图 5-3 所示。

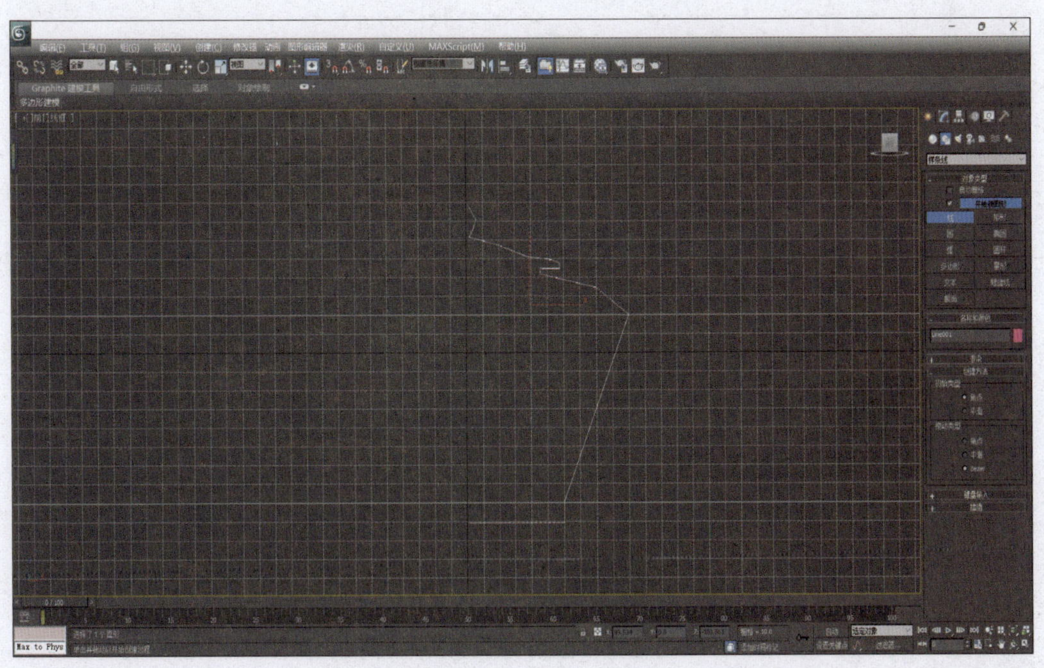

图 5-3　在前视图中画出瓷器的半剖面线型

④ 调整图形，单击右侧“修改器列表”，单击 line 左侧的“+”，找到下方的顶点并选中。调整图形如图 5-4 所示。

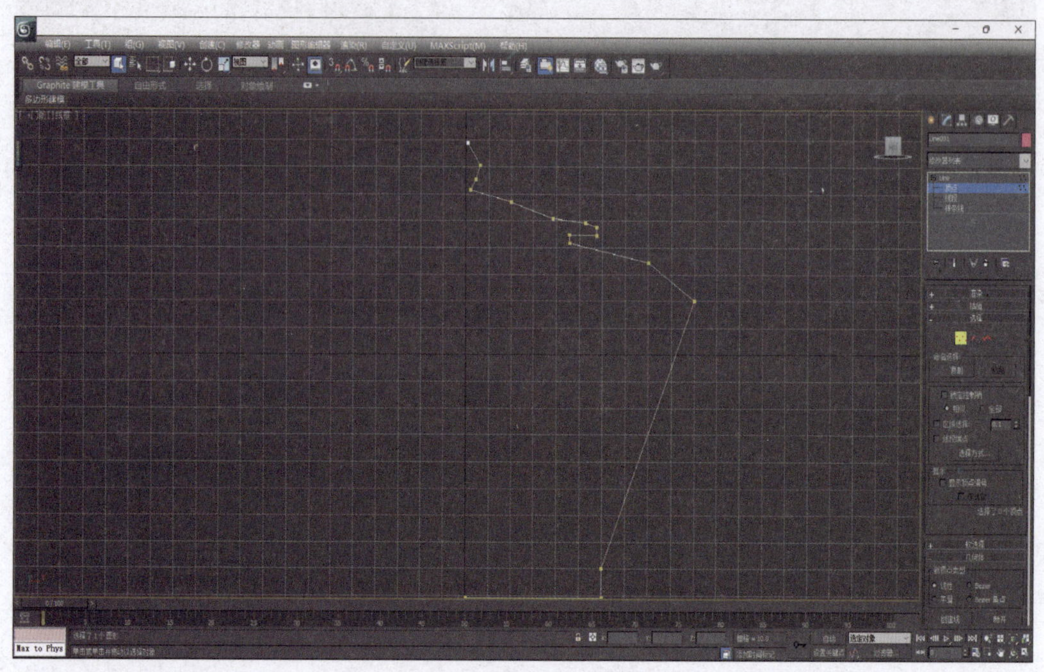

图 5-4　调整图形

⑤ 单击所要调整的顶点后右击，在弹出的快捷菜单中选择“平滑”命令，如图 5-5 所示。

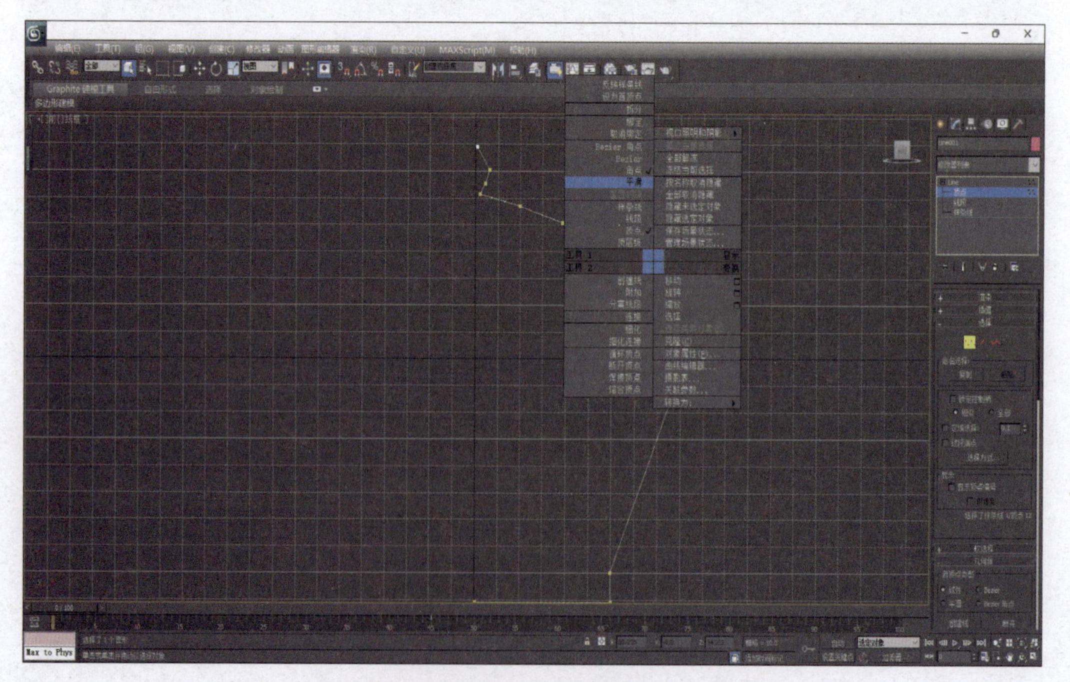

图 5-5　平滑图形

⑥ 找到上方工具栏中的“选择”工具并移动图标，单击后可通过“移动”工具修改图形形状，如图 5-6 所示。

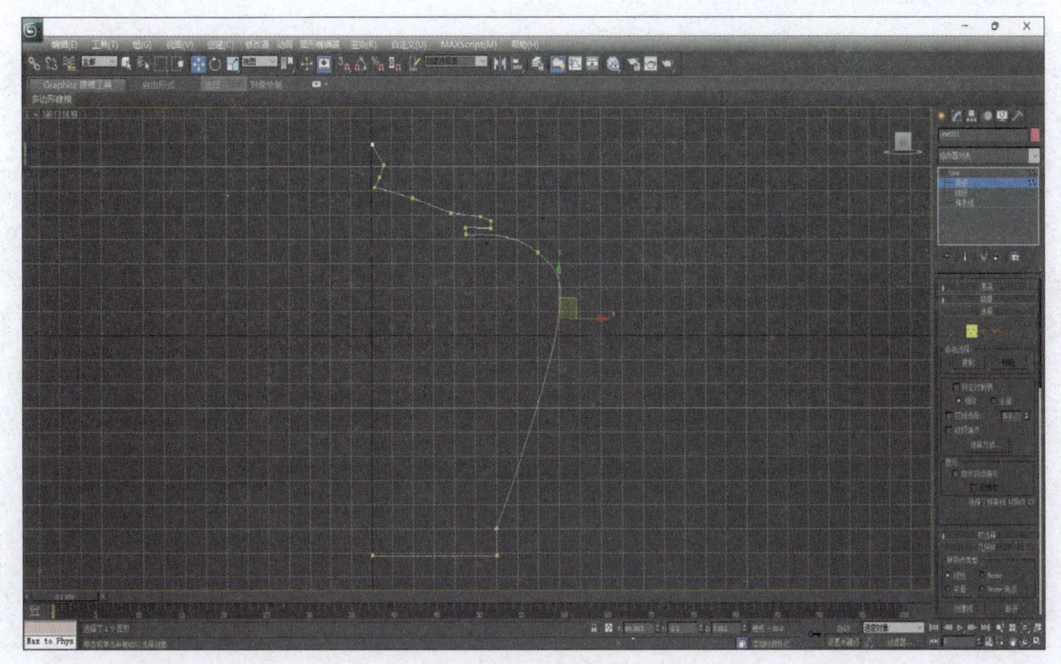

图 5-6　修改图形

⑦ 选择需要调整的顶点，右侧工具栏下拉找到“圆角”按钮，设置圆角角度，如图 5-7 所示。

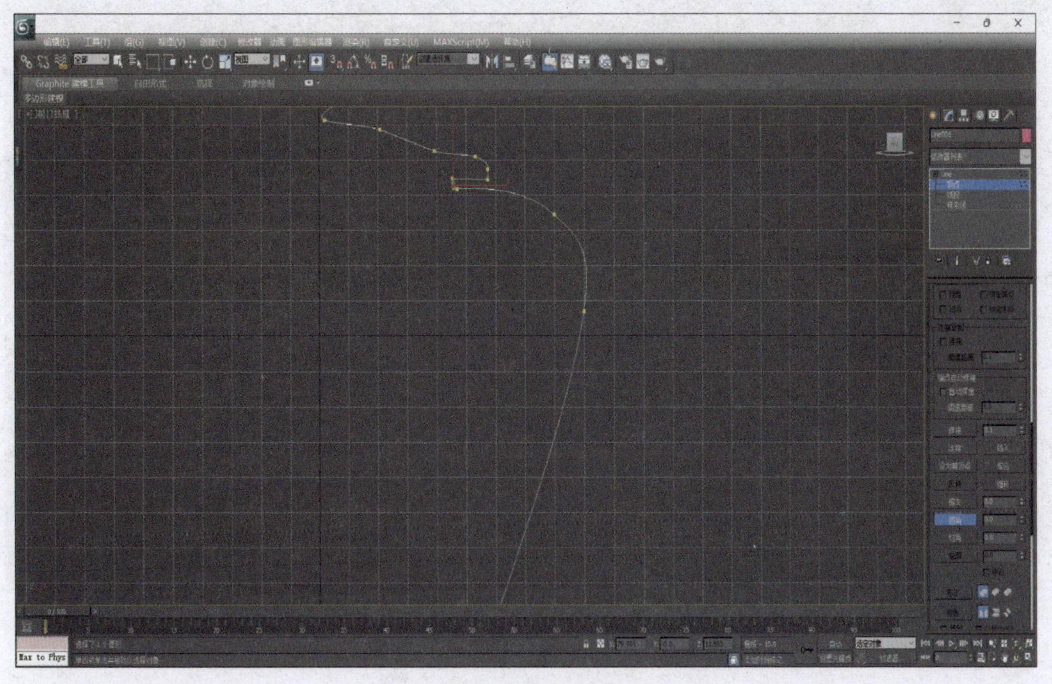

图 5-7　设置圆角

⑧ 找到右侧工具栏中的层次，选择“仅影响轴”按钮，再选择上方工具栏中的“捕捉”开关。调整图形中心并将它吸附到网格上，如图 5-8 所示。

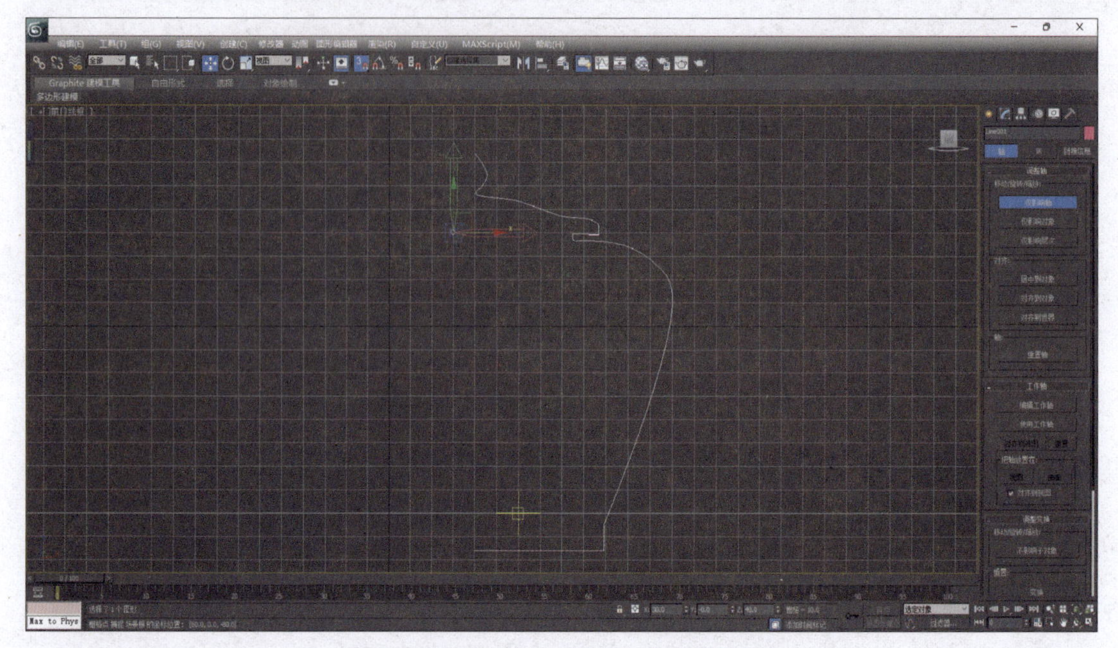

图 5-8　调整图形中心并将它吸附到网格上

⑨ 在右侧工具栏“修改编辑器”下单击“车削”编辑器，如图 5-9 所示。

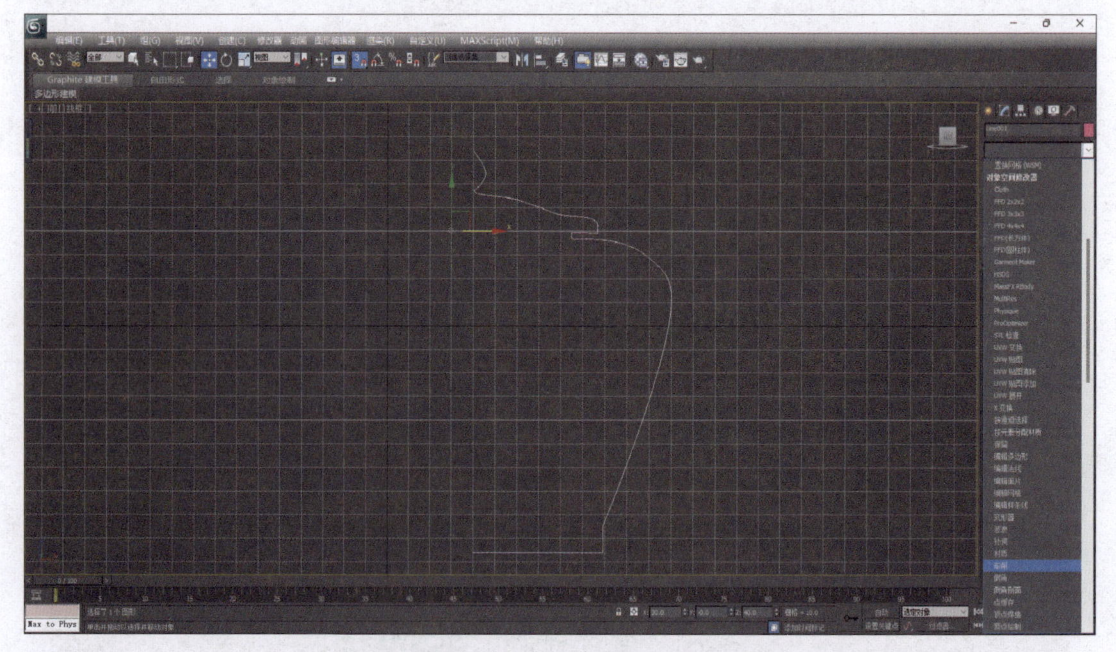

图 5-9　车削

⑩ 在右侧工具栏下根据所需选择“最小”、“中心”或“最大”按钮。调整模型形状，如图 5-10 所示。

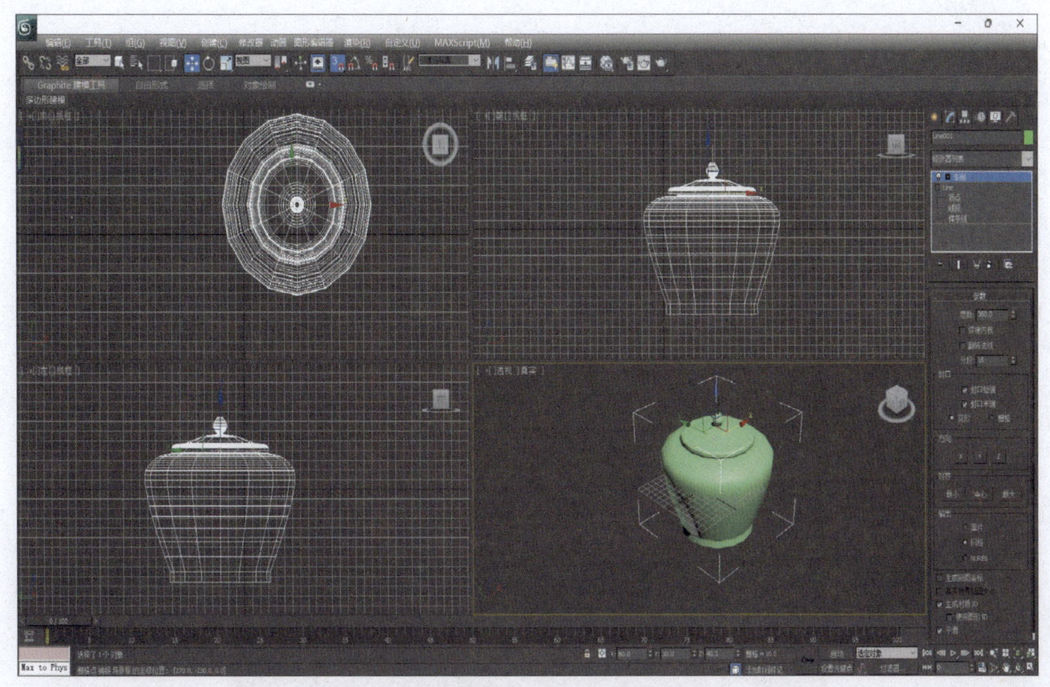

图 5-10　调整模型形状

⑪ 设置模型参数，如图 5-11 所示。

⑫ 单击上方的材质编辑器，选择合适的材质，如图 5-12 所示。

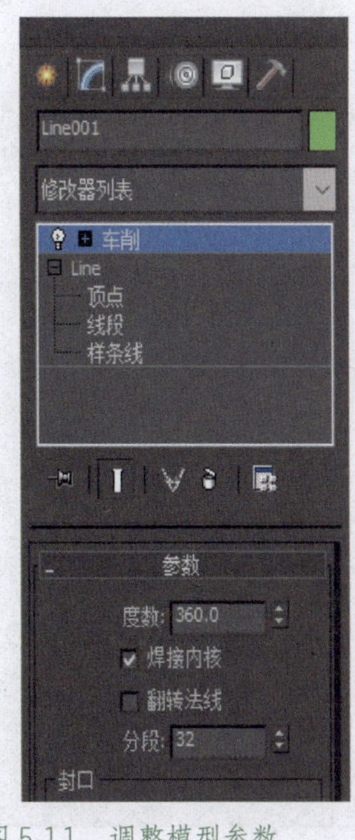

图 5-11　调整模型参数

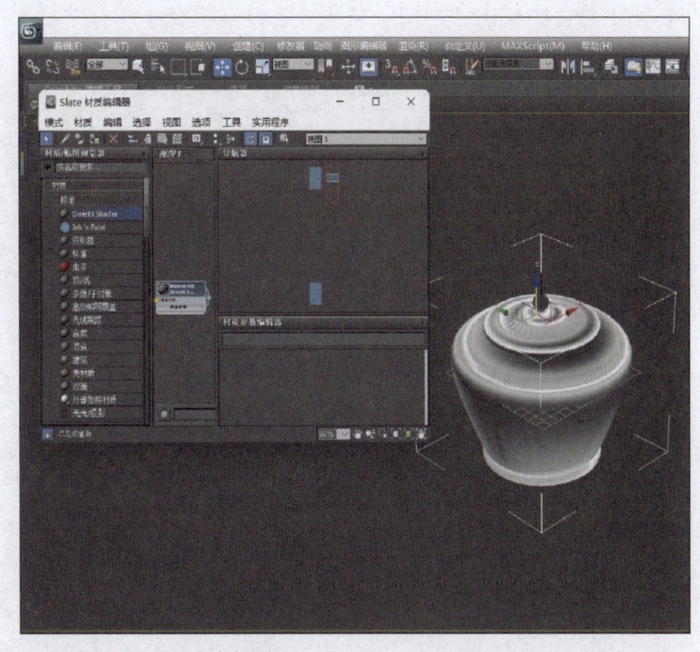

图 5-12　材质编辑器

⑬ 经检查发现，地面与瓷器顶未完全封口，选中模型并右击，在弹出的快捷菜单中选择“转换为:”→“转换为可编辑的多边形”命令。调整模型，如图 5-13 所示。

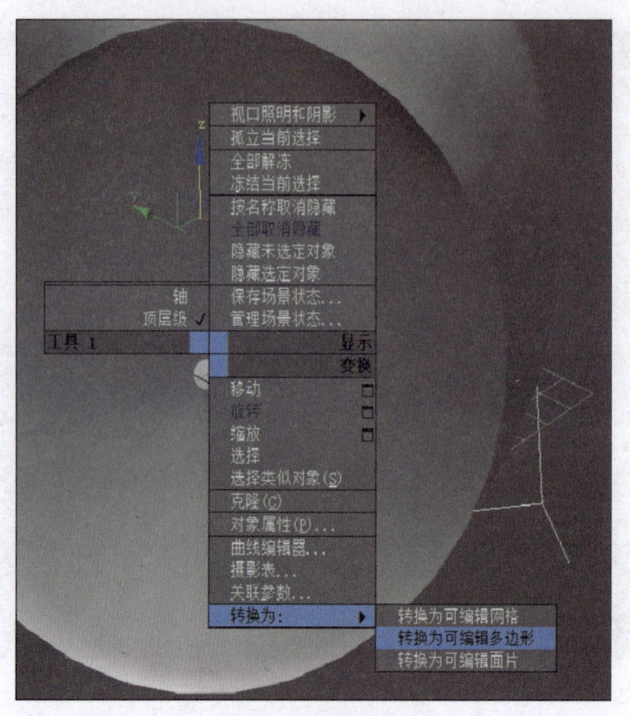

图 5-13 调整模型

⑭ 转换为可编辑的多边形后，在右侧工具栏中单击“边界”选项，选中要调整的边界，然后在右侧工具栏中单击“封口”按钮（瓶口与瓶底同样操作），如图 5-14 所示。

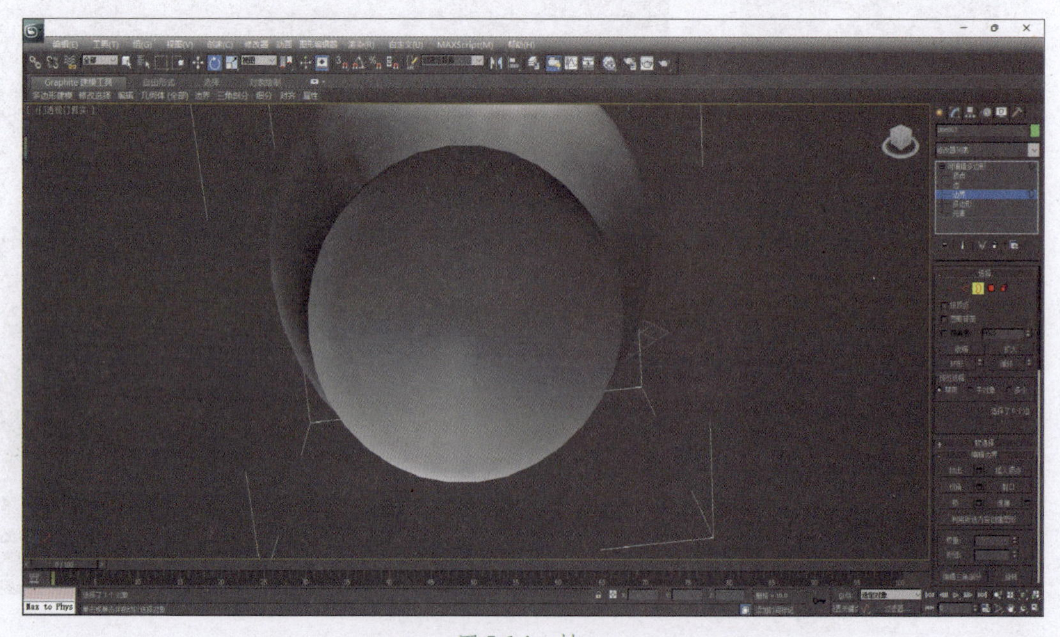

图 5-14 封口

⑮ 如果打开“材质编辑器”窗口之后，发现材质编辑器里面并不是这个界面，可以单击该界面的“模式”→“精简材质编辑器”命令，如图 5-15 所示。

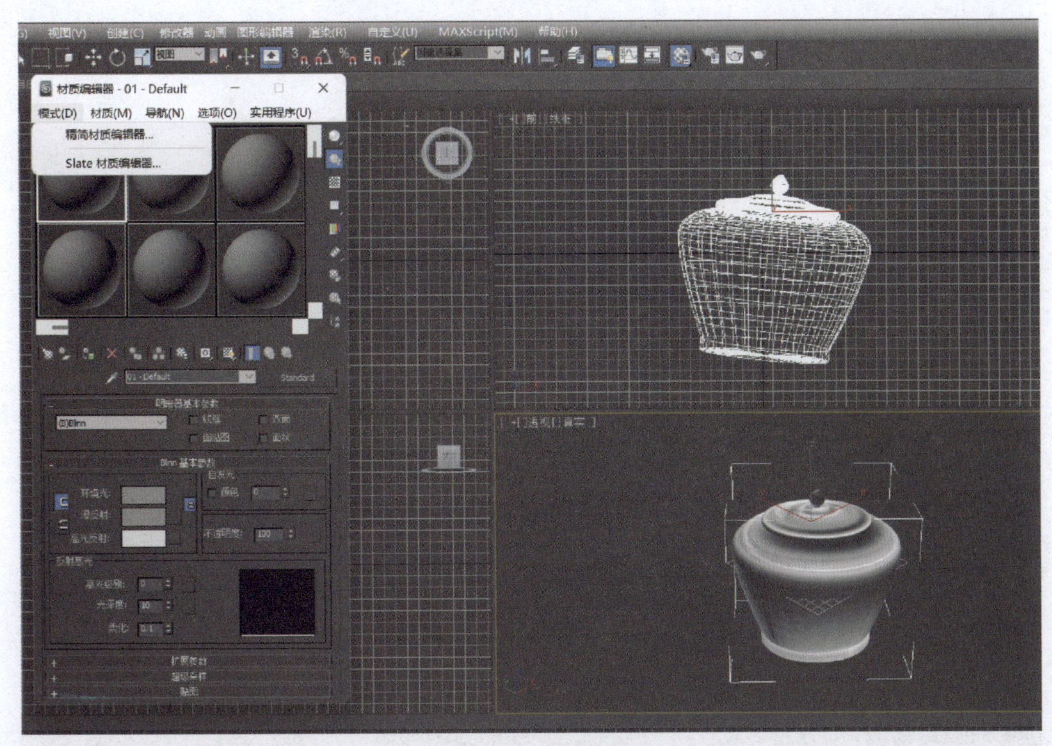

图 5-15　精简材质编辑器

⑯ 单击图 5-15 中的“漫反射”按钮，然后在弹出的“材质 / 贴图浏览器”窗口选择“标准”→“位图”选项，单击“确定”按钮，如图 5-16 所示。

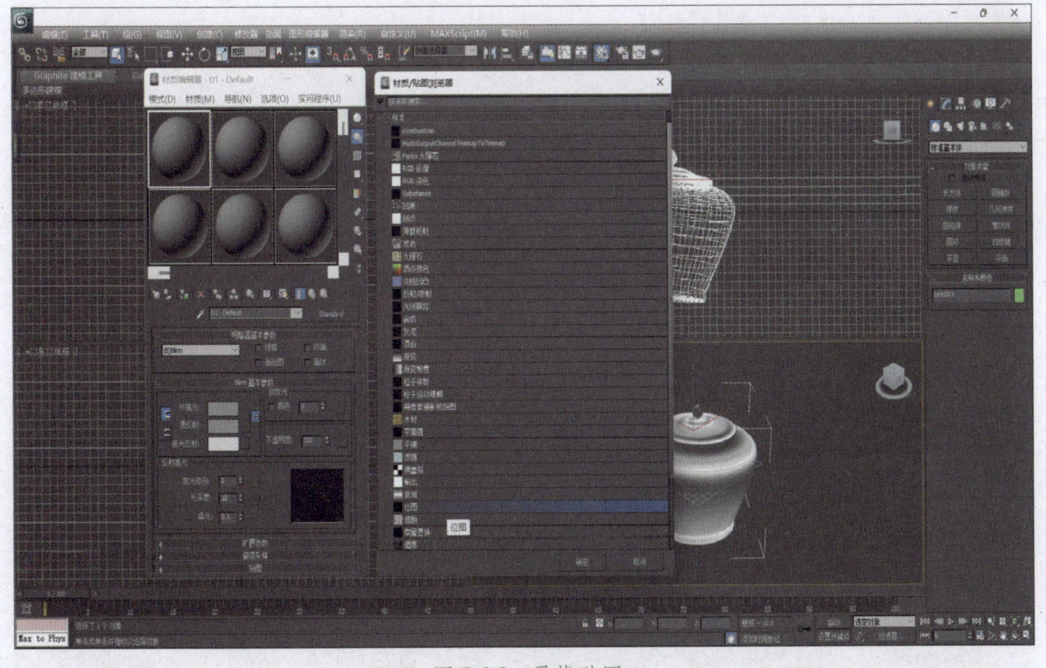

图 5-16　寻找贴图

⑰ 然后弹出“选择位图图像文件”对话框，找到材质贴图所在的文件夹，选中并单击“打开”按钮，如图 5-17 所示。

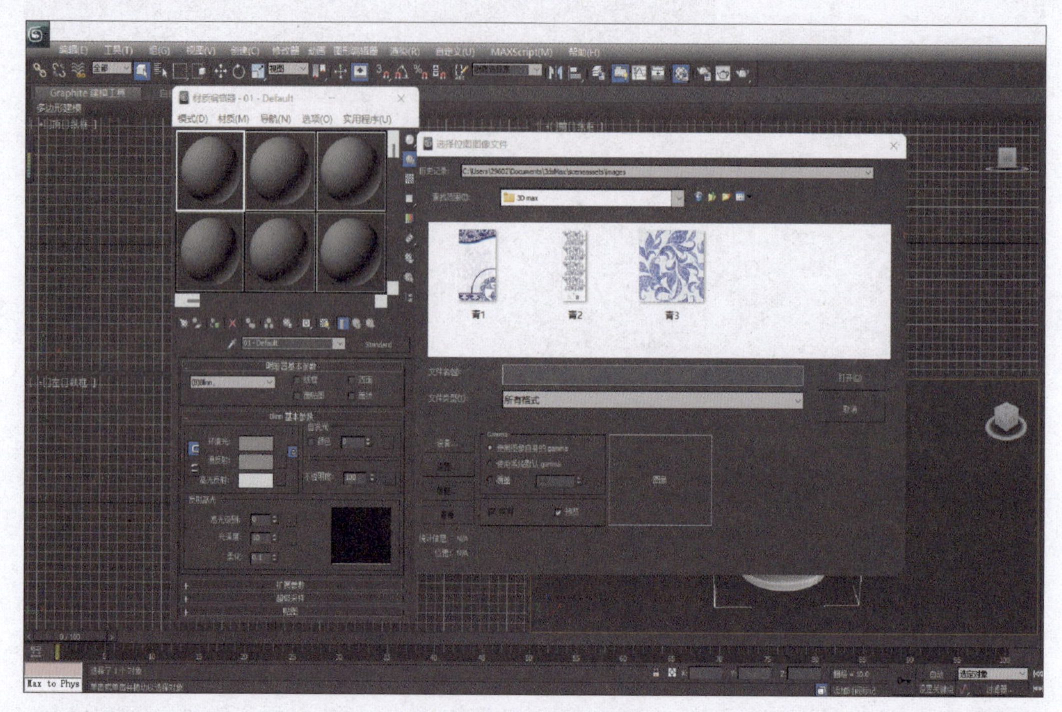

图 5-17　找到贴图

⑱ 这时材质球已经被赋予了一个贴图，但是模型并没有赋予贴图，如图 5-18 所示。

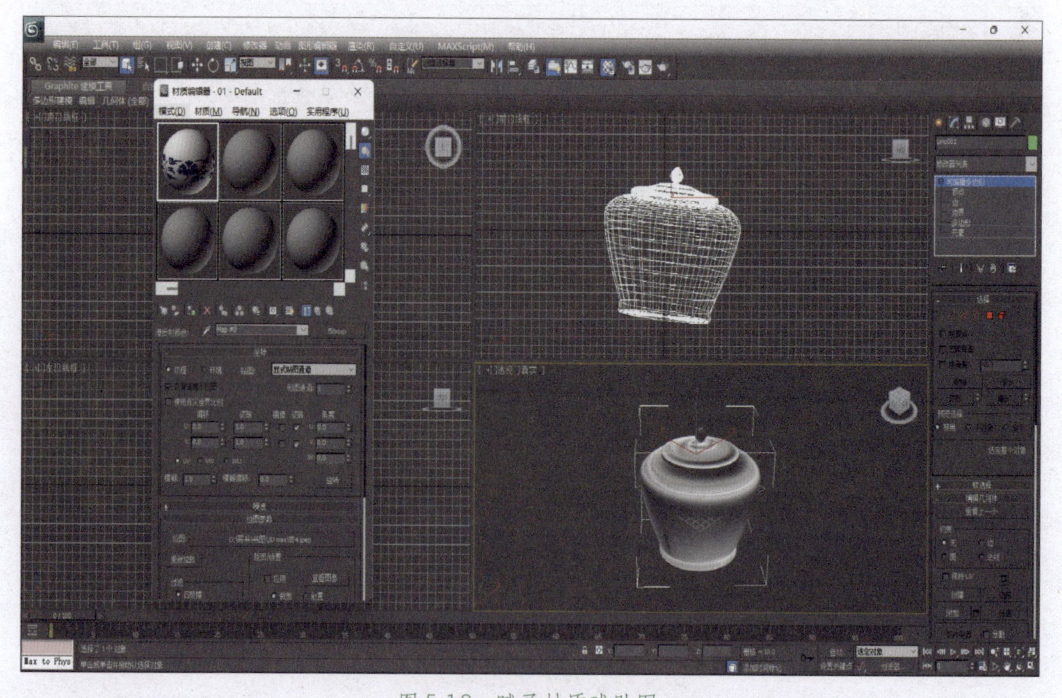

图 5-18　赋予材质球贴图

⑲ 将鼠标移到视图上，选中模型物体，“材质编辑器”窗口中“将材质指定给选定对象”按钮就会显示为绿色，将材质指定给选定对象，如图 5-19 所示。

图 5-19　将材质指定给选定对象

⑳ 单击“将材质指定给选定对象”图标，将材质赋予模型。贴图成功，如图 5-20 所示。

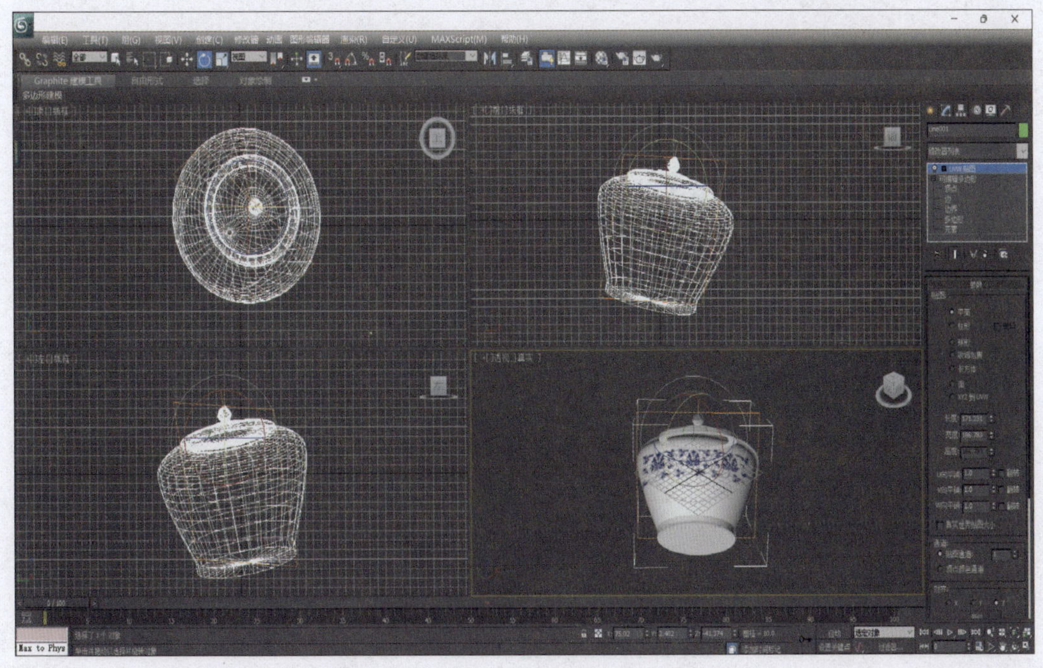

图 5-20　贴图成功

注：

①如果模型没有材质效果，说明“视口中显示明暗处理材质”没有打开，直接打开即可看到，如图 5-21 所示。

图 5-21　“视口中显示明暗处理材质”图标

② 如果依然没有材质效果，选择右侧工具栏中的“修改”→“修改器列表”→“ UV 贴图”选项，如图 5-22 所示。

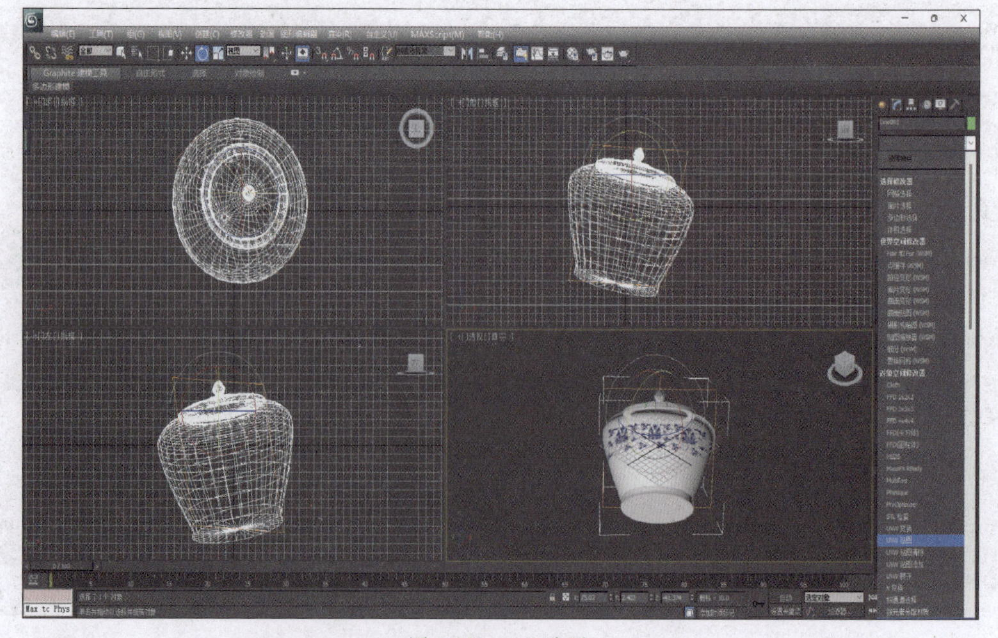

图 5-22　UV 贴图

③ 如果发现模型中出现不应该出现的影子，说明模型中出现错误阴影，如图 5-23 所示。

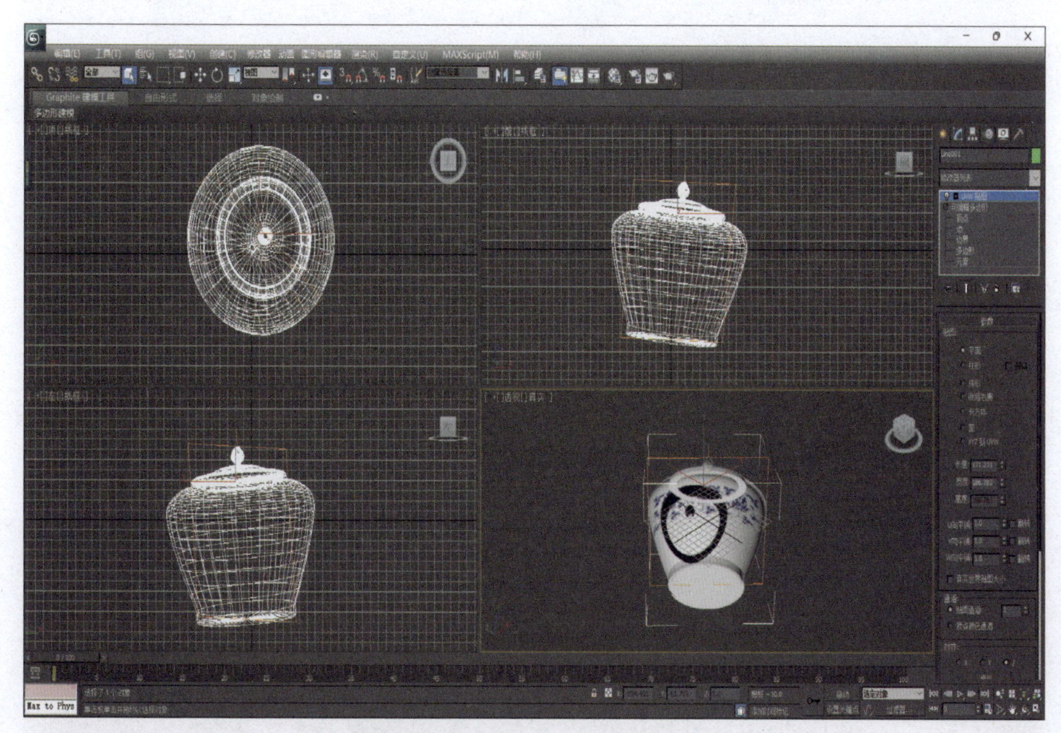

图 5-23　模型中出现错误阴影

④ 单击工具栏中的“视图”→“视口配置”命令，如图 5-24 所示。

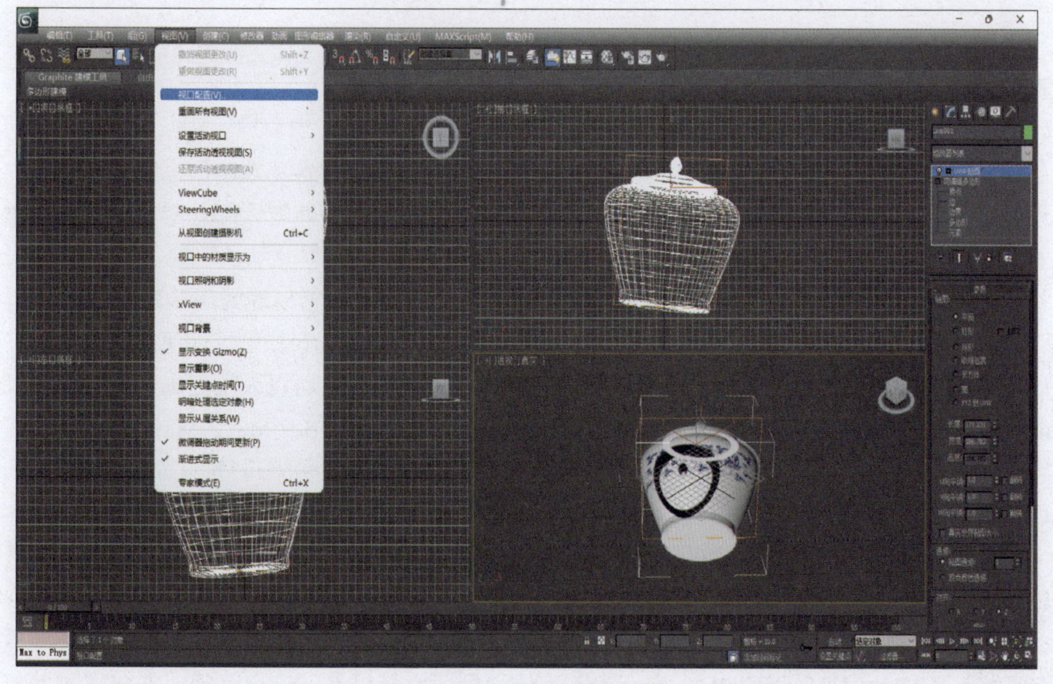

图 5-24　“视口配置”命令

⑤ 在弹出的“视口配置”对话框中，取消选中“阴影”复选框，如图 5-25 所示。

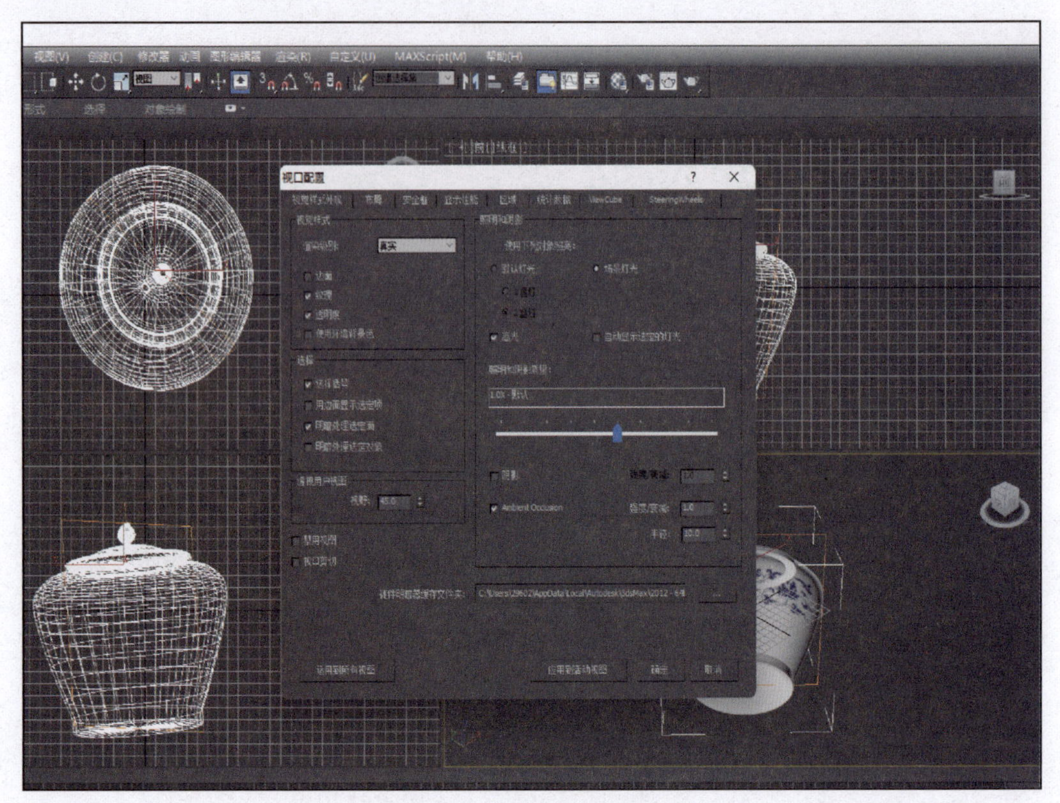

图 5-25　“视口配置”对话框

5.2 认识 Unity 3D 引擎

Unity 3D 是一款多平台的综合性游戏开发工具，可以让玩家很容易地制作三维视频游戏、建筑可视化、实时三维动画等。Unity 3D 是一款低成本、易于使用、兼容大部分游戏平台、丰富的开发者社区、低门槛的游戏开发工具。

Unity 3D 可以让用户在 Mac 和 Windows 上浏览，并且可以很容易地为用户建立各种不同的 3D 模型。Unity 3D 的编辑功能非常强大，它不但可以提供大量的场景模型，还可以控制模型，并可以模拟出模型的实际操作，这样既可以节省开发人员的时间，又可以大大提高工作效率。同时 Unity 3D 具有很好的兼容性，可以和大部分的应用一起工作，比如 3ds Max、Maya 等软件，可以很容易地将其导入 Unity 3D，也可以一次发布，而且可以在多个平台上运行。Unity 3D 强大的实体引擎能够实现 3D 的虚拟场景动画。

Unity 3D 是一款多平台的游戏开发工具，它是一款综合性的、有更好的特效和更大的拓展空间的专业游戏引擎。Unity 3D 具有高度优化的 DirectX 和 OpenGL 的绘图管线。Unity 3D 能够与大多数的应用软件一起工作，并且能够使用各种主流的文档。低端的硬件也可以很好地处理各种复杂的情况。Unity 3D 的 NVIDIA、PhysX 的实体引擎可以提供真实的交互感，并能实时地将音频流、视频流混合在一起。Unity 3D 为用户提供了一个非常完美的光影呈现系统，它带有柔软的阴影和烤制 lightmaps。Unity 3D 引擎具有较高的技术开发流程、先进的呈现和用户自定义支持等优点，很好地满足了交互存取和真实呈现的需要。Unity 3D 与 Director、Blender Game engine、Virtools 等一系列以交互式图形开发为主要手段的软件，在很多游戏和虚拟场景中都有广泛的应用。Unity 3D 是一款非常实用的游戏引擎，它包含了多种类型的内容编辑和设计。Unity 3D 涉及的主要编辑与设计内容，如图 5-26 所示。

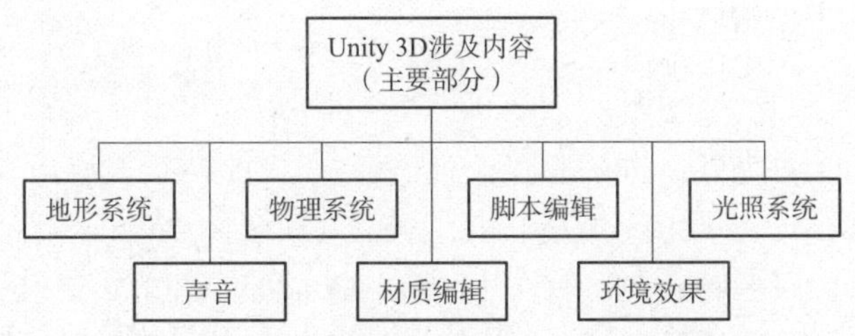

图 5-26　Unity 3D 涉及的主要编辑与设计内容

Unity 3D 在开发环境上的成熟和领先优势是显而易见的，它支持 iOS 和跨平台的特性受到了开发者的青睐。随着国际上著名的互动设计公司、品牌企业纷纷将 Unity 3D 引擎用于互动游戏、商业应用的推广，Unity 3D 在国内也掀起了一股热潮。各大知名的互动游戏开发商和数码内容公司，都成立了专门的研究团队，开始研究 Unity 3D 的技术。其中，有很多国际著名的设计公司，比如德国 Art.com、育碧的 Ubisoft 游戏设计公司、美商艺电电子艺术公司、德国游戏巨人 Big Point、迪斯尼等，都在使用 Unity 3D 技术，在各种平台上进行交互开发。

5.2.1　Unity 3D 的优势

Unity 3D 演示部分采用 Unity 3D 引擎，设计出界面统一的演示框架，实现了真实展厅交互的虚拟演示。利用 Unity 3D 引擎，实现了 Web Player 的动态加载和真实三维模型。在主要的浏览器上安装一个小型的 Unity 3D 插件，以装载诸如 Explorer、火狐等的产品模型。这个演示模块可以控制灯光、声音、基本动作、动作、相机等，可以动态地装载任意模型的资源，并将其显示出来。

在线上虚拟展厅中，使用 Unity 3D 技术，使用者可以通过显示模组的基本操作进行操作，获得全方位的浏览和观看，并且可以更好地理解展馆内的各种信息。从显示效果上，这种技术能很好地重现展品的立体信息，同时也便于互动设计，使观众有一种身临其境的感受。

所有的游戏引擎都有足够的功能，可以在许多不同的游戏中使用。所以，有了这个引擎，用户就可以很容易地得到这些功能，然后在游戏中添加一些定制的美术资源，再加上用户的游戏代码。Unity 有物理仿真、法线贴图、屏幕空间环境光照遮挡、动态阴影等特点。许多游戏引擎都有自己的特色，但是 Unity 有两大优点，那就是它能提供高效率的视觉化流程，以及多维的跨平台支持。

在此基础上，提出了一种基于 Unity 3D 的虚拟演示系统。系统的组织架构包含了各模块、职能、责任等；而系统的工作流程，则是一个产品的演示，从设计、制作、网站导入、后台添加信息，直至最后呈现在页面上。整体的虚拟显示系统可以分为网页和 Unity 3D 显示两个部分，网页系统主要负责用户对浏览器的各种操作与管理，Unity 3D 显示模块采用 Unity 3D 技术，通过 Unity 3D 技术，开发出界面统一的显示框架，从而达到人机交互的效果。

1. 可视化设计

可视化流程是一个非常特别的设计，与大部分其他的游戏开发环境都不一样。Unity 的开发工作流程是由一个经过仔细设计的可视化编辑器来实现的。这些编辑器被用来布置游戏中的场景，把艺术资源捆绑起来，并把可互动的物体编码。这种编辑工具的优点是能够快速而有效地构建专业的高质量的游戏。如果有很多新技术被用于电子游戏，那么这将会是一个非常有效的工具。

可视化编辑器可以很好地适应快速的迭代，也可以在原型和测试期间对游戏进行改进。可以在编辑器中调节对象，即使是在游戏运行的时候也可以。此外，Unity 还可以在接口中添加新功能或者菜单，这可以从定义编辑器中写入脚本。

2. 支持跨平台功能

除了编辑器强大的生产力外，Unity 的一大优点是强大的跨平台支持功能。不仅仅是跨平台部署（可以部署到 PC、网络、移动设备或游戏机），而且还可以在 Windows 或 Mac 操作系统上开发跨平台。由于 Unity 最初只是 Mac 的专有软件，但在 Windows 系统中移植之后，该平台具有巨大的潜力。Unity 的首次发行是在 2005 年，起初 Unity 只对 Mac 系统的开发和部署提供支持，但是几个月之后，Unity 就升级到可以在 Windows 上运行了。在 Unity 的后期版本中加入了更多的部署平台，比如 2006 年增加了跨平台网络播放器，2008 年增加了 iPhone，2010 年增加了 Android，还有 Xbox 和 PlayStation 等更多的游戏机，以及 Web GL 的部署，甚至还能支持像 Oculus Rift 和 Vive 这样的 VR 平台。有些游戏引擎与 Unity 的部署目标相同，但没有一款比 Unity 更容易部署到多平台。

3. 模块化的组件系统

除了以上几大优势之外，Unity 还有一个很大的优势，那就是 Unity 利用模块化的组件系统来构建游戏物体。在一个构件体系中，“组件”是一个包含多种组合的函数，它是由一组构件构成的，而非严格的等级结构。换言之，构件系统是一种与面向对象编程的不同的方式（更加灵活），并且通过结合来建立游戏物体，而非继承。

在组件体系中，对象是一个层次的平面，不同的对象具有不同的组合，而非继承。这样的设计可以加速原型的发展，因为在对象发生变化时，可以迅速地将不同的组件组合在一起，而无须重新构建一个继承链条。继承与组件系统，如图 5-27 所示。

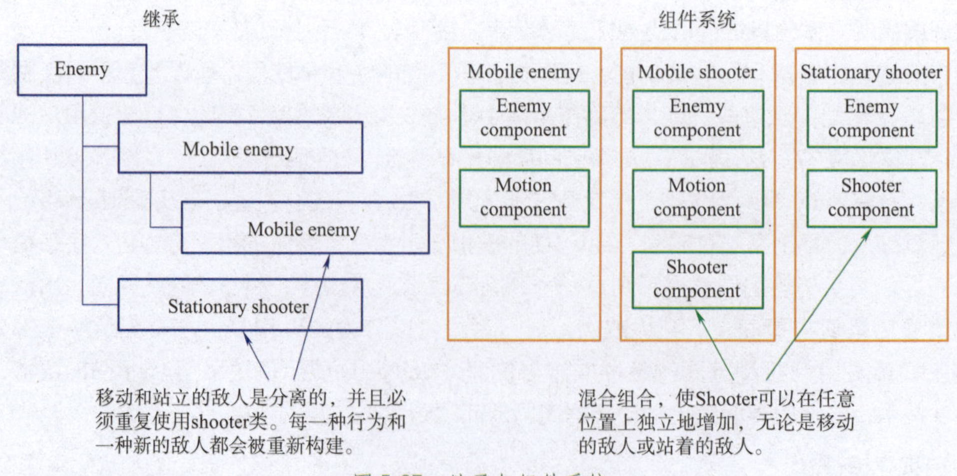

图 5-27　继承与组件系统

当没有组件系统时，可以编写代码实现自定义的组件系统，但是 Unity 已经有一个健壮的组件系统，这个系统甚至与可视化编辑器无缝地集成在一起。不仅能通过代码维护组件，还能使用可视化编辑器附加和移除组件。另外，可以通过组合构建对象，也可以在代码中选择使用继承，包括所有基于继承的最佳设计模式。

5.2.2　Unity 开发资源介绍

Unity Asset Store，即 Unity 资源商店，可以在浏览器地址栏中输入网址进行访问，或者在 Unity 应用中按顺序打开 Window → Asset Store 直接访问，或者按【 Ctrl+9】组合键。通过网页打开 Asset Store，如图 5-28 所示。也可以直接在界面中寻找 Asset Store 并单击打开，如图 5-29 所示。

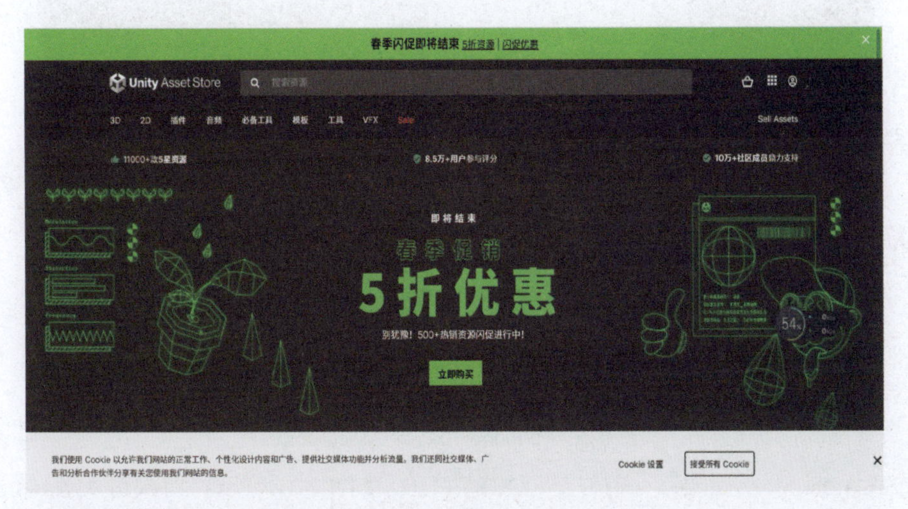

图 5-28　通过网页打开 Asset Store

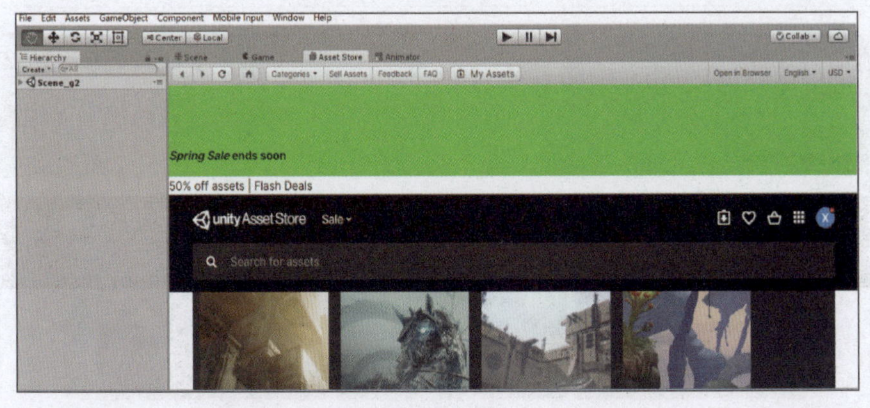

图 5-29　Unity 界面中打开 Asset Store

1. Asset Store 简介

在创建一个游戏的时候，可以利用 Asset 商店中的资源来节省时间和提高效率，包括人物模型、动画、粒子特效、纹理、游戏创作工具、音频效果、音乐、可视化编程解决方案、功能脚本和其他各种扩展。发行商可以在资源商店销售或提供资源，以提高 Unity 用户的认识并获取收益。

另外，Asset 商店还可以为用户提供技术支持。Unity 与业界顶尖的网络服务提供商建立了良好的合作关系，用户可以通过下载相关的插件，来获取企业分析、综合支付、增值获利等多种解决方案。

2. Asset Store 使用方法

接下来我们将结合实际操作来讲解在 Unity 中如何使用 Asset Store 相关资源。

①在 Unity 中依次打开菜单栏中的 Window → Asset Store 命令，或按【Ctrl+9】组合键打开 Asset Store 视图，如图 5-30 所示。

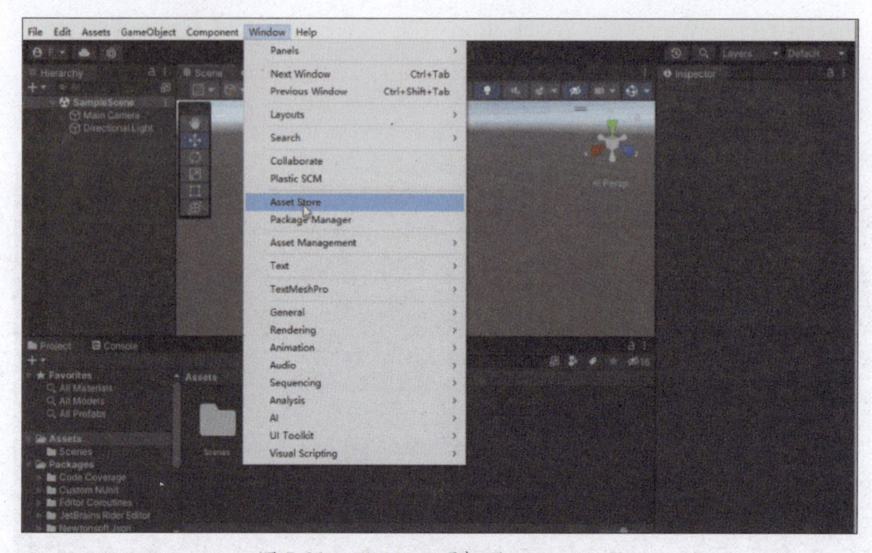

图 5-30　Window 下打开 Asset Store

② 打开 Asset Store 视图后，首先访问的是主页，如图 5-31 所示。首次进入 Asset Store 时，系统会提醒设立一个免费账号，让使用者存取有关的资料。

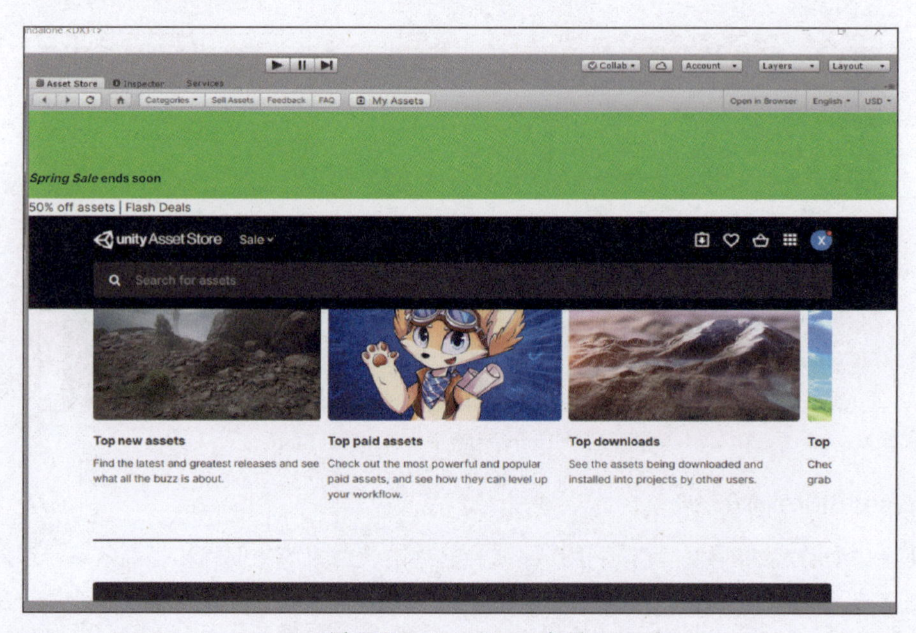

图 5-31　Asset Store 主页

③ 在 Asset Store 的搜索框中输入想查找的模型，例如，在搜索框中输入 tree，如图 5-32 所示。

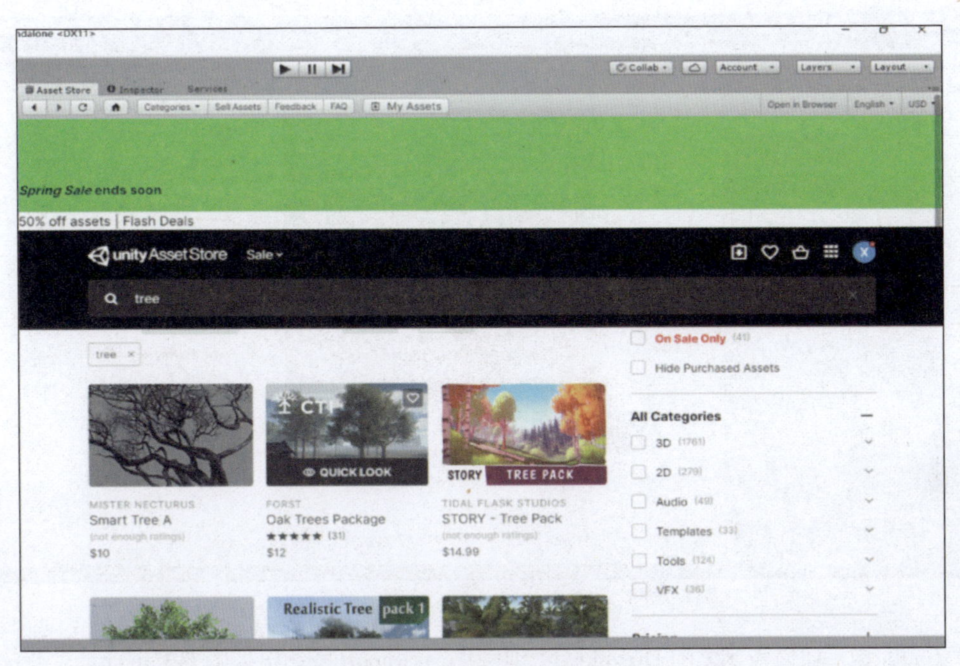

图 5-32　Asset Store 中搜索 tree

④ 单击心仪的模型，可查看资源的完整介绍，例如，tree 的详细介绍，如图 5-33 所示。

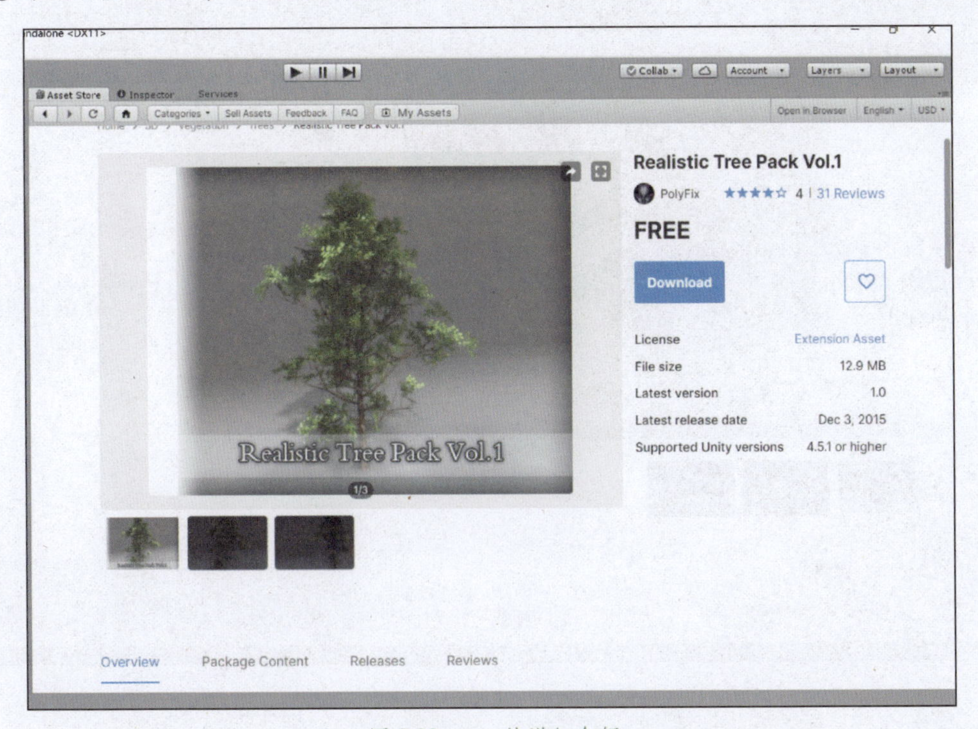

图 5-33　tree 的详细介绍

⑤ 单击 Download 按钮，可进行资源的下载，例如，tree 的下载，如图 5-34 所示。

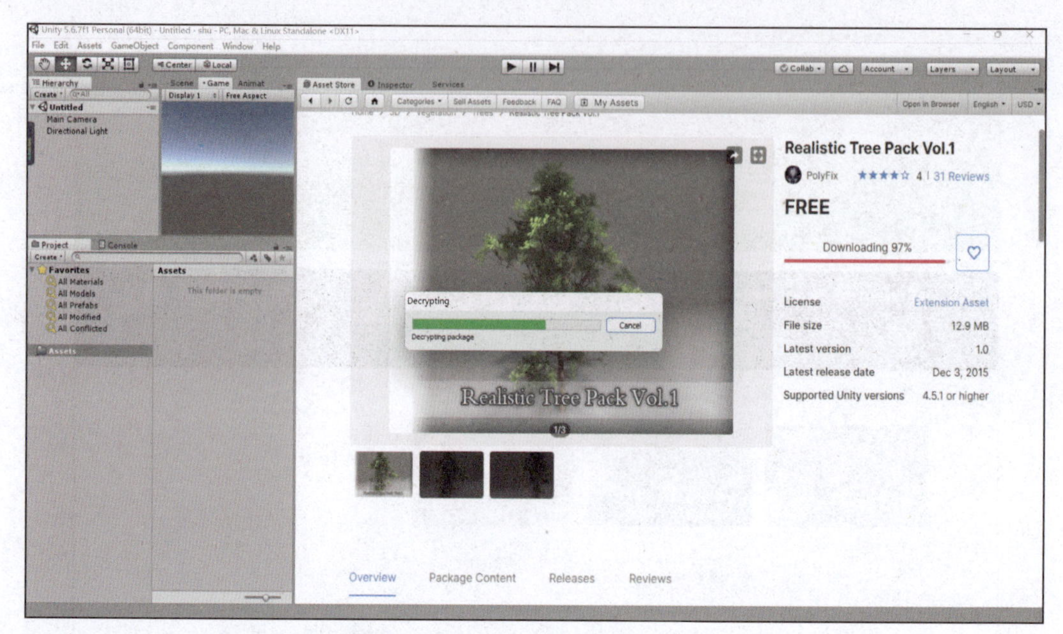

图 5-34　tree 的下载

⑥ 下载完成后可以看到之前 Download 按钮变成了 Import 按钮，如图 5-35 所示。

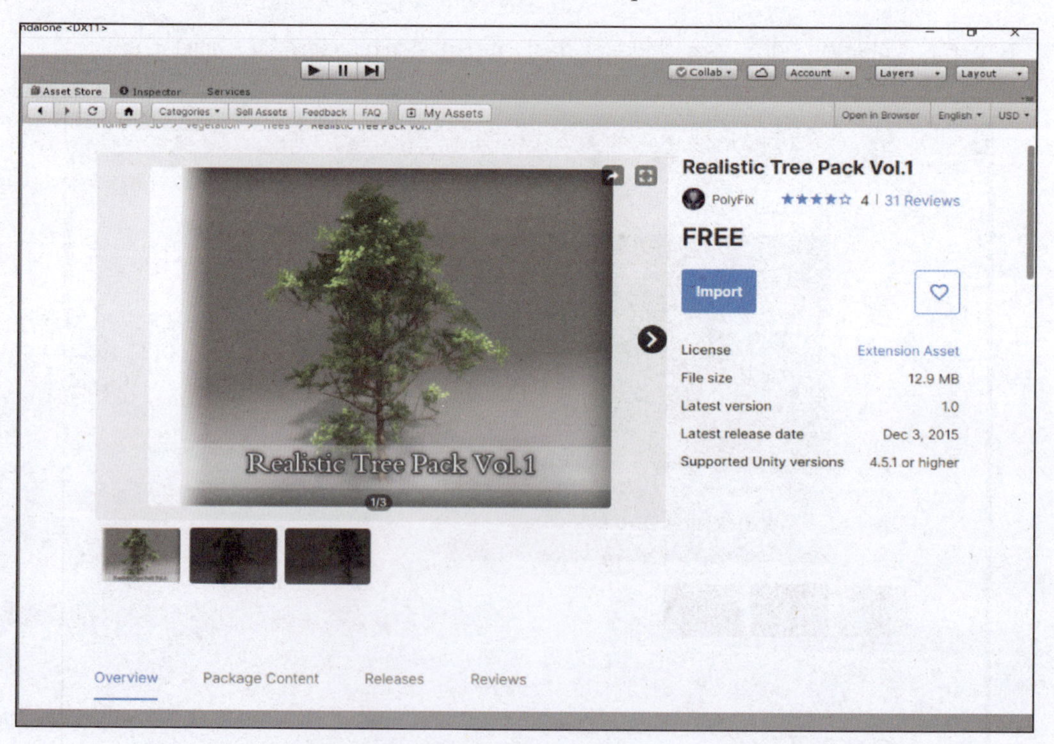

图 5-35　Import 按钮

⑦ 单击 Import 按钮，导入成功后，Unity 中会弹出 Import Unity Package 对话框，对话框的左

侧是需安装导入的资源文件列表，右侧是资源对应的缩略图，单击 Import 按钮即可将所下载的资源导入当前的 Unity 项目中，如图 5-36 所示。

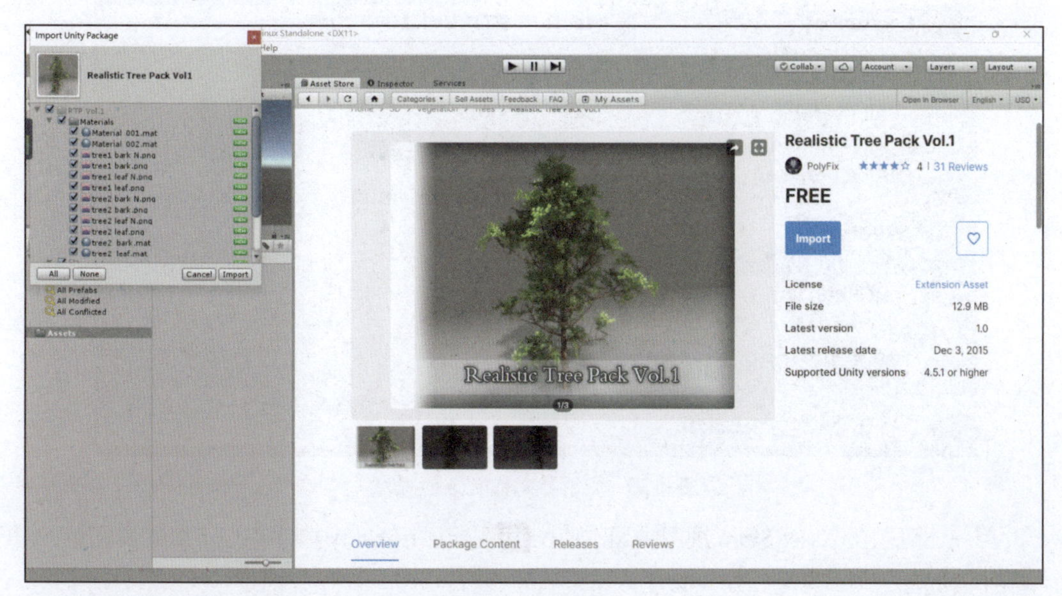

图 5-36　资源导入

⑧ 单击 Import Unity Package 对话框右下角的 Import 按钮，将资源导入 Unity，如图 5-37 所示。

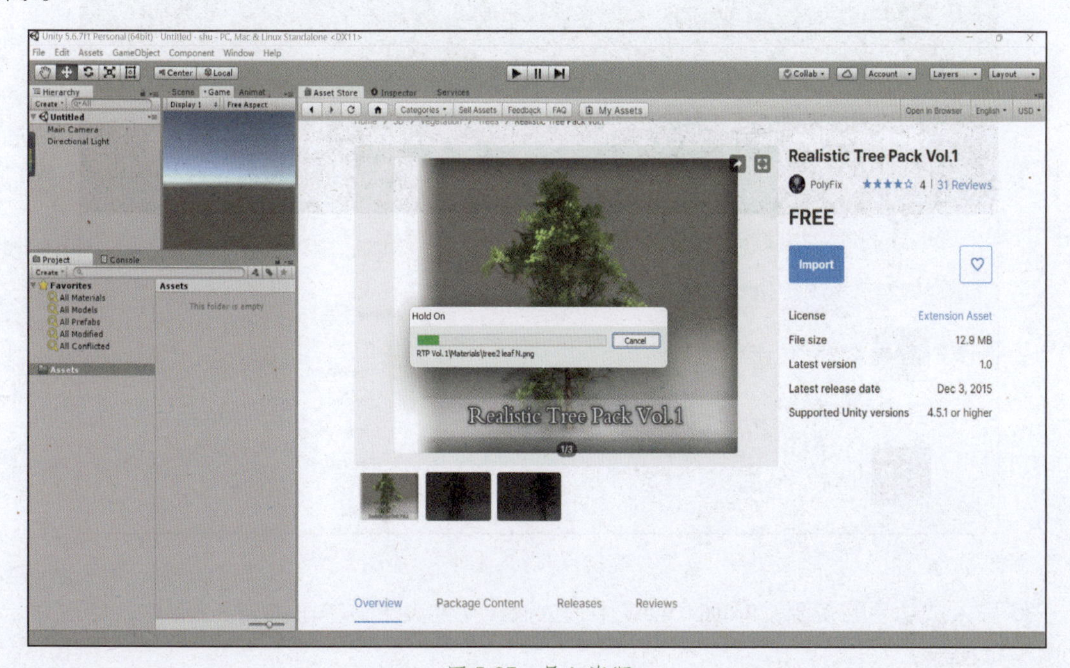

图 5-37　导入资源

导入成功后，在 Project View 中的 Assets 文件夹下会显示出添加的资源，查看导入成功后的资源，如图 5-38 所示。

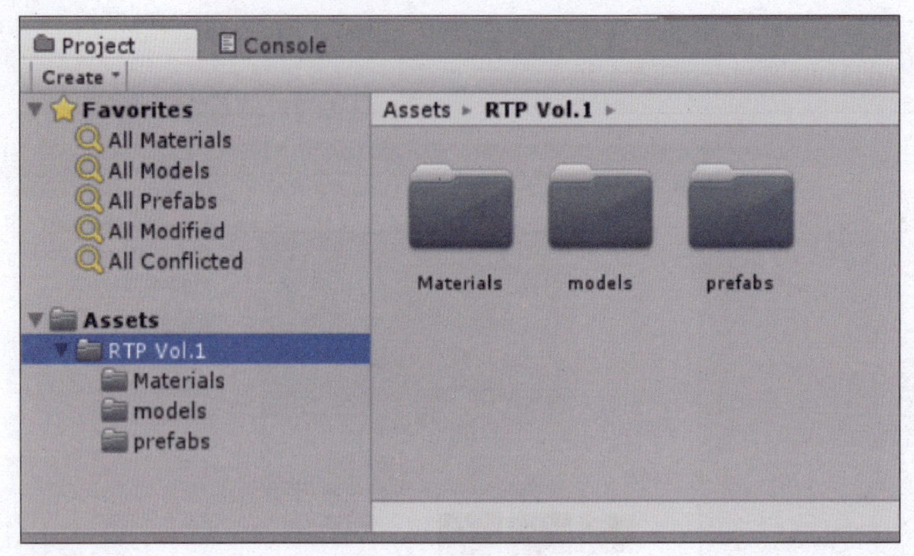

图 5-38 查看导入成功后的资源

⑨ 用户还可以在 Asset Store 视图中通过单击图标显示 Unity 中用户已下载的资源包，对于已下载的资源包，可以通过单击 Import 按钮将其加载到当前的项目中，如图 5-39 所示。

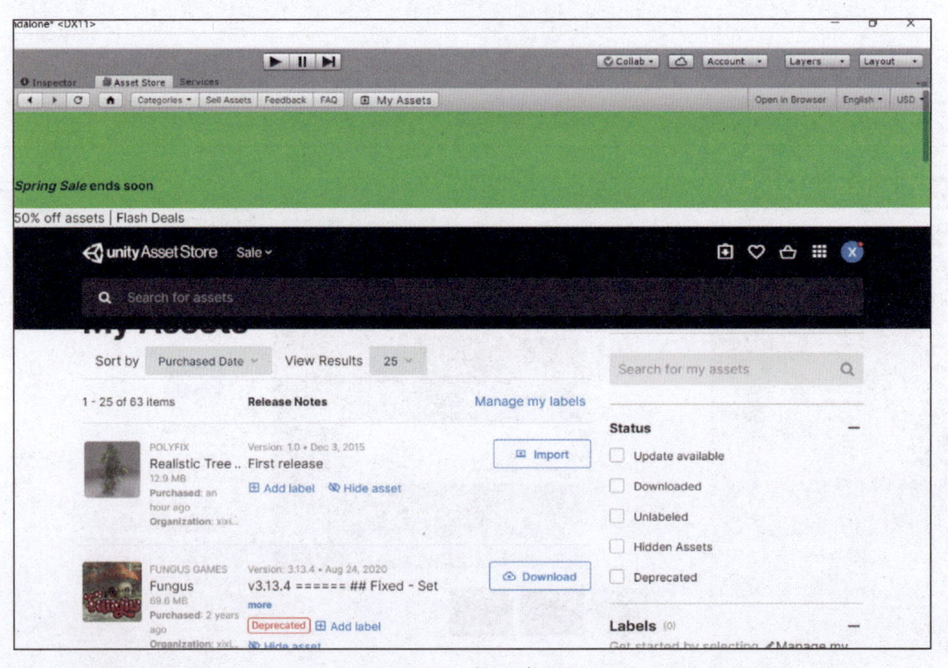

图 5-39 导入资源

⑩ 导入成功后的资源，Project View 中的 Assets 文件夹下，单击拖到 Scene 中，即可显示，如图 5-40 所示。

上面对 Asset 商店视图的基本应用进行了简单的描述。对使用者来说，大量的优质素材、项目范例工程、扩展插件等，可以极大地降低开发一款游戏的时间、成本和精力。

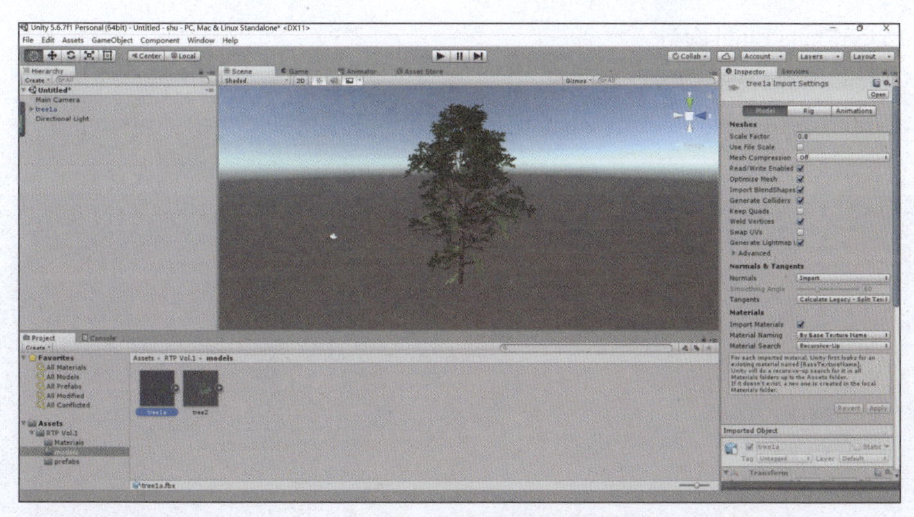

图 5-40　显示资源

3. Asset Store 其他服务

Unity 5.0 也为更广泛的开发人员提供了更加全面的集成服务。这些项目包括 Unity Ads、Unity Cloud Build、EveryPlay。这些业务涵盖了大量的在线服务，从开发到发行，都是为了让开发者能够在最短的时间里，快速开发出新的应用，并了解最新的市场动向，从而实现营利。

（1）Unity Ads 服务

Unity Ads 为广大的开发人员提供了多种途径的营利方式。开发人员可以自己设置时间、地点和触发条件。在选项中，可以添加观看 Ads 视频，达到更新颖的宣传效果。广告内容选取 15 s 的游戏宣传短片，让优秀的游戏在使用者之间持续扩散，达到游戏开发商之间的双赢。Ads 服务界面，如图 5-41 所示。

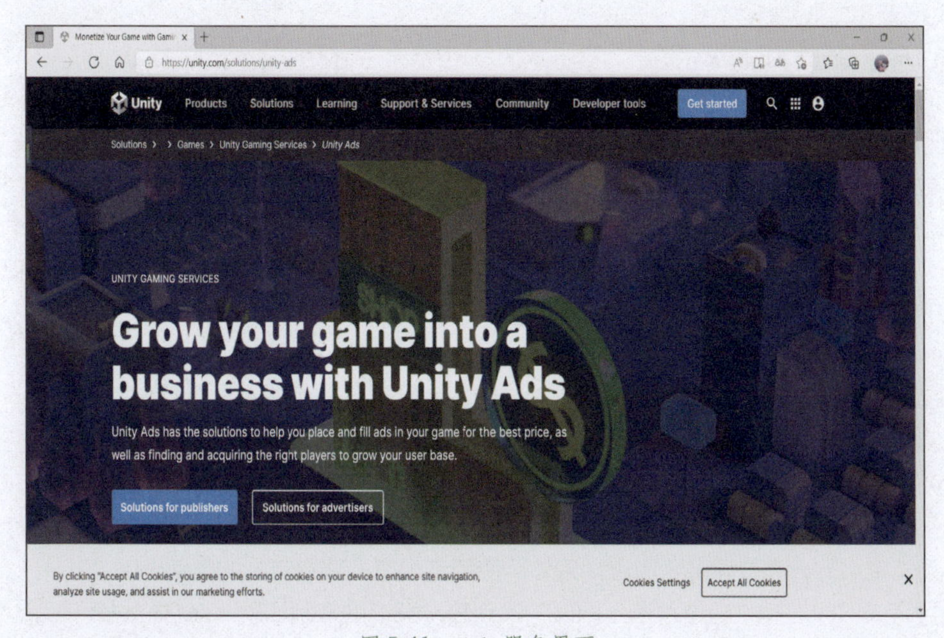

图 5-41　Ads 服务界面

（2）Unity Cloud Build 服务

Unity Cloud Build 服务能够自动地对开发小组修改后的源码控制库进行自动化处理，并将其以电子邮件形式发送给新的软件包。Unity Cloud Build 服务界面如图 5-42 所示。

图 5-42　Unity Cloud Build 服务界面

（3）Everyplay 服务

Everyplay 是一种非常方便、快捷的游戏视频共享、游戏重播功能，它还为广大游戏开发商提供了一种独特的方式，可以让更多的游戏用户免费进入游戏。此项服务使玩家可以轻松地录制、分享、讨论游戏中的精彩片段，并与好友分享。

（4）Unity Game Analytics 服务

Unity Game Analytics 服务，用于为开发人员提供大量的数据分析，容易理解，易操作。目前提供的业务包括：

① 数据浏览器：对具体使用者的经验进行深度的学习。比如，将 iOS 和 Android 用户进行对比，看看哪个用户的一天保持时间最长。

② 渠道分析器：渠道分析器的升级，具有精炼深度和容易阅读的版式，追踪游戏进程，并且找到离开游戏的位置。

③ 计算监视器：可以很容易地跟踪游戏情况。计量浏览玩家数量、游戏时长、有哪些充值玩家等。追踪所有你感兴趣的关键指标。

④ 自定义数据收集：更多地了解游戏者，包括利润统计、用户统计、定制活动等。使用发票来确认软件是否合法，是否有欺诈行为，并且根据年龄、性别、位置的不同将参与者进行分类。

⑤ 细分生成器：根据玩家的特征和游戏的行为特点，对其进行动态分类。在这些文件中，有 20 多个预先定义的分类被提供给用户。另外，使用者也可以建立定制的类别。

⑥ 自定义时间指标：超越频道分析仪，找到独一无二的定制活动。对它们进行追踪，并对它

们进行定义和监视。对定制的事件数据进行精炼和深入的分析。

通过 Unity Game Analytics，开发者可以在很短的时间内，掌握游戏的所有信息，为开发者们提供最真实的、最有价值的修改信息。

5.2.3　如何使用 Unity 3D

1. Unity 3D 的安装

① 在浏览器中找到官方网站并且单击进入。Unity 3D 官方网站，如图 5-43 所示。

图 5-43　Unity 3D 官方网站

右上角单击“下载 Unity”按钮，选择对应的 Unity Hub 版本。下载 Unity Hub，如图 5-44 所示。

图 5-44　下载 Unity Hub

② 选择合适的版本进行下载。选择版本，如图 5-45 所示。

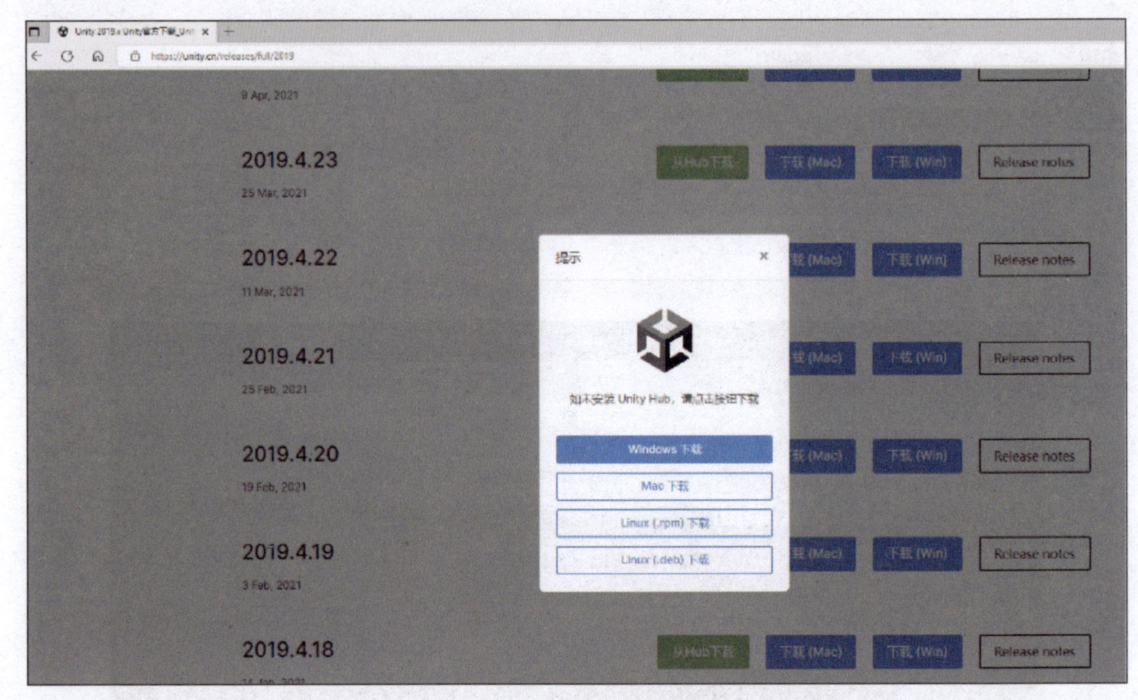

图 5-45　选择版本

③ 选择要保存的位置，单击“保存”按钮，开始下载，如图 5-46 所示。

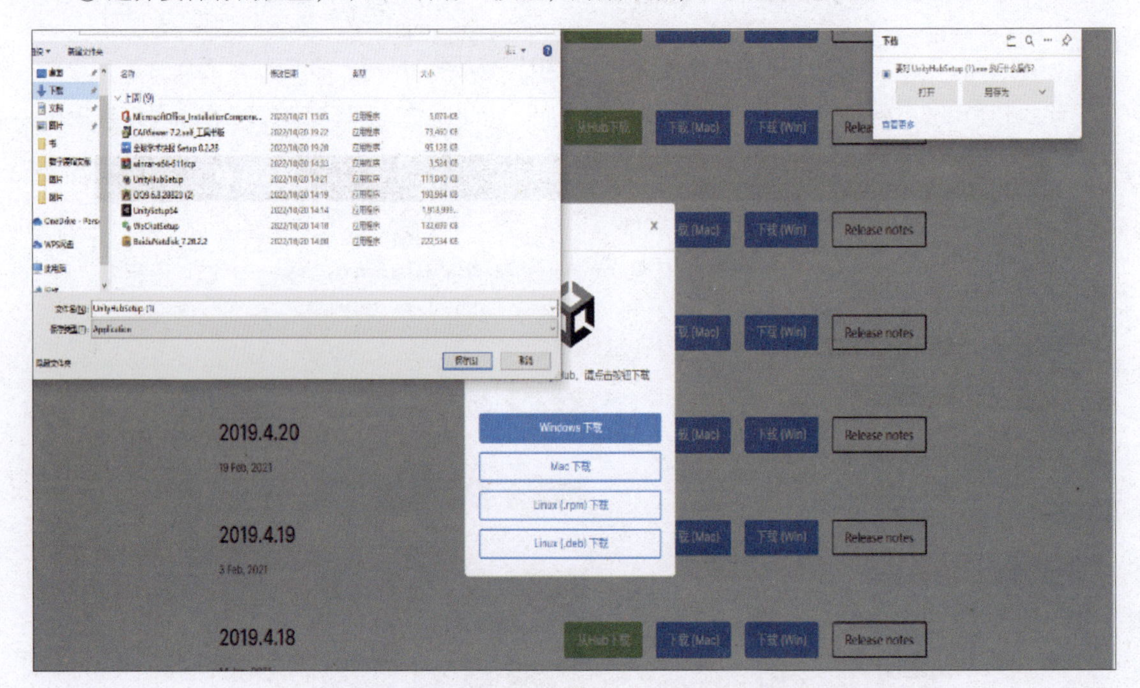

图 5-46　下载 Unity Hub

④ 在弹出的 Unity Hub 安装对话框中单击“我同意”按钮，如图 5-47 所示。

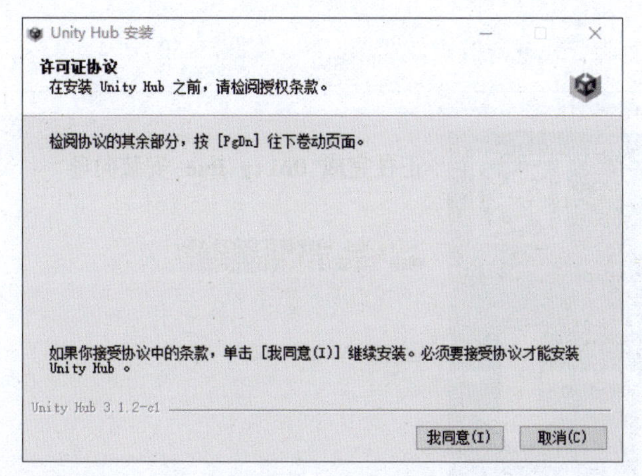

图 5-47　接受协议

在弹出的对话框中选择合适的下载路径，如图 5-48 所示。

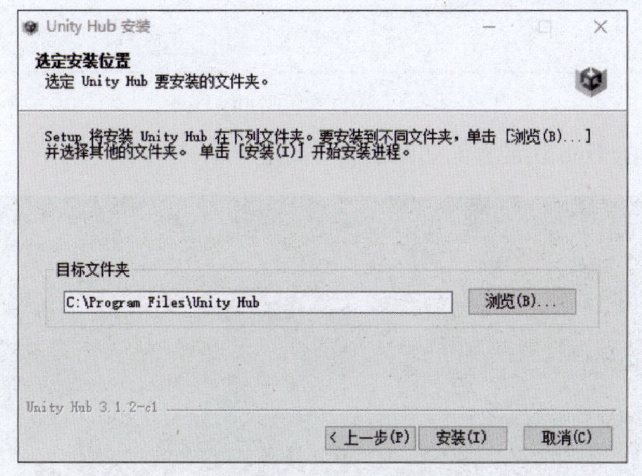

图 5-48　选择下载路径

⑤ 等待安装，如图 5-49 所示。

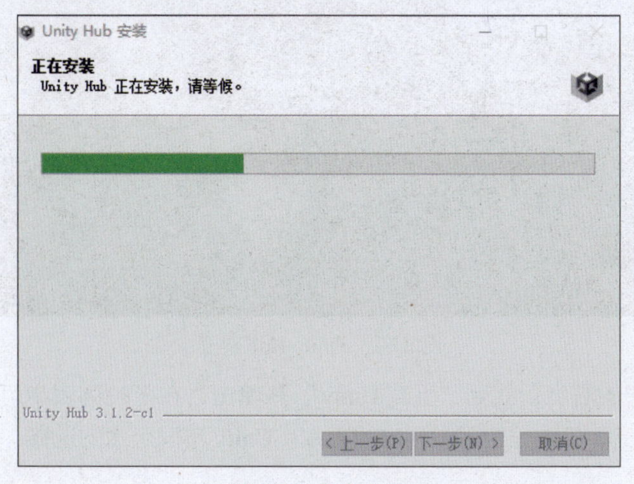

图 5-49 正在安装

⑥ 下载完成后，单击“完成”按钮，成功安装，如图 5-50 所示。

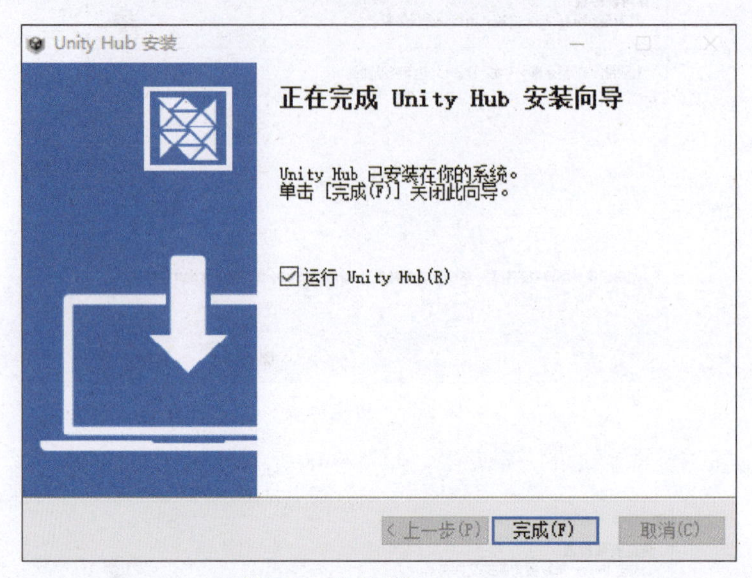

图 5-50　成功安装 Unity Hub

⑦ 安装完成，Unity Hub 欢迎界面如图 5-51 所示。

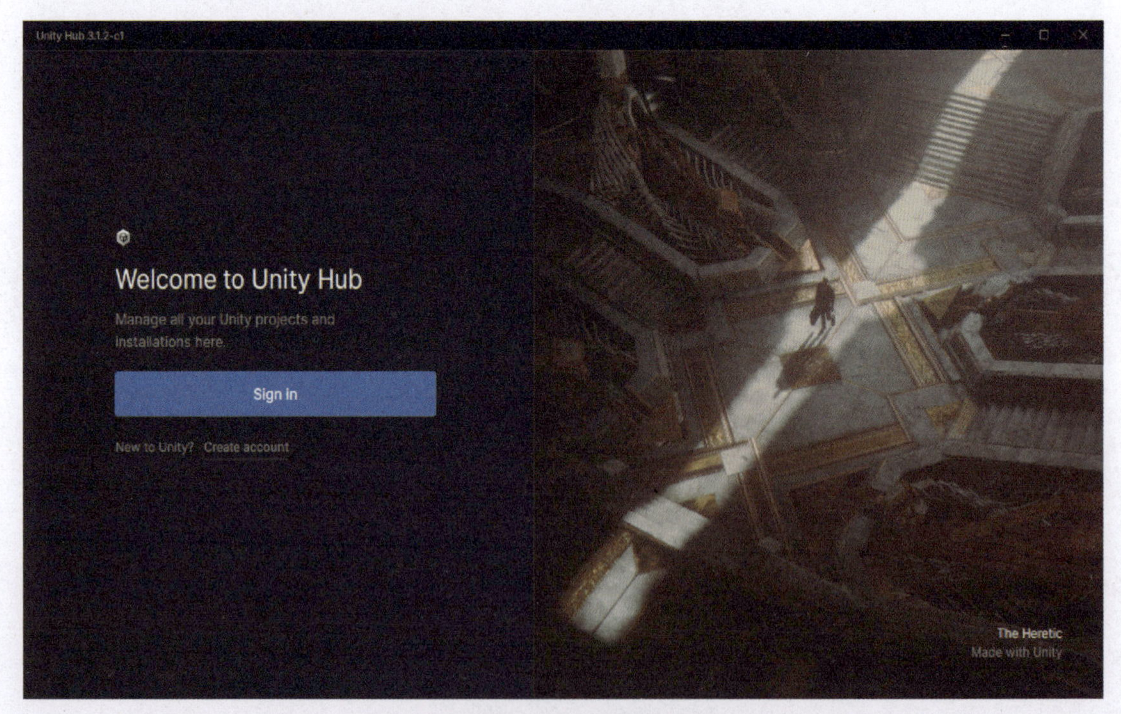

图 5-51　Unity Hub 界面

⑧ 在官网首页中的右上角找到“下载 Unity”并单击，在下拉列表中可以看到当前 Unity 的所有版本，根据不同计算机的配置下载相应的版本。Unity 不同版本的选择，如图 5-52 所示。

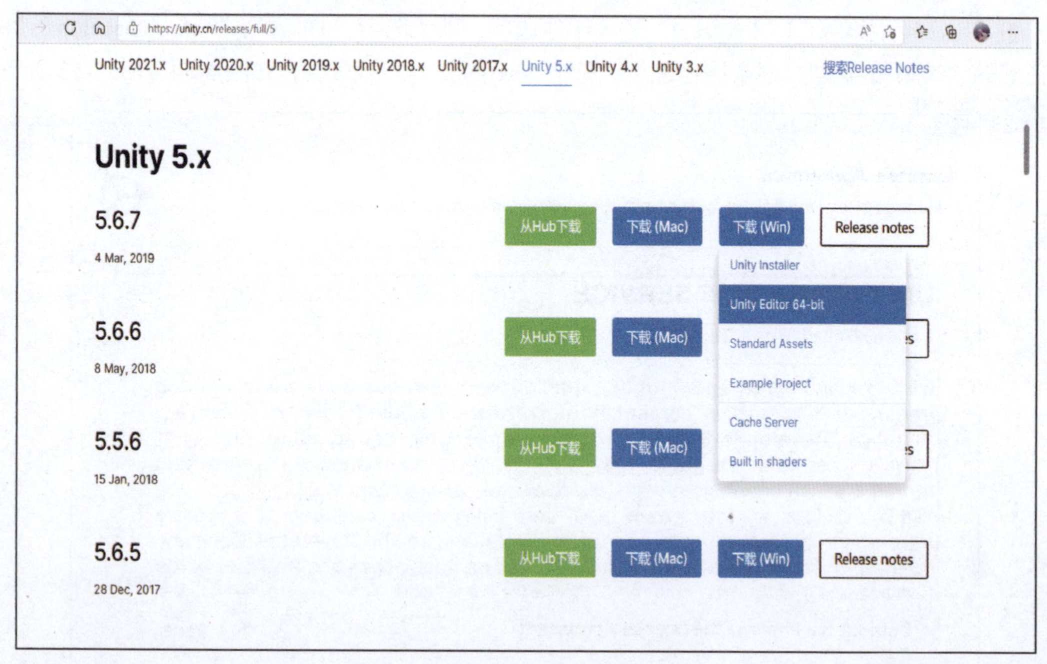

图 5-52　Unity 不同版本的选择

⑨ 下载安装至本地，然后双击 Unity Setup64 -5.3.Of4. exe，单击“下一步”按钮。下载安装，如图 5-53 所示。

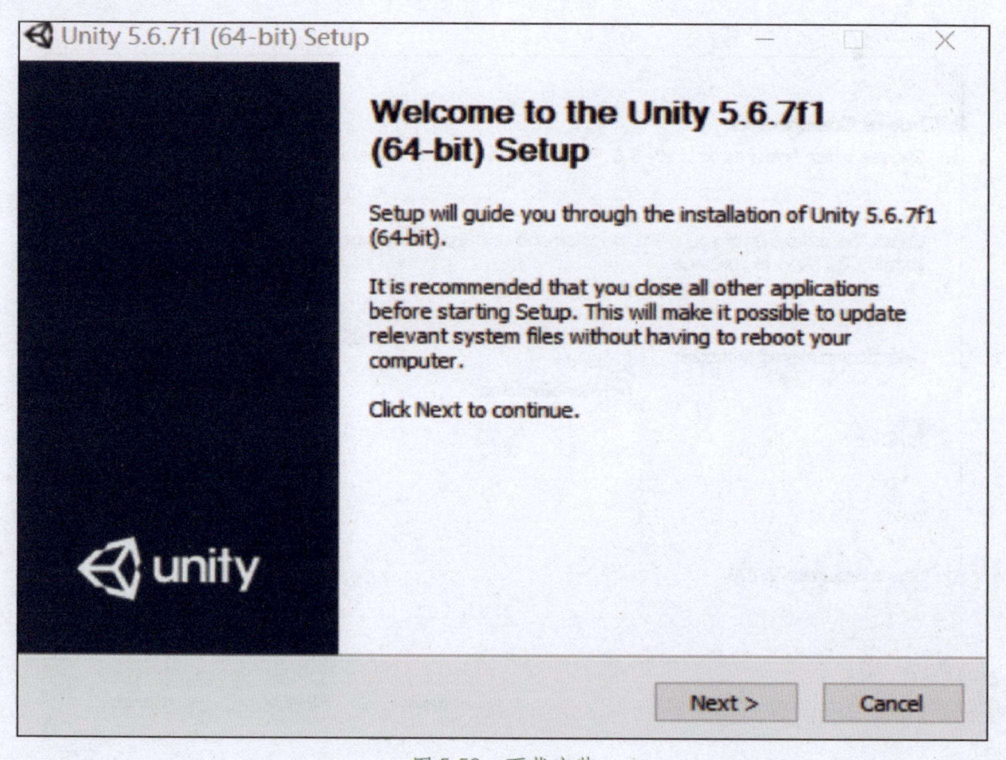

图 5-53　下载安装

⑩ 单击许可协议接口（I Agree），进入部件选项，默认选中“Unity”，“MonoDevelop”是一个正式的“代码编辑器”，通常推荐选中，单击 Next 按钮。下载安装，如图 5-54 和图 5-55 所示。

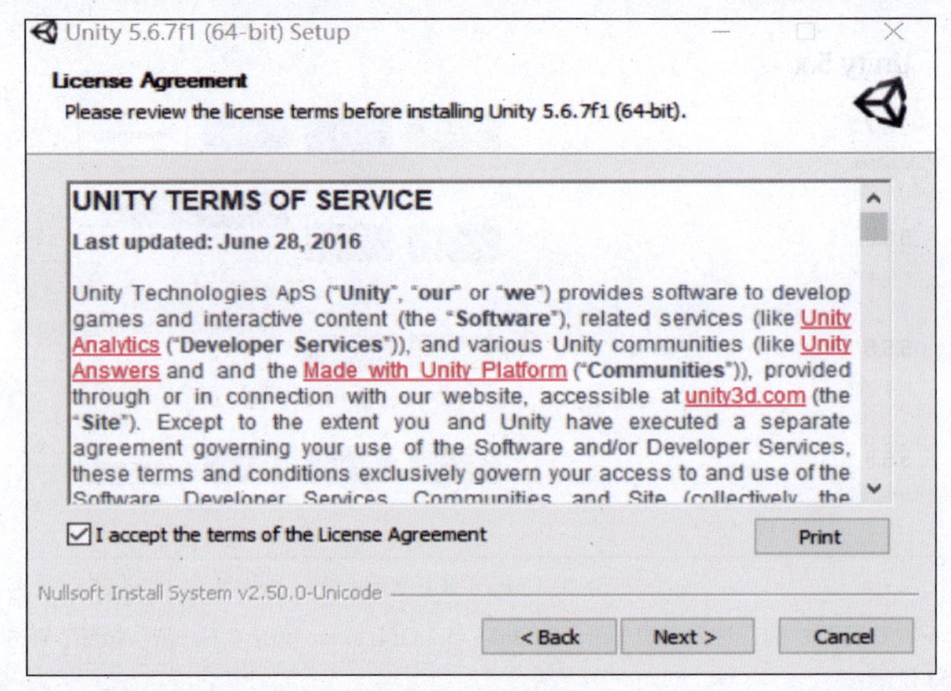

图 5-54　下载安装

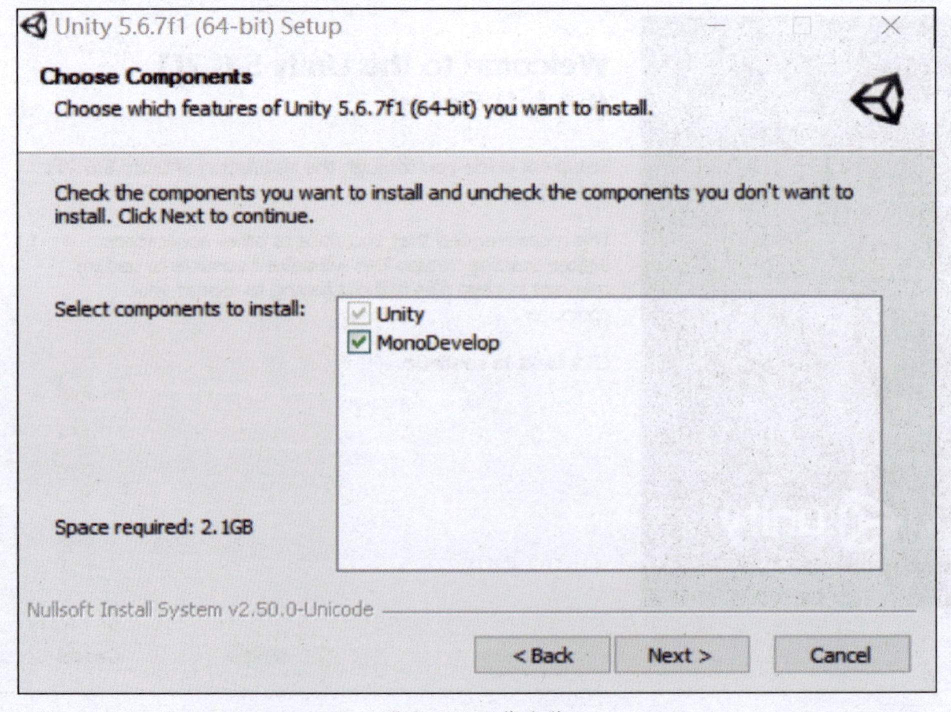

图 5-55　下载安装

⑪ 选择一个本地安装路径，单击 Install 按钮安装，然后单击 Finish 按钮即可完成安装，如图 5-56 所示。

⑫ 安装完毕，桌面上会出现 Unity 3D 的图标（默认设置后，Unity 3D 会自动开启，不能开启的话，双击即可开启）。第一次安装时，会出现一个活动窗口，如果以前没有登录，可以建立 Unity 的 ID，并按照提示来注册 Unity 的账号。Unity 在桌面上的显示，如图 5-57 所示。

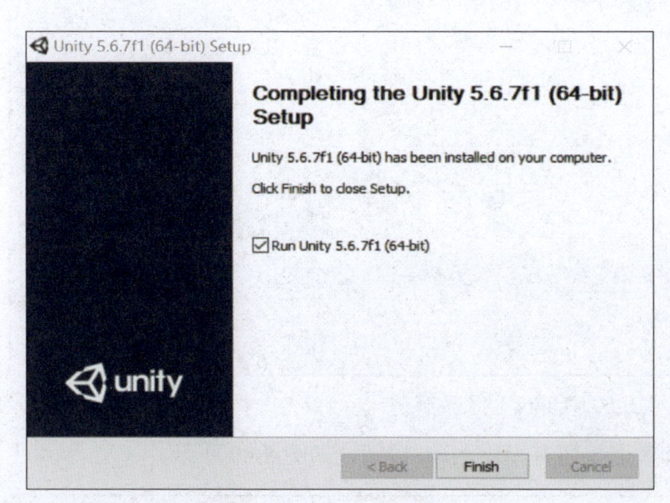

图 5-56　完成安装

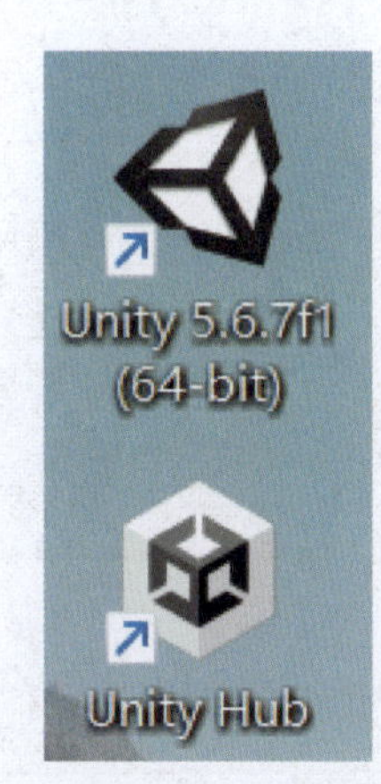

图 5-57　Unity 在桌面上的显示

⑬ 若未注册过账号，则需注册后再进行登录。由于编者之前注册过账号，那么在这里选择直接登录。Unity 登录界面，如图 5-58 和图 5-59 所示。

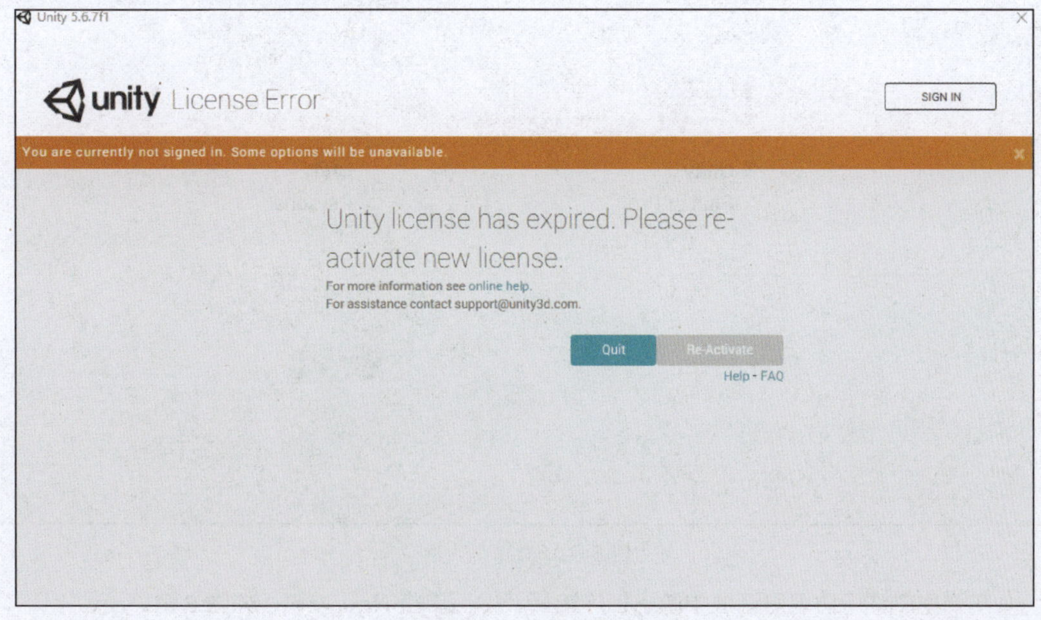

图 5-58　Unity 登录界面

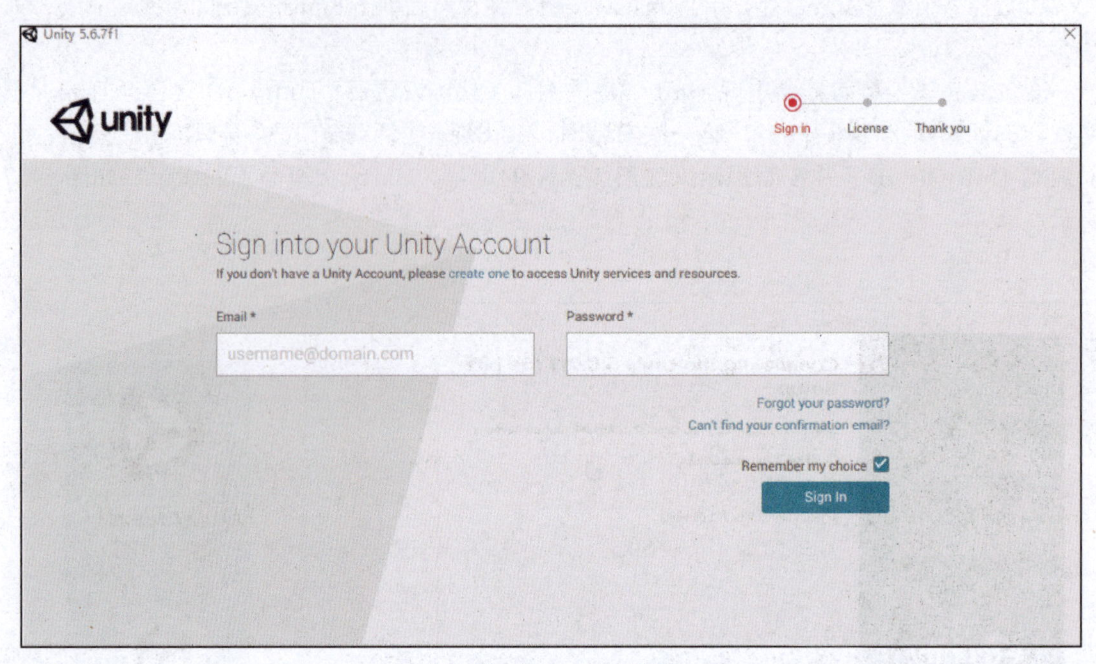

图 5-59　Unity 登录界面

⑭ 登录之后，选择 Unity Personal 单选按钮并单击 Next 按钮，如图 5-60 所示。

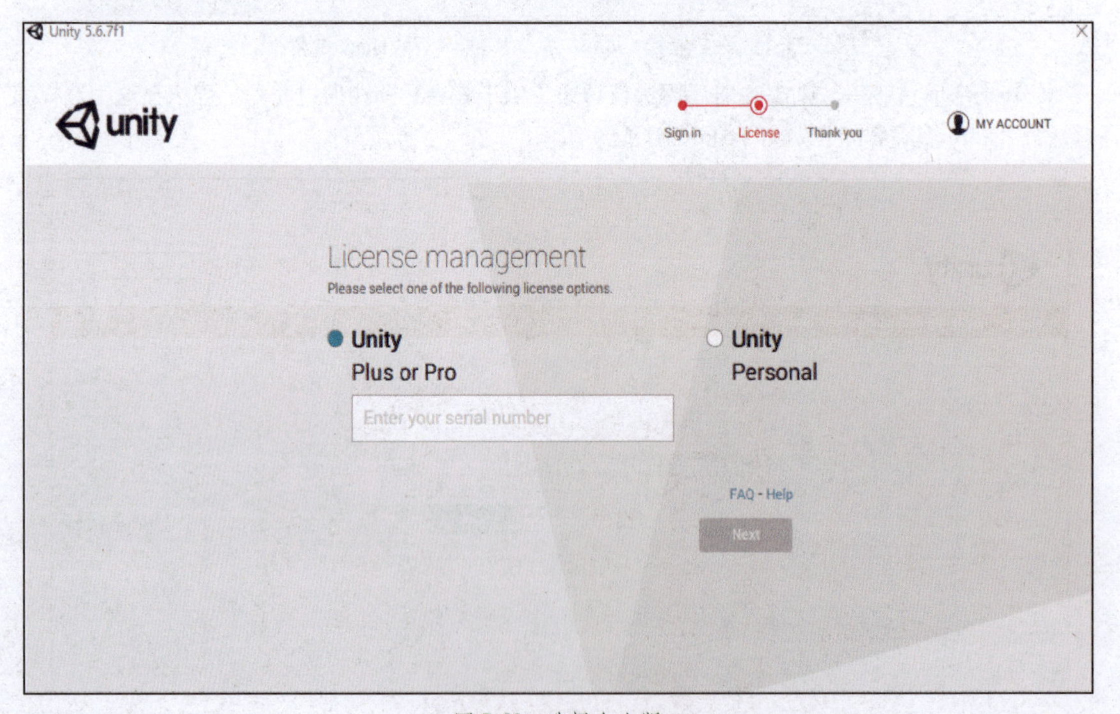

图 5-60　选择个人版

⑮ 在弹出的许可协议对话框中做出相应选择，然后单击 Next 按钮，如图 5-61 所示。

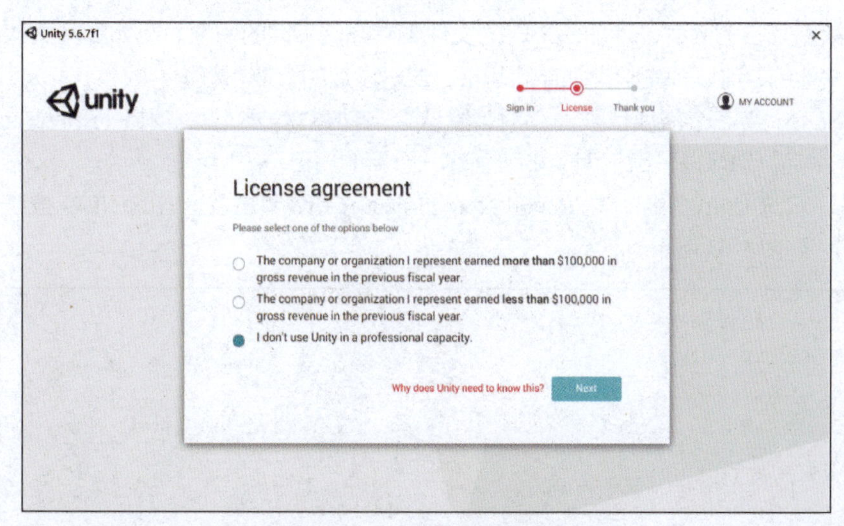

图 5-61　选择许可协议

⑯ 最后单击 Start Using Unity 按钮即可，如图 5-62 所示。

图 5-62　登录 Unity

注：

① 虽然个人版的功能比专业版差了不少，但如果是为了学习，推荐个人版。

② 现在主流计算机上的操作系统都已经支持 64 位，所以推荐下载 64 位的安装包。如果你的计算机是 32 位的，你也可以用 32 位的 Uniteditor32-bit。

③ 除了 Unity 的官网上有下载软件，很多国内的网站和论坛上都有下载软件。Unity 官方网站的下载进度比较稳定，为了防止出现恶意的文件和病毒，建议大家在 Unity 官网上下载安装软件。

2. 创建一个新的工程

Unity 项目包含了多个场景，玩家可以在不同的场景中切换不同的关卡。在建立了一个项目之后，就会根据项目的需要，添加一个新的文件夹来存储不同的资源。比如脚本文件、美术资源文件、场景文件等，可以预先归类并存储起来，便于以后的管理和查询。

一般情况下，当一个新项目被建立时，默认会自动建立一个空白项目（没有其他资源）。在 Unity 安装完毕后，您可以按照下面的步骤创建一个新的项目。

① 首先，双击 Unity 图标，然后单击 New Project 按钮（单击右上方的 NEW 按钮，也可以新建一个项目），如图 5-63 所示。

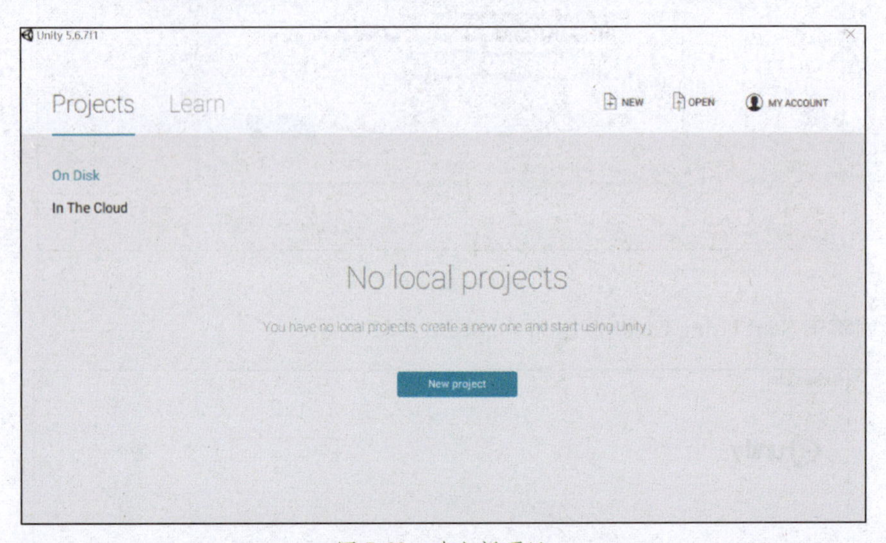

图 5-63　建立新项目

注：如果以前已经建立或开启了其他项目，则会在窗口的左边出现一个项目的名字，单击项目名称即可打开该项目。单击已经建立或开启的项目，如图 5-64 所示。

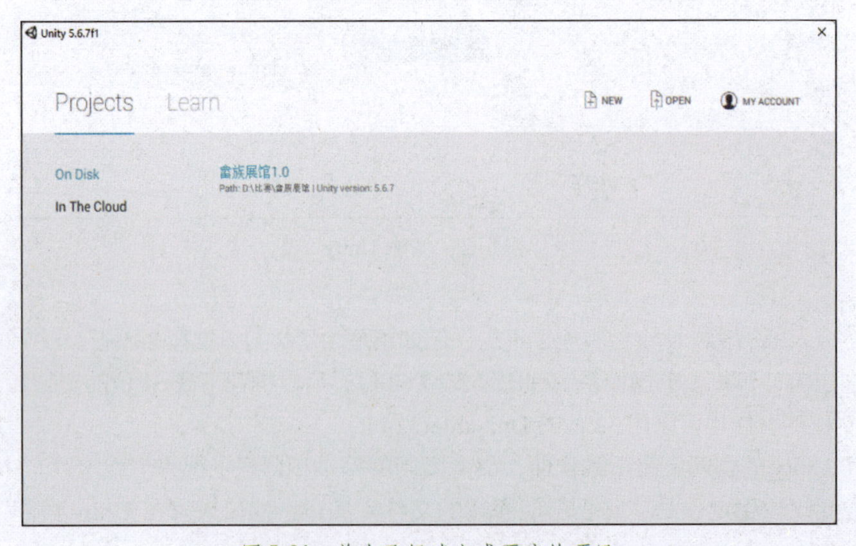

图 5-64　单击已经建立或开启的项目

② 在 Project name（项目名称）的文本框中输入新项目的名字，单击 Location（位置）后面的“...”按钮，选取一个用于建立项目的目录，并将工程类型设定为 3D。建立新项目，如图 5-65 所示。

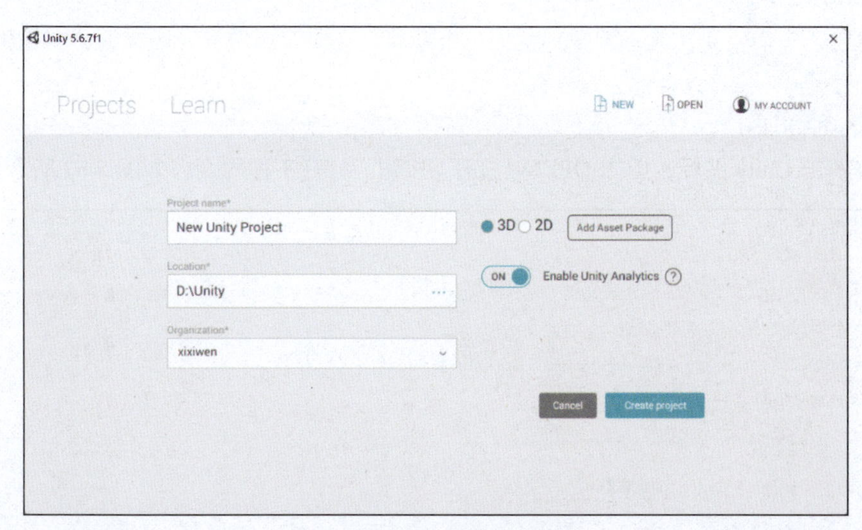

图 5-65　建立新项目

③ 完成所有的设定后，单击 Create Project（创建工程）按钮，就可以完成创建，然后将会自动开启 Unity 的操作界面。自动开启 Unity 的操作界面，如图 5-66 所示。

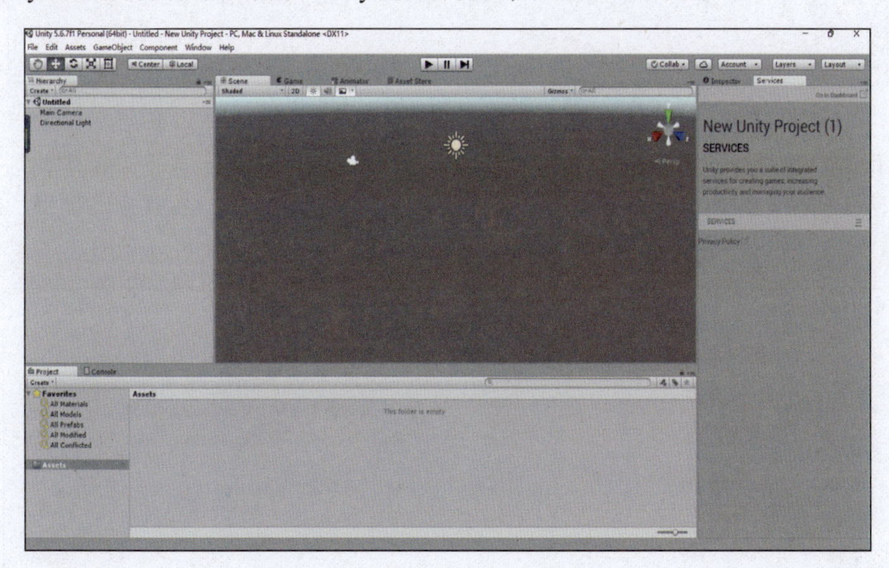

图 5-66　自动开启 Unity 的操作界面

注：

① Unity 中的工程名称和项目的建立路径都尽量是英文，不然有可能会导致 Unity 无法识别，错误报告，甚至崩溃。

② 2D 与 3D 的相机类型稍有差异，设定为 2D 时，默认为正交相机；在设定为三维物件时，预设摄影机是一种透视摄影机。

③ 为避免烦琐，在以后的讲解中会将 Unity 3D 统一简称为 Unity。

3. 打开一个工程

有时，项目工程并不需要用户自己去建立，它也可以是别人建立或分享的。所以，如果用户以前已经建立了一个项目，或者想要开发另一个项目，应该怎么做？一般来说，有三种方法可以开启项目工程。

（1）第一种方法

① 首先双击 Unity 图标，单击 OPEN（打开）按钮。打开工程界面，如图 5-67 所示。

图 5-67　打开工程界面

② 单击 OPEN（打开）按钮后，会弹出一个打开现有项目对话框，在对话框中找到项目工程资料夹的存储路径，然后单击右下角的“选择文件夹”按钮。打开已经建立的项目，如图 5-68 所示。

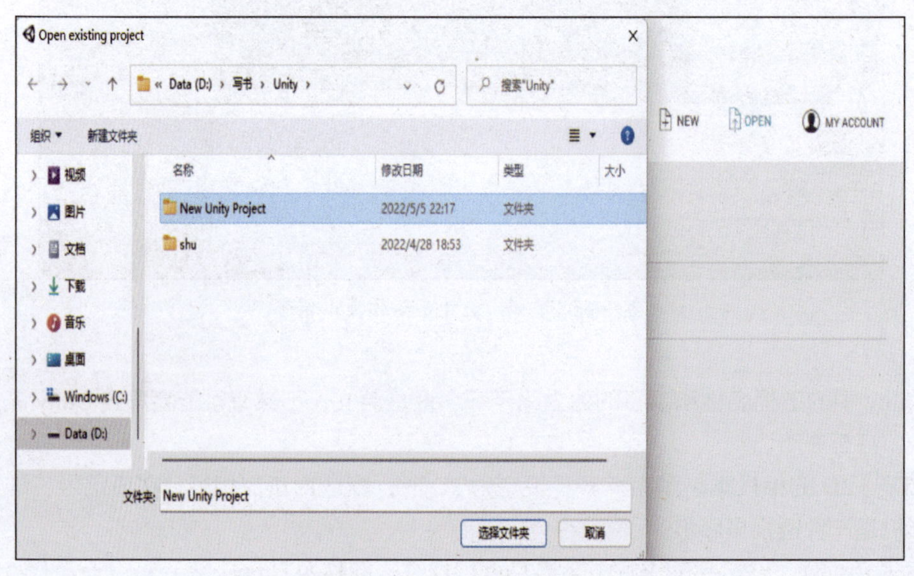

图 5-68　打开已经建立的项目

注：如果无法在图 5-68 所示的对话框中单击下面的“选择文件夹”按钮，则表示所选取的文件夹可能并非工程的根目录，或目前的工程所用的是未辨识的 Unity 版本。

（2）第二种方法

在项目已开启的情况下，该怎样开启新的项目？

① 在 Unity 导航菜单中选择 File → Open Project(打开工程）命令，如图 5-69 所示。

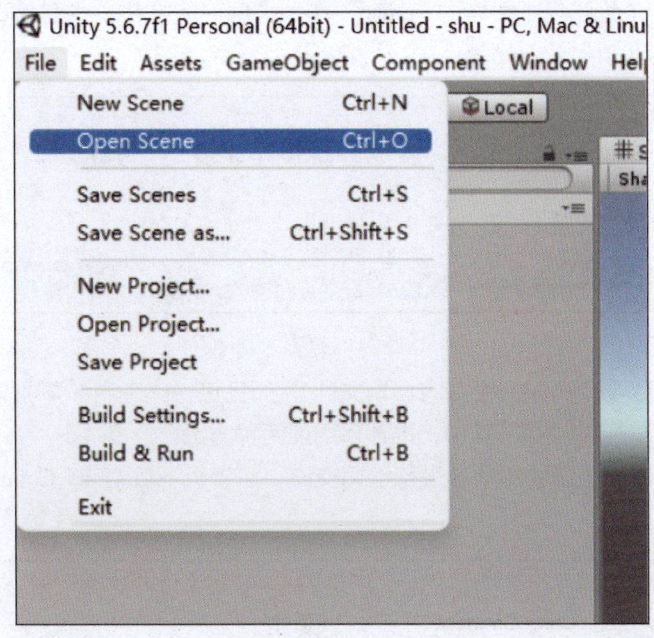

图 5-69　从菜单栏打开工程

② 在弹出的 Load Scene 对话框中选择工程，然后单击“打开”按钮，如图 5-70 所示。

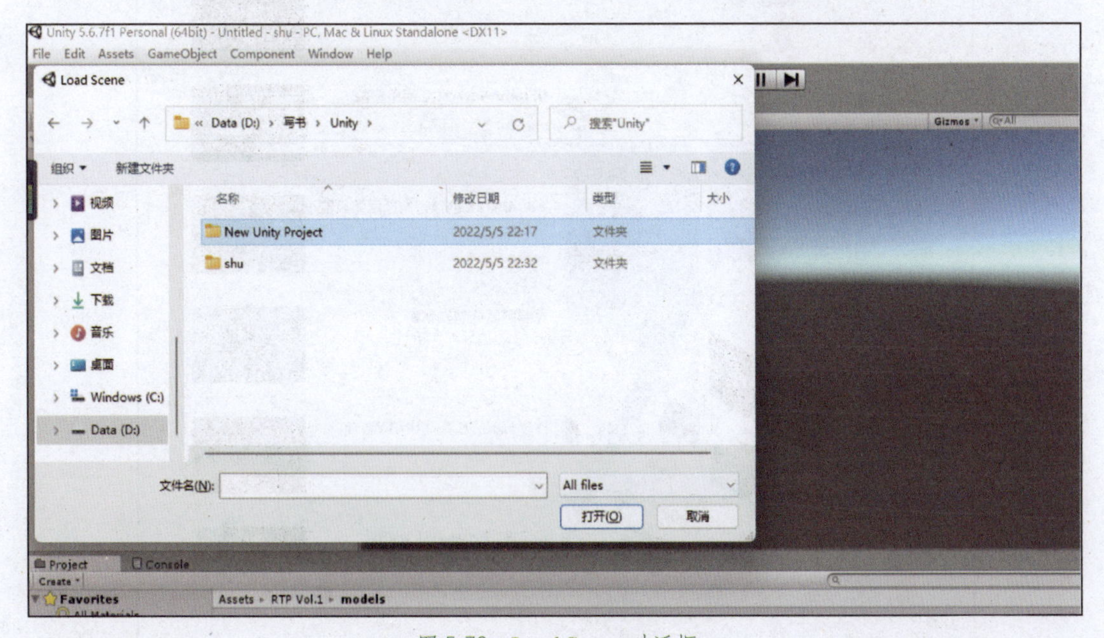

图 5-70　Load Scene 对话框

接下来可以按照第一种方法开启这个项目。

注：如果以前已经开启过这个项目，那么 Unity 将会把项目的名字和路线都记录下来（在项

目清单的左边，这样可以更快找到）。比如上述方法，那么单击它左边的名字，就可以很快地打开它。

（3）第三种方法

在“此电脑”的工程路径中搜索“. unity”作为扩展名的文件，找到想要打开的项目，双击即可，如图 5-71 所示。

图 5-71　搜索文件

这种方式不方便（项目中未必都会有场景文件），而且每一次开启都要加载一个场景，这种方式耗费时间，所以在实际的项目开发中，推荐采用前两种方法。

若读者想要对 Unity 更多使用内容进行学习交流，可手机下载 Unity Connect 软件学习相关知识，如图 5-72 所示。

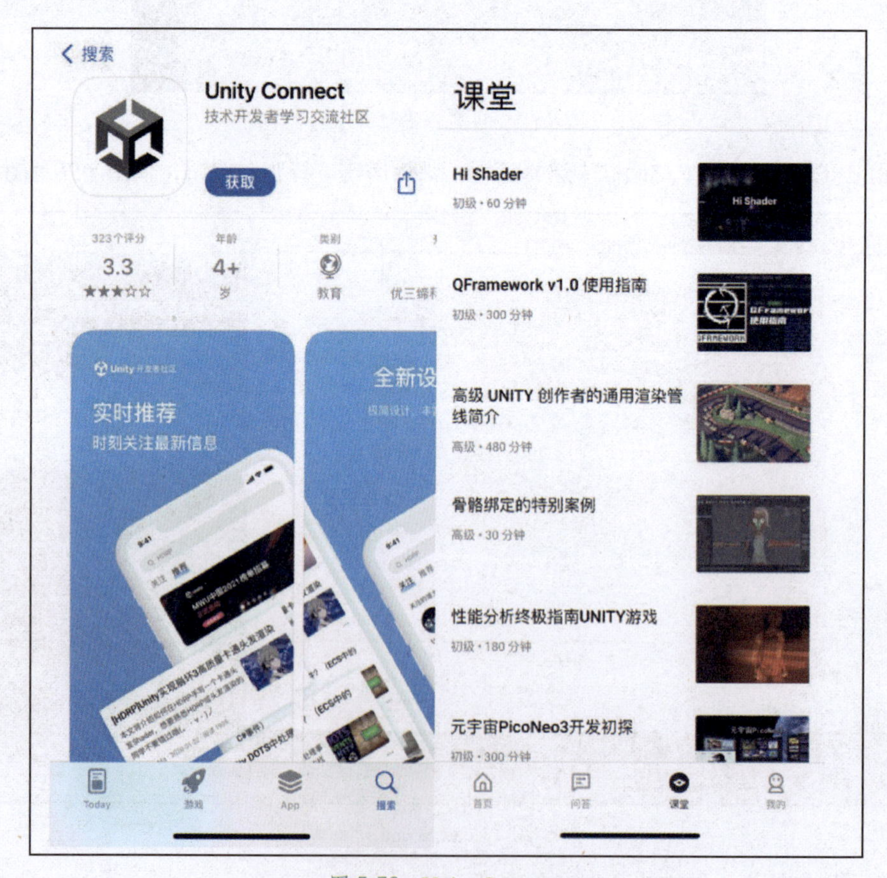

图 5-72　Unity Connect

5.3 虚拟馆内漫游与设计

针对实际的需求和功能要求，提出了虚拟馆内漫游的设计思想和制作方法，分别对空间表达、功能等进行了详细的阐述，并对产品的制作进行了简要的描述。所有的设计原理都满足了虚拟技术的数字化需求，为下一步的漫游和互动做好了充分的准备。

5.3.1 空间关系

空间关系是指各实体空间之间的关系，包括拓扑空间关系、顺序空间关系和度量空间关系。数字展厅以三维的形式进行展示，无论是从设计规划、历史到色彩，还是从视觉上，都能让人产生不同的感受。中国民俗艺术往往反映时空、宇宙意识，具有独特的美学价值，常以奇思妙想、令人意想不到的图景，表现民间艺术家对宇宙时空、自然的独特情感与感悟。

一座建筑，不管其形状有多复杂，都是由某种基本的几何形状组成的。只有通过合理的功能与结构，将各因素巧妙地组合在一起，形成一个整体，才能达到整体的统一。下面将介绍可能会用到空间的几种形式。

1. 空间内的空间

大的空间能容纳一个体积较小的空间。二者很容易形成视觉和空间上的连贯性，但其内部空间与外部的联系却依赖于外部的大空间。空间容纳，如图 5-73 所示。

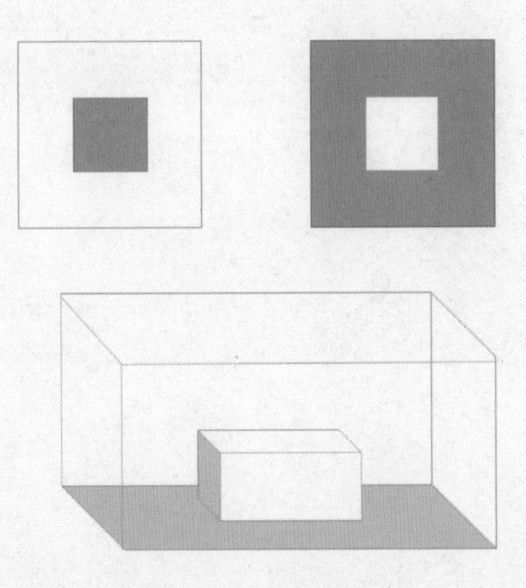

图 5-73　空间容纳

在这个空间关系里，大型的封闭式空间为容纳在里面的小型空间提供了三个维度的领域。要理解这个观念，在大小上要有很大的不同。当被围的空间变大时，较大的空间就会丧失包围的作用。假如被包围的较小的空间不断扩大，其周围的其余空间就会被大大地挤压，无法称之为封闭空间。外层空间会成为一个围绕着封闭空间的薄层或表层。空间三个维度的领域，如图 5-74 所示。

图 5-74　空间三个维度的领域

为提高被围空间的吸引力，其形态可以与周边空间的形态一致，但方向上有差异。这样做会在一个大的空间中形成一个二级的栅格和一系列动态的辅助空间。围合空间的形态与维持空间的区别在于，它能加强其单独的体块的形象。这样的形态反差会显示出两个空间在功能上的差异，或是被包围的空间有很大的象征意义。空间反差，如图 5-75 所示。

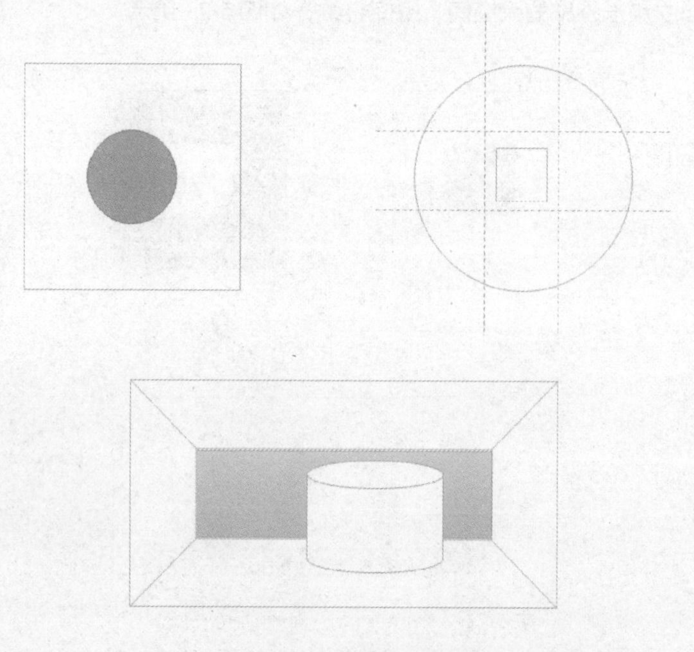

图 5-75　空间反差

2. 邻接式空间

相邻是一种普遍存在的空间关系。它使每一个空间都有明确的定义，并对特定的功能性需求和象征性的反应。两个邻近的空间，其视觉与空间的延续程度，依赖于这两个平面的特性，即将二者分隔开，并将其连接起来。邻接式空间，如图 5-76 所示。

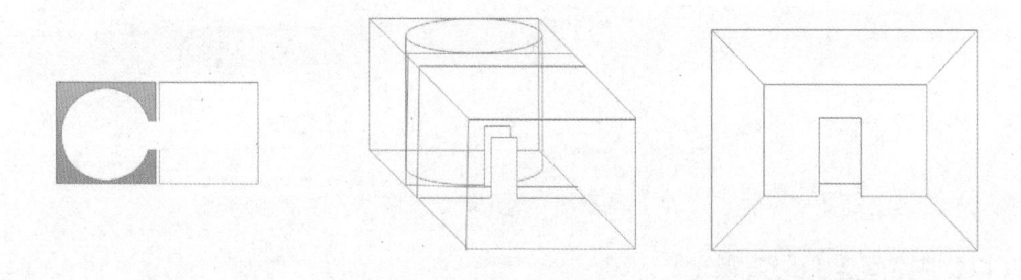

图 5-76　邻接式空间

置于单个空间体积内，作为单独的平面。平面划分空间，如图 5-77 所示。

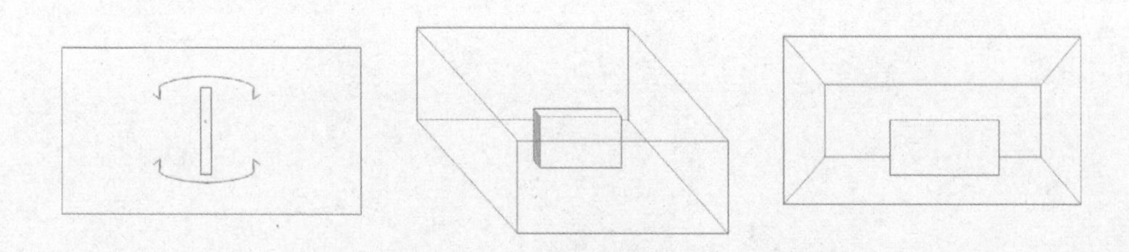

图 5-77　平面划分空间

作为一列柱状结构，可以在两个空间中保持高度的连续性和空间的连续性。列柱状划分空间，如图 5-78 所示。

图 5-78　列柱状划分空间

简单地由两个不同的高度或者不同的表面材质和表面的纹理进行对比。与平面划分空间和列柱状划分空间一样，也可以看作是一个独立的空间体积，并划分成两个相互关联的区域。对比划分空间，如图 5-79 所示。

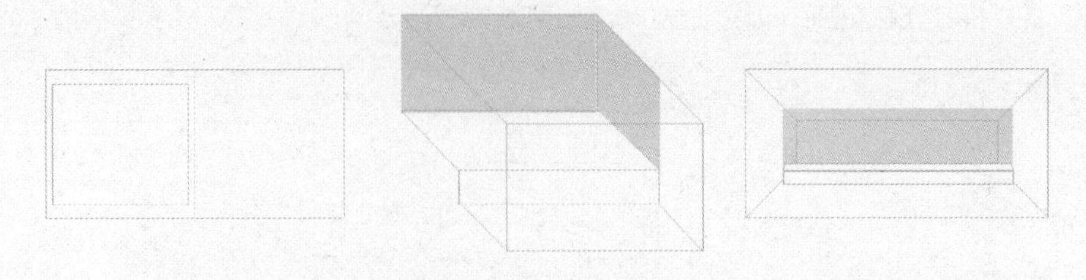

图 5-79　对比划分空间

3. 以公共空间连接的空间

两个间隔一定距离的空间可以通过一个第三个转换空间进行连接或联系。两个空间的视觉和空间关系依赖于这个第三空间，这是由于两个空间都有共同的空间。公共空间连接空间，如图 5-80 所示。

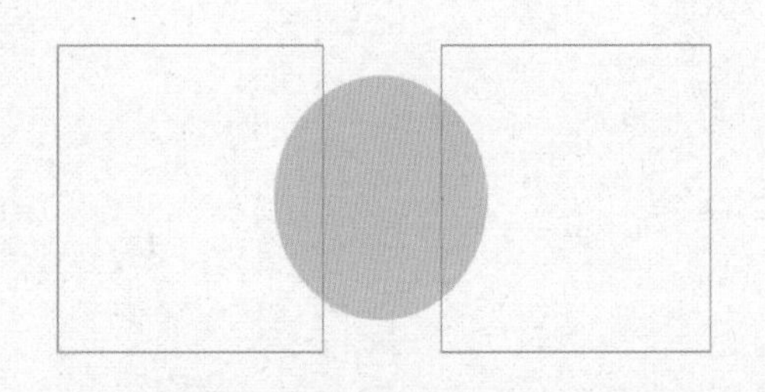

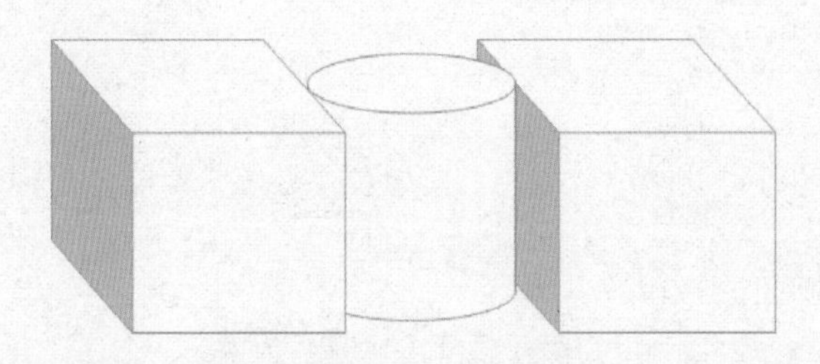

图 5-80　公共空间连接空间

转换空间及其连接的两个空间，其形状和大小都可能是一样的，并且构成一系列的线性空间。线性空间，如图 5-81 所示。

图 5-81　线性空间

如果转换空间足够大，就可以在这个空间关系中占据主导地位，而且可以将很多的空间组织起来。组织多个空间，如图 5-82 所示。

转换空间的形态可以是两个互相连接的空间之间的剩余空间，并且由两个相关的空间的形态和方向来决定。转换空间，如图 5-83 所示。

图 5-82　组织多个空间

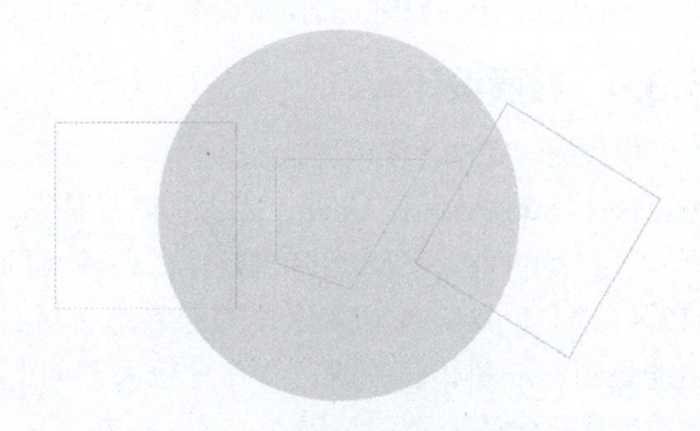

图 5-83　转换空间

5.3.2　模型设计

本书所选择的模型软件是 3ds Max，其后续的高版本也能非常便捷地进行操作，对初学者来说更加方便。在此基础上，将模型资料输入 Unity 等软件中时，更具稳定性。目前，3ds Max 是最大的建模软件，它在许多模型和游戏开发方面都有广泛应用。本书的模型部分均是由 3ds Max 制作，如建筑、坊车、银器与编织筐等。部分模型如图 5-84 所示。

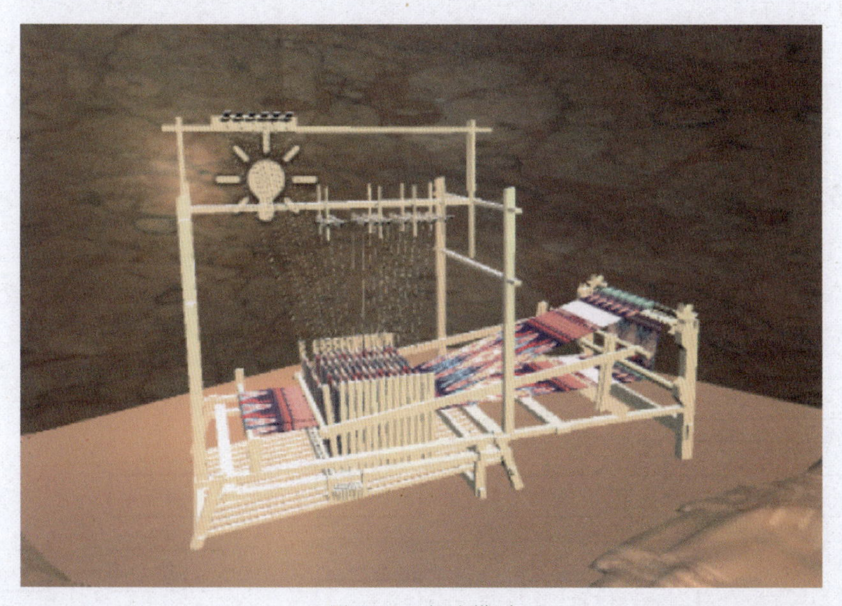

图 5-84　部分模型

5.3.3　灯光设计

在模型建立之后，必须对室内和室外的照明进行设计，以确定室内和室外照明的位置和方向。灯光是从斜坡的一侧向下倾斜，形成了一个明亮和黑暗的反差。

灯光决定了我们对建筑和天气的正确认识，单击屏幕，走进展厅，室内和室外的特点都会在灯光的照射下得到充分的体现。采用 Unity 软件制作的光源，调整参数少、操作简单、快速、效果逼真。在灯光布置上，要遵循明暗的立体关系和客观自然的原则，追求自然的效果。灯光设计的目的，就是要给场景中的物体提供最基本的光照，同时，还能有效营造氛围。

5.3.4 材质设计

模型制作完毕，在模型上加入材料和贴图，使模型具有色彩、花纹、透明度等属性。模型的主要软件是 3ds Max 和 Unity，因为它们有很多材料，且可以快速编辑和制作材料。

材料（贴片）的大小和像素在各个项目中都有特定的需求，比如 Photoshop 中的 512 × 512、1 024 × 1 024 这样的像素。在材料设计方面，Photoshop 的帮助很大，它的主要功能是制作贴图和简单编辑，在主登录界面上的图片设计、鼠标单击、按钮和在界面的右下角进行脚标记的设计和编辑。

5.3.5 功能设计

在设计的虚拟漫游展馆中需实现以下功能：

① 模拟显示真实的材质纹理。

② 可随意变换视角。

③ 多模式浏览。

④ 可播放影像和音乐效果展示。

⑤ 模拟真实灯光。

⑥ 模型可调整大小。

⑦ 模型自动旋转。

⑧ 实施弹幕添加。

5.3.6 技术方案设计

在软件 Unity 中通过 Photoshop、3ds Max 等软件，可以实现漫游和互动。本书对漫游与交互技术进行了简要的介绍，并根据其特性进行了详细的分析，包括贴图编辑、灯光参数、交互代码等，并根据需要进行详细的技术计划。技术方案设计如图 5-85 所示。

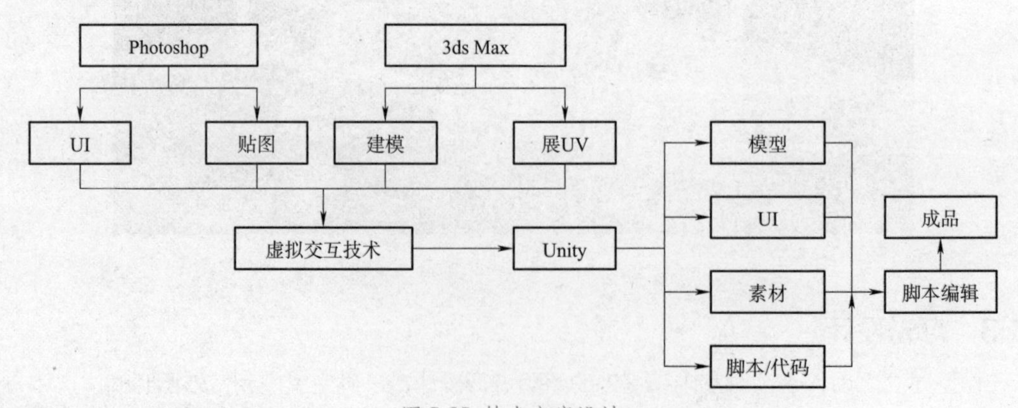

图 5-85 技术方案设计

5.4 数字展馆实例展示

5.4.1 展馆设计方案

1. 设计思想

VR“蓝印花布”传承数字博物馆是数字展厅采用计算机绘图技术搭建，是一种以传统展厅为依托，通过虚拟技术，将展厅和陈列品通过数字技术进行展示和宣传，打破了传统展厅的时空限制。VR“蓝印花布”传承数字博物馆，综合运用文字、视频、图片等形式在线浏览平台，展现内容集思想性、艺术性、知识性、趣味性于一体，形式新颖，操作简单。

2. 展馆背景

蓝印花布源于秦汉，兴盛于商业发达的唐宋时期，曾广泛流行于江南地区，是中国传统染织艺术花园中的一枝奇葩。明清以来，随着纺织手工业的逐步兴盛，其中蓝印花布成为风靡全国的染织手工艺品，大部分地区形成了各自的艺术风格。蓝印花布的艺术蓬勃发展，达到了前所未有的辉煌。随着“外来洋布”的入侵，传统的蓝印花布逐渐衰落。人们认为，蓝印花布颜色单调，因而被人们所抛弃。20 世纪五六十年代，江南一带的蓝印布厂，几乎全部倒闭。而一江之隔的南通，受外力冲击较小，仍有部分蓝印厂。在公私合营以后，分散于各地的小型染坊，组成了国有和集体印染厂，各个染坊的民间艺人也陆续聚集起来，统一安排，各显神通，使得传统染坊和染坊的形式得以延续。因其悠久的历史，独特的印染工艺，质朴的色彩，素雅的风韵，在 2006 年蓝印花布入选中国第一批公示的非物质文化遗产保护名录。

蓝印花布是中华民族智慧的结晶，其延续八百年的历史更展现了民族的创造力和文化的可持续性发展。传承保护蓝印花布印染技艺，亦是在保护农耕文明时代蓝印花布的人文思想、人文精神、人文情怀，是在唤醒人们对传统文化、传统习俗的认识和肯定。非物质文化遗产具有重要的文化信息资源，也是历史的真实见证，承载着人类社会的文明，所以加强我国非物质文化遗产的保护已经刻不容缓。

3. 创作意义

在现代的生活中，人们的生活质量越来越高，我们也越来越注重精神质量方面。中国蓝印花布是我国劳动人民的日常生活用品，是一种有着丰富的民族历史底蕴和突出代表性的民间文化遗产，同时也是我国民族文化和民间艺术研究的“活化石”。中国蓝印花布具有民间美术的某些共同特点，如物美价廉、质朴实用等。作为国家级非物质文化遗产，蓝印花布不仅是一幅幅精美的画面，更是与人们的劳动、生活紧密联系在一起。它的造型手法多样，视觉效果饱满，具有独特的民间审美特点，以及它所蕴涵的深厚的民间情怀，都是值得现代人深入分析和探讨的。近几年，由于人们的生活习惯发生了变化，民俗手工艺逐渐淡出了人们的生活。此实例基于 VR 将蓝印花布以数字博物馆的形式展现，从而帮助大众更进一步了解承载着民间优秀文化的传统艺术，同时对于蓝印花布的传承和发展有着重大且深远的意义。

4. 素材收集

（1）通过实体展馆收集素材

南通蓝印花布博物馆是我国第一家集收藏、展示、研究、传承、生产性保护为一体的蓝印花布专业博物馆。下设蓝印花布传承基地、蓝印花布研究所、元新蓝染坊等创意工作部门。2005 年被中国民间文艺家协会授予“中国蓝印花布艺术传承基地”，2006 年被命名为国家级非物质文化遗产保护研究基地。博物馆以立体式传承的形式传播蓝印花布技艺，培养了大量的青年人才。这里沉淀着最古朴的传统工艺，“靛蓝人间布上美，青花世界馆中看”，简单的蓝白世界中能体验出别样的淳朴与高雅。

南通蓝印花布博物馆坐落在南通市濠河风景区东侧的濠东路旁，是中国工艺美术大师吴元新于 1997 年创建的。

从外部看，博物馆古朴端庄，黛瓦白墙。进入门内，房屋正中央有一面展览墙，展示的是各种精美的蓝印花布，有几十种之多。门厅左转，介绍内容主要是蓝印花布的历史起源与发展。现场看到两架手工纺车，有两三女工正在纺线。欣赏完纺车，来到一个长廊内，这里悬挂的主要是南通蓝印花布古旧精品，这些蓝白相间的精美图案很容易让人联想到明清时代的青花瓷图案。迂回曲折的长廊后半部分架在溪流之上，漫步走过长廊，来到一个大厅内，这里摆满了琳琅满目的蓝印花布。这些以蓝印花布制成的被面、头巾、门帘等生活用品，朴素大方、色调清新明快、图案淳朴典丽。

（2）通过纸媒、影像资源等传统媒体收集素材

文献资源是相对于天然资源的一种社会资源，是物化了的知识财富，是人们迄今为止收集积累贮藏下来的文献的总和，是人类进行跨时空交流、认识和改造世界的基本工具。相关文献资源如书籍《蓝印花布》、史书《考工记》，以及相关活动文字记录等。

影像资源：在信息时代飞速发展的今天，采用拍摄、扫描或其他方式获得的资源对象的形象再现，以及经过处理后具有视觉特征的选择性数字记录，即影像资源已经成为一种流行的资源形式。影像资源如纪录片《蓝白人间》，包括蓝印花布的电影电视、新闻、录像等，如中央电视台三套《文化十分》栏目播出南通蓝印花布四代传承的专题片，中央电视台十套《探索与发展》栏目也播出了南通蓝印花布博物馆创新的专题纪录片，中央电视台七套《农广天地》栏目制作了蓝印花布特辑，对蓝印花布的印染工艺、文化内涵、图样花纹等进行了详细的讲述。

（3）通过互联网等收集素材

多种媒体的快速发展，为蓝印花布提供了技术保障。网站、公众号等常见的方式已融入了人们的生活。南通蓝印花布博物馆网站，设置了“工艺流程”“传承发展”“传承之路”等栏目，用以展现宣传南通蓝印花布，弘扬非遗文化。“南通蓝印花布博物馆”“我爱蓝印花布”等公众号的投入运行，扩大了蓝印花布的受众群体，提高了大众对蓝印花布的认识，唤起现代人对传统文化与

美学的重新感知。

网络的迅速发展，成为大量信息的载体，如何有效地提取并利用这些信息成为一个巨大的挑战，网络爬虫应运而生。聚焦爬虫是一个自动下载网页的程序，它可以根据既定的抓取目标，有选择地访问网页与相关的链接，获取所需要的信息。利用聚焦爬虫定向爬取中国非物质文化遗产网相关的蓝印花布信息，可以大批量爬取数据，并进行数据分析，有利于对蓝印花布的全面了解与分析。

三种途径获取的资源的整合，形成一个对蓝印花布资源完整的叙述分类。这样的分类对于蓝印花布的研究学习具有实用性，丰富了研究视角，充实了理论研究基础，对于设计制作蓝印花布博物馆具有指导意义。

5.4.2　展馆操作界面实例

1. 初始页面

展馆开始界面非常简洁直观，界面中只有三个按钮：开始、帮助和返回。单击“开始”按钮，正式进入博物馆内部。初始界面如图 5-86 所示。

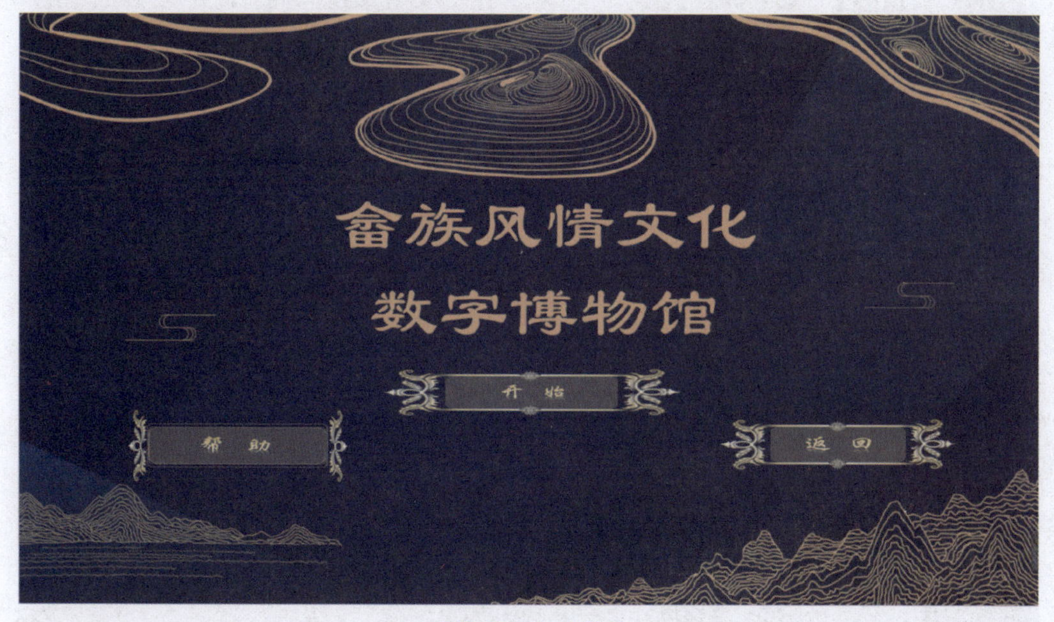

图 5-86　初始界面

2. 模式选择页面

在进行展馆的浏览时可以进行不同模式的转换，单击右侧较小蓝色按钮可进行模式选择，用户可选择在不同的模式下进行展馆的观看。模式选择界面如图 5-87 所示。

具体分为以下三种模式：

（1）漫游模式

无须用户手动操作，在该模式下系统按照设定好的路径自动进行展馆的浏览。

图 5-87　模式选择界面

（2）VR 漫游

该模式主要应用于手机端，通过单击“VR 漫游”按钮后进行浏览，在计算机端的 VR 模式下整个界面会分为两个大小相同的界面，按照之前设定的路径进行漫游，在手机客户端需要与 VR 眼镜进行配合，用户带上 VR 眼镜后仿佛身在展馆内部行走。VR 漫游模式如图 5-88 所示。

图 5-88　VR 漫游模式

（3）自由模式

用户通过手动操作程序界面的按钮达到在展馆内部前进、后退、左转、右转的目的。

3. 播放影像

通过触摸屏幕上的蓝色按钮来控制人物的行动。走近电视墙即可播放视频，如图 5-89 所示。

图 5-89　播放影像

4. 单个模型的具体展示

在自由模式下，用户单击该模型处的“进入展览”按钮后即可直接为用户展示出该模型的具体简介，并可通过调节大小以及转速的控制条来增大或减小展品的大小，以及旋转的速度。单个模型的具体展示，如图 5-90 所示。

图 5-90　单个模型的具体展示

5. 实时添加弹幕

在用户观看展馆时，可以单击左侧蓝色按钮旁的金色按钮发表自己的感想。此时会弹出一个输入文本框，用户将自己的感想输入后，单击输入框上面的红色“关闭”按钮，即可成功发送，在屏幕上就会出现自己所发送的弹幕。添加实时弹幕，如图 5-91 所示。

图 5-91　添加实时弹幕

本章小结

本章讲述了设计数字展馆的主流建模软件与设计展馆软件：3ds Max 与 Unity，详细介绍了两款软件的基础入门操作，介绍了虚拟展馆内部空间分配与装饰设计、功能设计、技术方案设计等，为展馆内部设计提供完整帮助。

知识点速查

- 3ds Max 是由 Autodesk 公司开发的以 PC 为基础的 3D 动画制作与绘制软件。它拥有完整的建模、渲染、动力学、毛发、粒子等功能，同时还拥有一个完整的场景管理系统，以及多个用户、多软件的协同工作。
- 将 3ds Max 进行功能性分类，大体可分为角色动画、虚拟展示和后期制作三个部分。
- 3ds Max 相对于其他 3D 建模软件，其优势在于：功能强大，具有动态显示功能，模型真实且软件易于操作入门，也方便与其他软件结合。
- 基本的建模技术包括 2D 建模、3D 建模、二维放样与造型组合。
- 基础建模包括：内置模型建模、二位形体建模、挤压建模、车削建模、放样建模、复合物体建模。
- 高级建模包括：网格多边形建模、面片建模、NURBS（非均匀有理 B 样条曲线）建模。

• 用 3ds Max 软件制作一款瓷器模型时，事先需要准备好所需要的贴图，之后利用软件对瓷器模型的形状进行调整，设置圆角角度，调整模型形状，设置模型参数，选择合适材质，才能完成一款精美的 3D 瓷器模型。

• 3ds Max 软件制作模型的过程中，如果模型没有材质效果，说明视口中显示明暗处理材质没有打开。如果打开后依旧没有效果，则需要通过右侧工具栏中的“修改”→“修改器列表”→“UV 贴图”命令解决。

• 3ds Max 软件制作模型的过程中，如果发现模型中出现不应该出现的影子，则需要找到上方工具栏中的“视图”→“视口配置”命令，取消选中“阴影”复选框。

• Unity 3D 是一款多平台的综合性游戏开发工具，可以使用户能够低成本、易操作、多兼容、低门槛地制作三维视频游戏，建筑可视化，实时三维动画等。

• Unity 3D 涉及七大主要部分（主要内容），包括：地形系统、物理系统、光照系统、声音、脚本编辑、材质编辑、环境效果。

• Unity 3D 具有众多优势，包括用模块化的部件系统来构建游戏物体、真实呈现展品立体信息、提供高效率的视觉化流程、多维的跨平台支持等。

• Asset Store，即 Unity 资源商店，在这里用户可以查找相关人物模型，动画，粒子特效，纹理，游戏创作工具，音频效果，音乐，可视化编程解决方案，功能脚本和其他各种扩展。

• Unity 为开发人员提供了更加全面集成的服务，如 Unity Ads，Unity Cloud Build，EveryPlay，让开发者在最短的时间快速了解市场新动向，开发出新的应用。

• Unity Ads 服务提供许多虚拟奖品，使其达到更新颖的宣传效果，为广大的开发人员提供多种途径的营利方式。

• Unity Game Analytics 服务目前提供了数据浏览器、渠道分析器、计算监视器、自定义数据收集、细分生成器、自定义时间指标。

• Unity Cloud Build 服务能够自动地对开发小组修改后的源码控制库进行自动化处理，并将其以电子邮件形式发送给新的软件包。

• Everyplay 服务是一种快捷的游戏视频共享、游戏重播功能，可以让用户方便录制、分享自己的游戏片段与好友分享。

• 利用 Unity 3D 创建一个新项目往往会包含多个场景资源，因此最好添加一个新的文件夹来存储不同的资源，方便以后的管理和查询。

• Unity 中的工程名称和项目的建立路径最好为英文，否则会导致 Unity 无法识别，出现错误或直接崩溃。

• 2D 与 3D 的相机类型有所差异，2D 默认为正交相机；3D 预设摄影机是一种透视摄影机。

• 在 Unity 3D 软件中，导入模型的方法有三种：第一种是直接拖动模型进入 Unity 导入模型；第二种方法是在工具栏中找到 Assets → Import New Assets 导入模型；第三种方法是在“此电脑”的工程路径中搜索“. unity”作为扩展名的文件，找到想要打开的项目，搜索打开即可看到。

• 空间关系是指各实体空间之间的关系，包括拓扑空间关系、顺序空间关系和度量空间关系。

• 空间的形式分为空间内的空间、紧接式空间、以公共空间连接的空间。

● 灯光设计的目的，就是要给场景中的物体提供最基本的光照，同时，还能起到一种氛围的作用。

思考题与习题

5-1 如何利用 3ds Max 制作一款瓷器？

5-2 若在制作过程中模型没有材质效果，如何改正？

5-3 若在制作过程中模型出现错误阴影，如何改正？

5-4 Unity Asset Store 是什么？有什么作用？

5-5 如何利用 Unity Asset Store 搜寻所需资源？

5-6 如何安装 Unity 3D 软件？

5-7 如何在 Unity 3D 软件上创建一个新工程？

5-8 如何在 Unity 3D 软件上打开一个工程？一共有几种方法？请简述。

5-9 要在软件 Unity 3D 中完成设定好的漫游与交互，用到的软件都有什么？

第6章 数字展馆开发实例

本章导读

本章共分两节，分别详细讲述了数字展馆开发的实际操作与数字展馆网站推荐。本章主要举例说明数字展馆在 Unity 中细致的实际操作方法与推荐数字展馆的各个网站供读者进行参考。

在设计展馆实际操作的过程中，我们会遇到各种各样的问题，解决问题的最好办法是在借鉴中学习成长。

本章从数字展馆的实际操作入手。通过前几章的学习，我们对使用软件、使用技术与相关知识有了系统的了解，接下来将以一款展馆开发实例，使读者对 Unity 软件与虚拟展馆有更深入的了解，并推荐相关网站供读者进行参考借鉴。

学习目标

- 掌握数字展馆原型系统。
- 熟悉并了解数字展馆各个网站。

知识要点、难点

1. 要点

收集数字展馆相关参考网站，能检索、归纳前沿动态。

2. 难点

学会数字展馆开发实例的操作过程。

6.1 数字展馆开发实例介绍

在项目开始时进行现场调查，拍摄有关的图片。然后，在设定好贴图并输出到 Unity 3D 中时，利用 3ds Max 模型工具对所采集的图片进行建模。在 Unity 3D 中引入之后，根据实际情况和设备的性能，尽量选择性能较好的设备，否则会导致卡顿。经过多次测试，最小化系统尺寸，在移动设备和 PC 上都能流畅地运行。

6.1.1 设计与计划

在进行编程前，经常会问自己："我将要做些什么？"游戏设计是一个广泛的主题，有许多关于游戏设计的经典著作。在一个简单的演示游戏中，建立一个基础的学习计划。这些基础课程并不需要太过复杂的设计，为了让读者能够更好地理解游戏的基本原理，更好地理解更高层次的游戏。

针对现有实体博物馆所面临的展示困难，本次实例主要研究基于 Unity 3D 开发平台的畲族博物馆的开发工作，具体包括以下内容：

1. 虚拟展品与虚拟展馆的建模

采用三维建模技术，利用 3ds Max 为数字展馆内的展品及场馆场景建模。

2. 虚拟展馆场景的呈现

在 Unity 3D 开发平台内，利用 3ds Max 中构建好的场馆模型，模拟灯光等物理现象，构建虚拟场景。

3. 虚拟人物的场景漫游设置

设置三种游览路线，使用户可以置身于虚拟场景中，可以自由选择观赏路线，满足观赏需求。

4. 具体展示功能

为展品模型设立具体展示功能，使用户可以近距离欣赏展品。

5. 电视墙功能

当虚拟人物靠近电视墙时，墙上的电视自动播放宣传视频。

该系统以 C/S 架构为基础，采用 3ds Max 软件建立了虚拟展馆及虚拟展品；使用 Unity 3D 建立一个虚拟的漫游环境。该系统的设计可以有效地减少各模块间的耦合，达到高内聚、低耦合的设计思路，使各模块的功能可以相互再利用，在设计上，从整体规划与布局、3ds Max 中的场景设计和建模、Unity 3D 中的虚拟漫游设计与发行等方面进行了详细的设计，同时还包括了素材的收集、纹理贴图和场景设计。既然有了这个工程的规划，并且知道了利用坐标来定位三维空间中的物体，接下来就应该开始建造场景了。实例设计流程如图 6-1 所示。

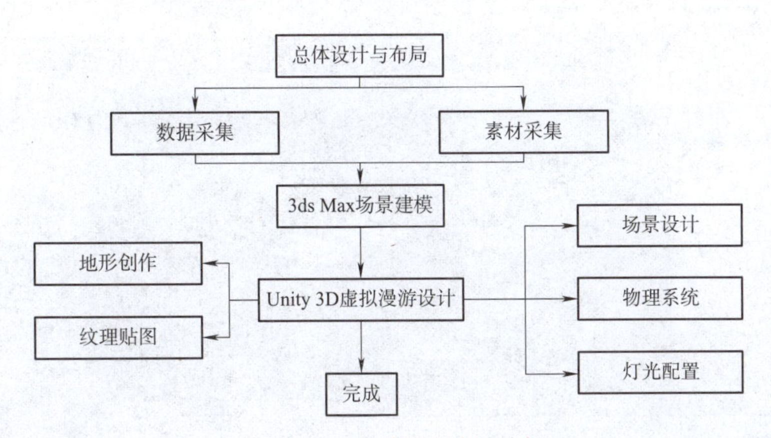

图 6-1　Unity 不同版本的选择

6.1.2　开始项目：在场景中放置对象

建立一个新的工程时，单击 New 按钮，并在弹出的视窗中为新项目命名。建立新项目后，立即存储当前空白默认场景，因为项目不会保存任何初始化的场景文件。

1. 模型导入

将模型导入 Unity，如图 6-2 所示，Unity 会打开一个默认的空白场景，将制作完成后的 FBX 展馆模型导入当前的默认场景中，并将其他制作好的 FBX 模型文件和相关贴图一同放到 Assets 文件夹中。由此，在 3ds Max 中构建的 3D 场景就会被引入 Unity。

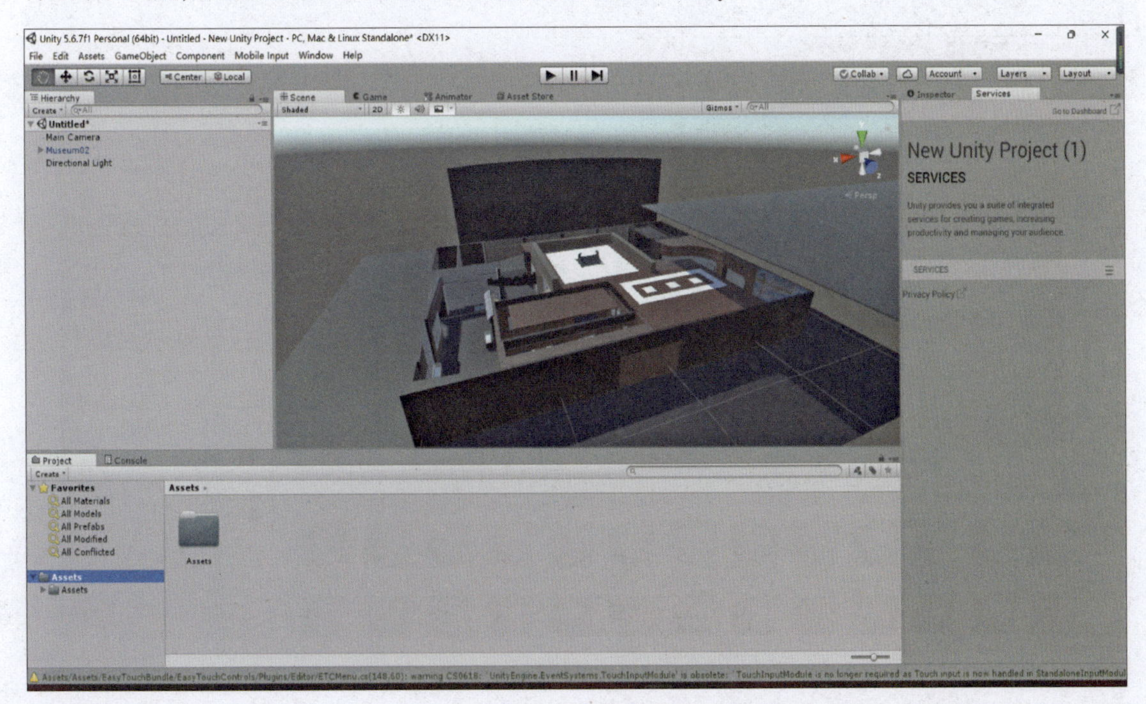

图 6-2　将模型导入 Unity

也可以在工具栏中找到 Assets → Import New Asset 命令导入模型，如图 6-3 所示。

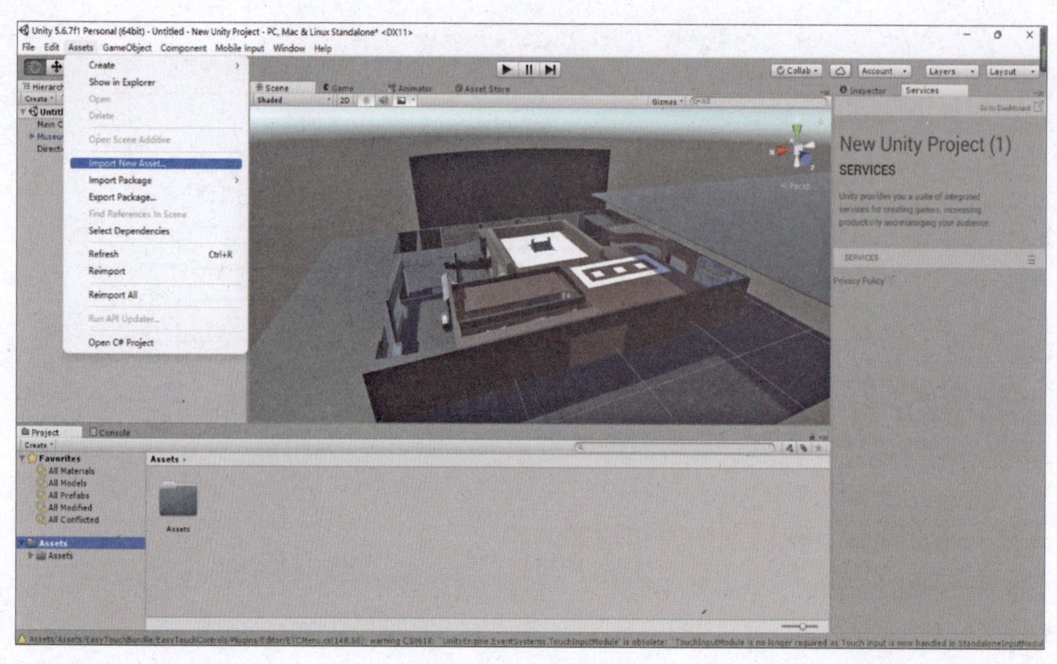

图 6-3　Import New Assets

2. 场景内的材质设计

将展馆内部墙壁和地板的材质球附上材质，可以直接将材质拖动到想要添加的地板墙壁上，如图 6-4 所示。

图 6-4　将地板墙壁附上材质

也可以选择右侧 Inspector 材质球下的 Albedo 复选框，在弹出的对话框中选择材质，如图 6-5 所示。

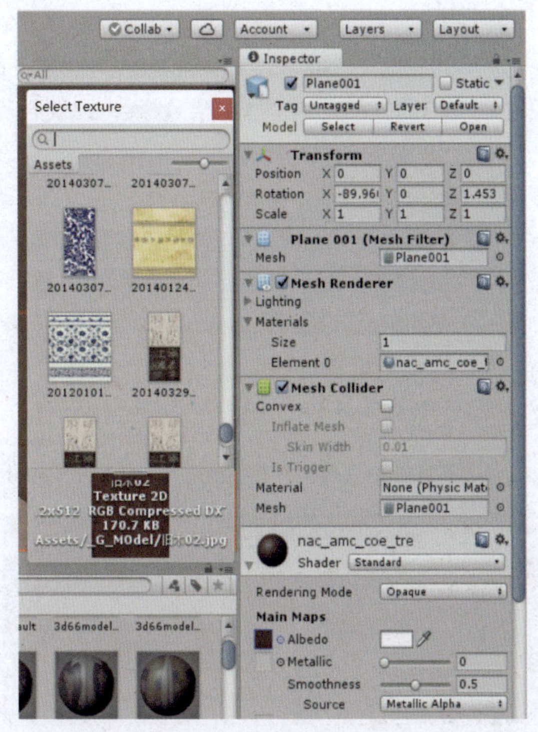

图 6-5　在材质球下选择材质

3. 场景内添加光源

一般情况下，在场景中，先有一个平行的光源，然后再用一系列点光源。首先是关于平行光源的介绍，这个场景也许有一个默认的平行光源，但是如果不存在，可以选择上方工具栏中的 GameObject → Light → Directional Light 命令来创建平行光源，如图 6-6 所示。

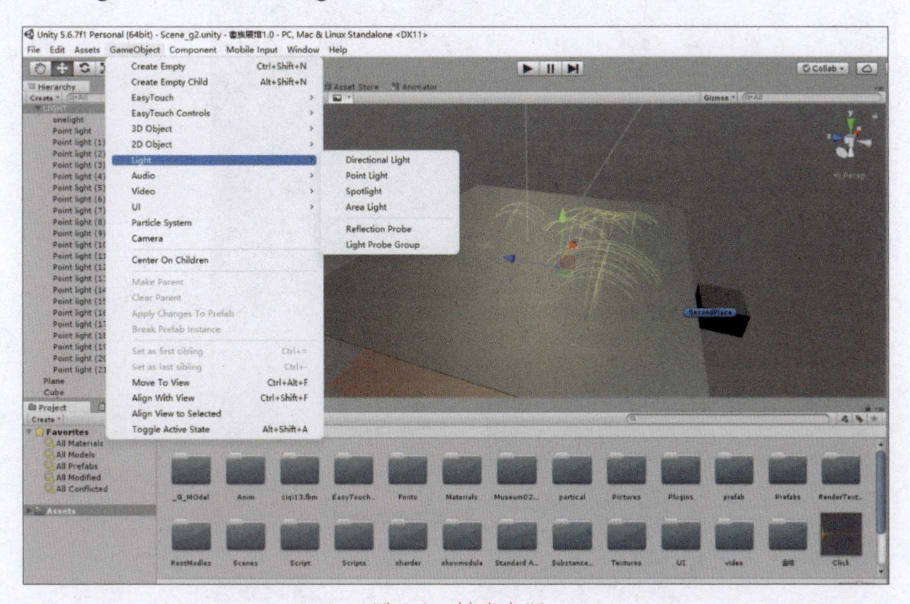

图 6-6　创建光源

平行光源的位置不会对其发出的光线产生影响，仅对其朝向的方向产生作用，因此，从技术上讲，可以将平行光源置于场景的任意一个地方。最好把它放得比屋子高一点，让它看起来更像阳光，也不会影响到其他物体。转动光线，观察室内的效果，建议将其沿 X 轴、Y 轴轻轻转动，这样可以达到更好的效果。

对于点光源，可以使用相同的菜单创建几个点光源，把它们放在黑暗的地方，这样就能保证所有的墙壁都是明亮的。不需要添加太多的光源（如果游戏中有大量的光源，会导致游戏的效果下降），但是要将光源放在各个角落（建议将其提升到墙壁的顶端），然后在背景的上方添加一个光源，使室内的光线发生改变。注意点光源的左侧 Inspector 中可以对光源的光照范围（range）、颜色（color）、亮度（intensity）等参数进行设置。

4. UI 界面设计

导入 EasyTouch 插件，可以在 Assets 文件夹中看到。导入 EasyTouch 插件，如图 6-7 所示。

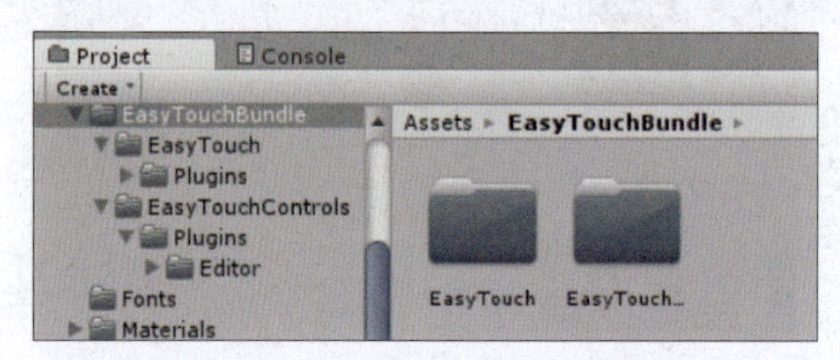

图 6-7　导入 EasyTouch 插件

在 Hierarchy 视图中右击，在弹出的快捷菜单中选择 UI → Canvas 命令创建画布，如图 6-8 所示。

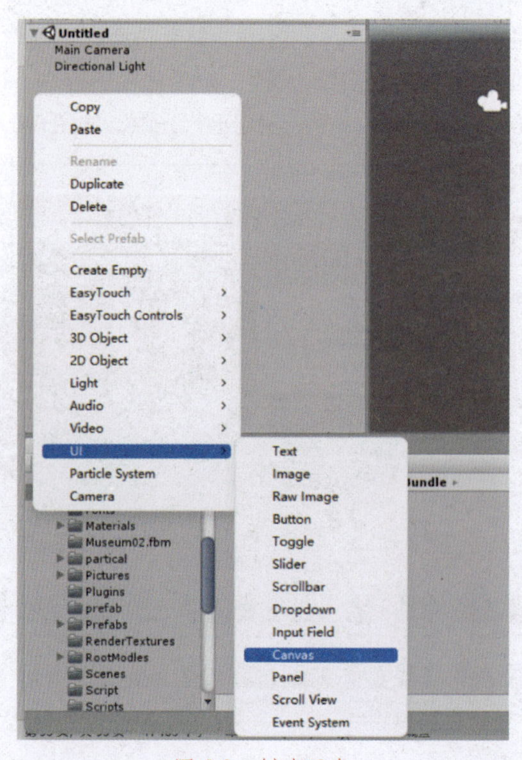

图 6-8　创建画布

右击 Canvas 选项，在弹出的快捷菜单中单击 EasyTouch Controls → Joystick 命令，创建摇杆，如图 6-9 所示。

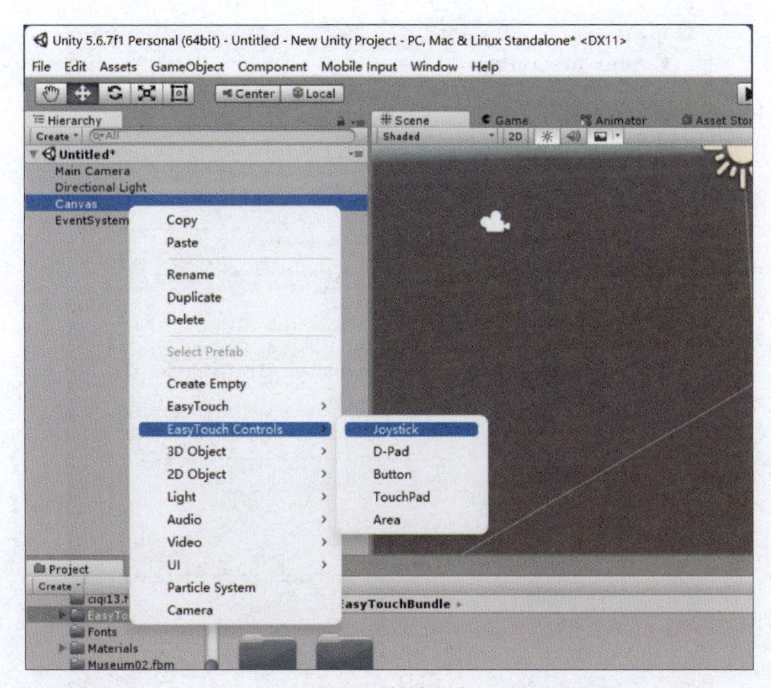

图 6-9　创建摇杆

右手摇杆的部分参数设置如图 6-10 所示。

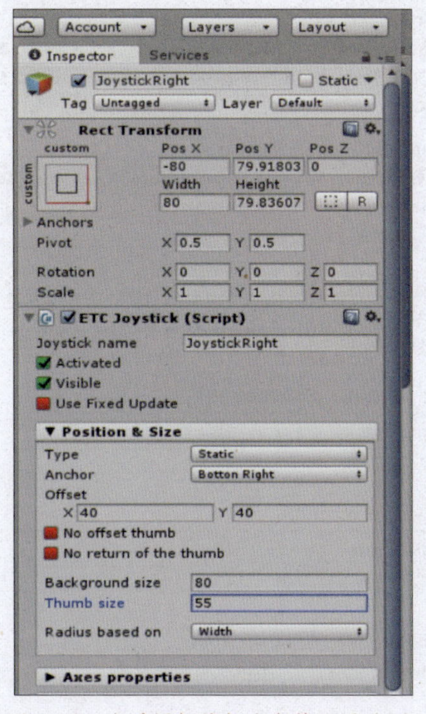

图 6-10　右手摇杆的部分参数设置（1）

ETC-JoyStick 下的 Axes properties 参数设置，需特别注意 Direct action to 的改变。右手摇杆的部分参数设置，如图 6-11 所示。

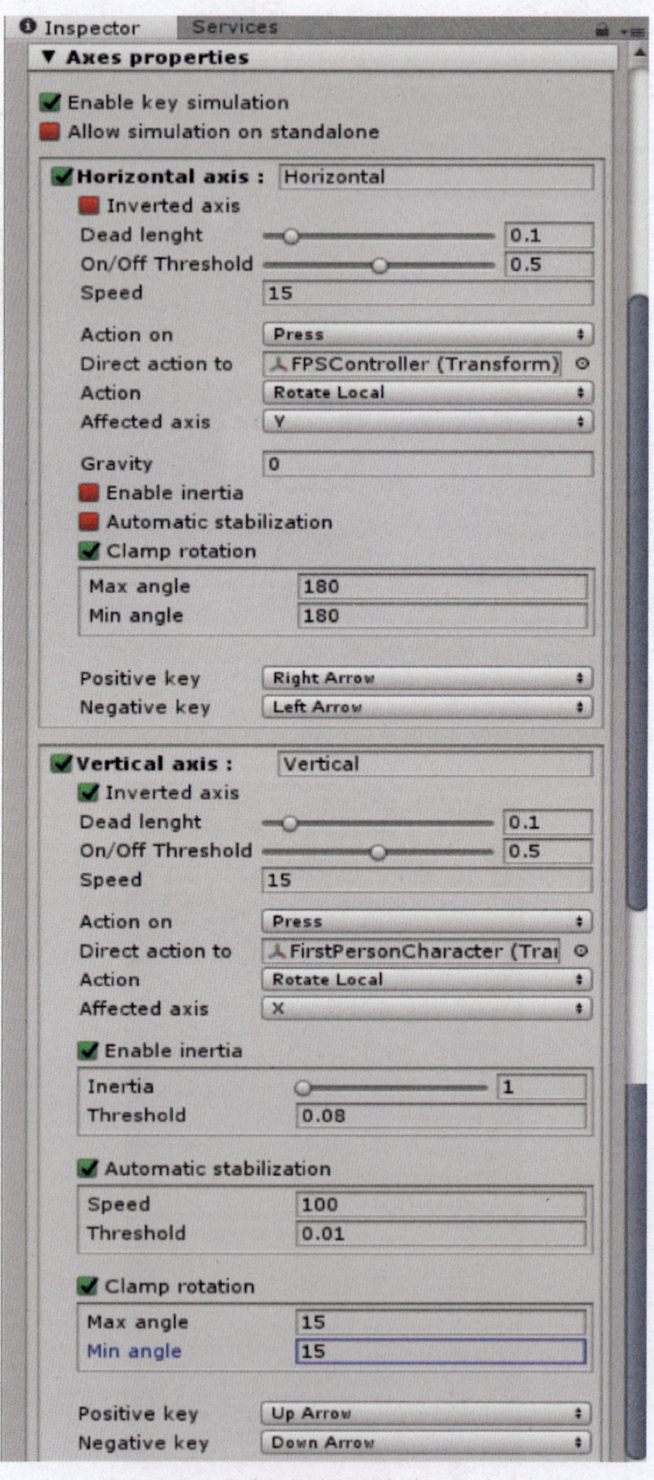

图 6-11　右手摇杆的部分参数设置（2）

在 Sprites 中添加已经制作好的摇杆样式。右手摇杆的部分参数设置，如图 6-12 所示。

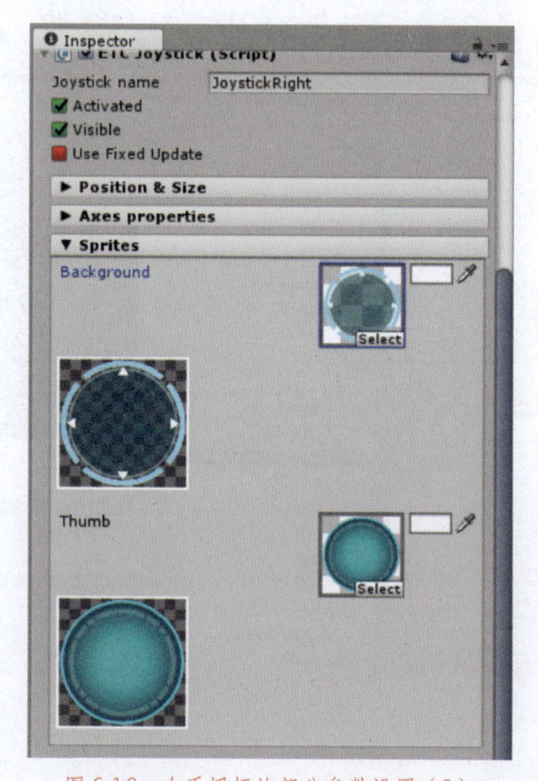

图 6-12　右手摇杆的部分参数设置（3）

在 Image（Script）中改变 Source Image。右手摇杆的部分参数设置，如图 6-13 所示。

图 6-13　右手摇杆的部分参数设置（4）

左手摇杆与右手摇杆制作方法相同，这里不作过多阐述。

右击 EasyTouchControlsCanvas 选项，在弹出的快捷菜单中选择 EasyTouch Controls → Button 命令。创建按钮，如图 6-14 所示。

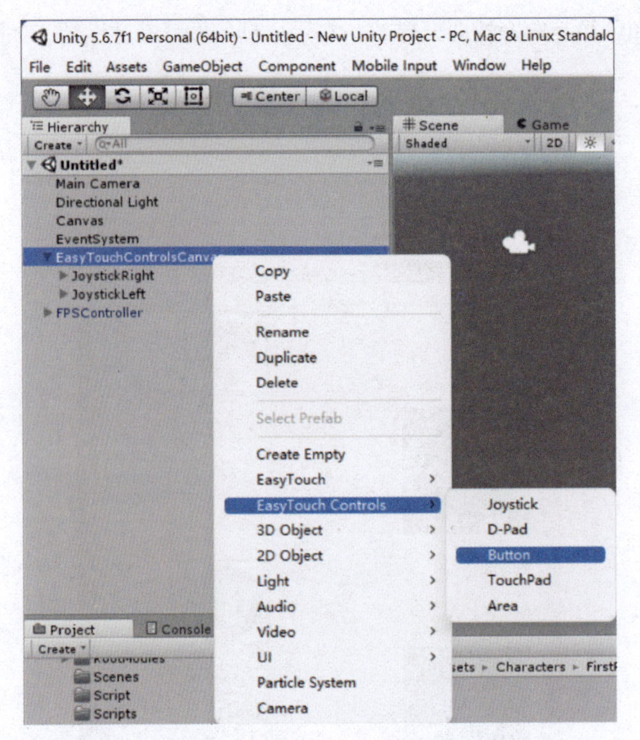

图 6-14　创建按钮

移除 ETC Button 脚本，操作如图 6-15 所示。

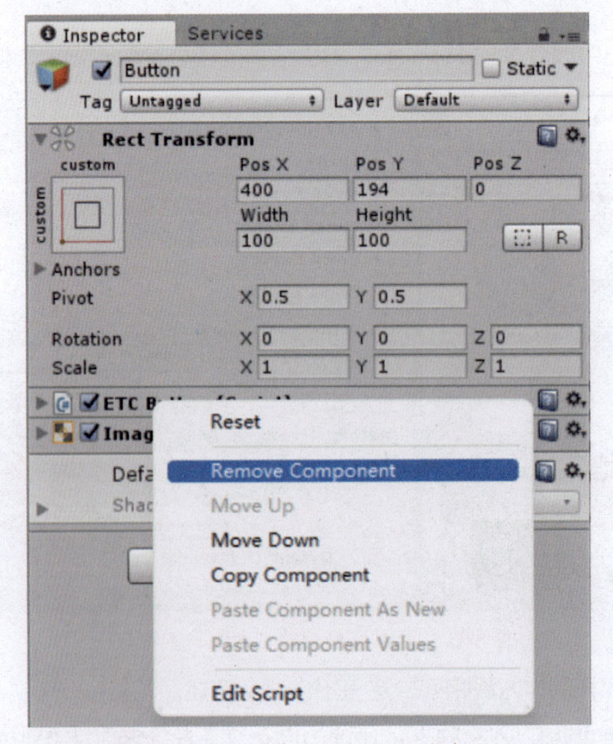

图 6-15　移除 ETC Button 脚本

单击 Inspector 视图下的 Add Component 按钮，在下拉菜单中单击 UI → Button 命令。添加 Button 组件，如图 6-16 所示。

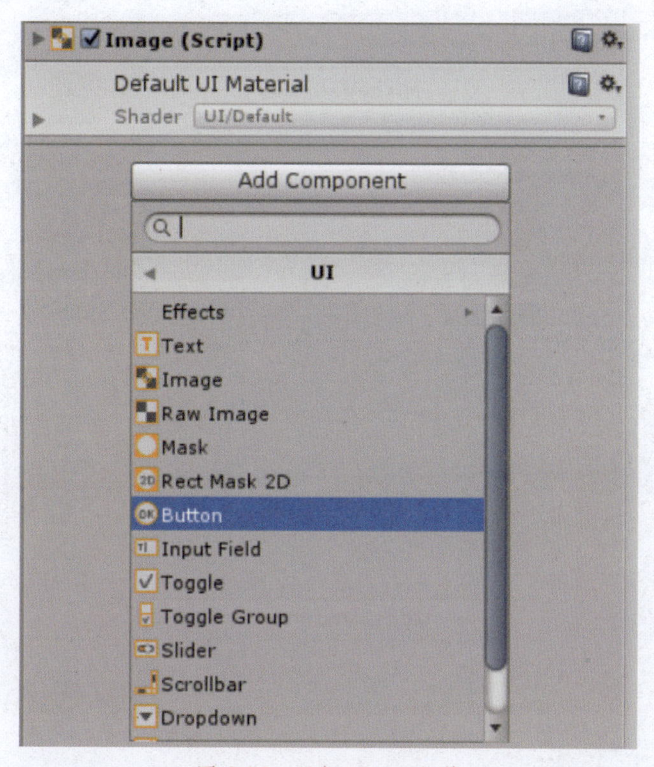

图 6-16　添加 Button 组件

Button 组件参数设置，如图 6-17 所示。

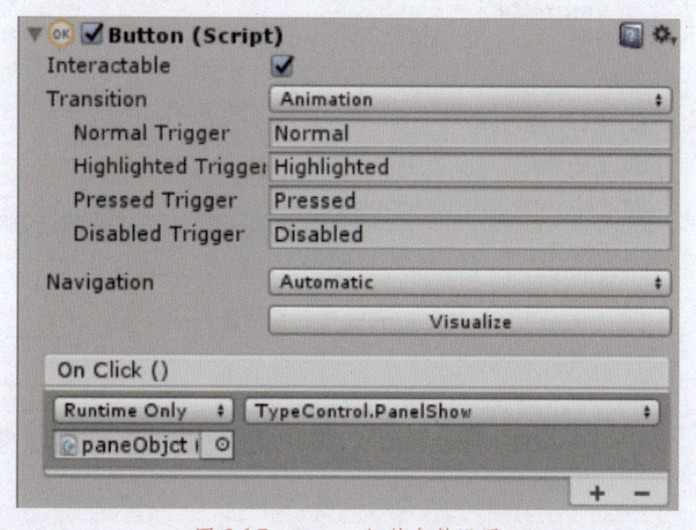

图 6-17　Button 组件参数设置

单击 Inspector 视图下的 Add Component 按钮，在下拉菜单中单击 Miscellaneous → Animator 命令。添加 Animator 组件，如图 6-18 所示。

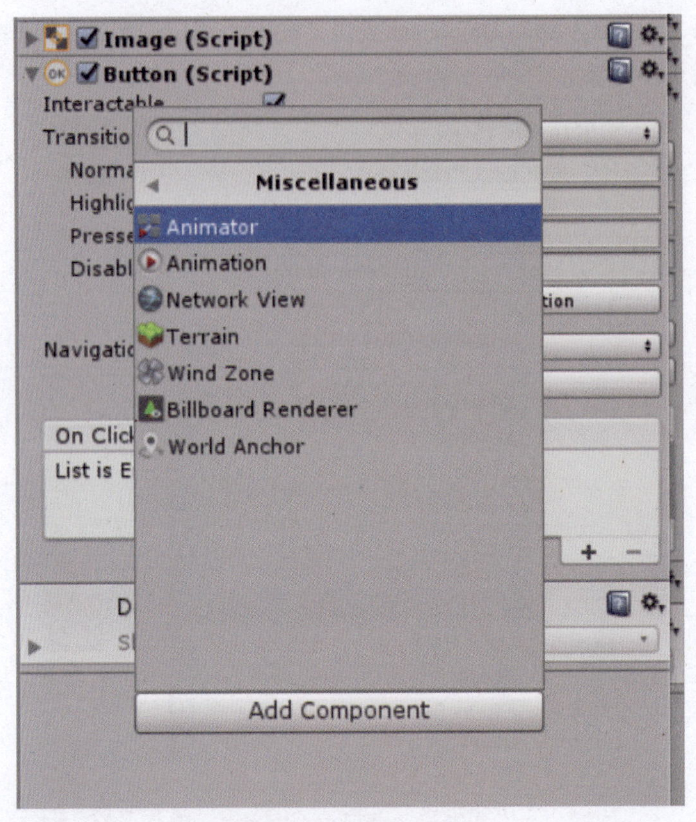

图 6-18　添加 Animator 组件

Animator 组件参数设置，如图 6-19 所示。

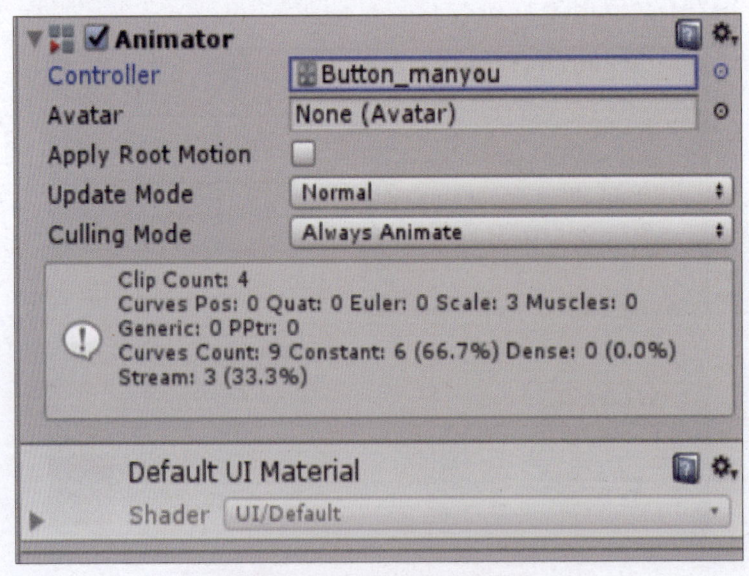

图 6-19　Animator 组件参数设置

动画控制 Animator。Button_manyou 按钮之间的关系进行设定，如图 6-20 所示。

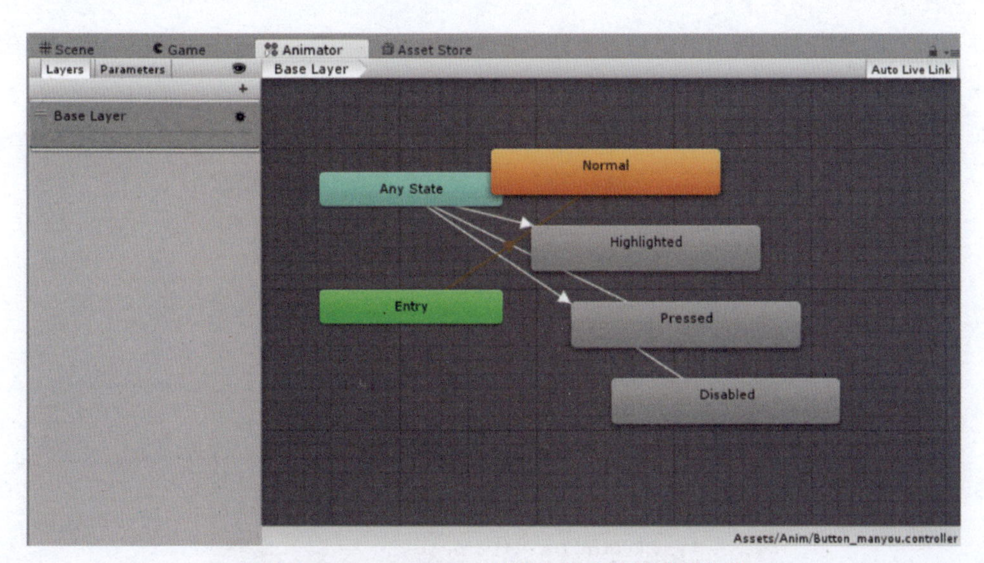

图 6-20　Button_manyou 按钮之间的关系进行设定

5. 多种模式切换设计

创建一个空对象，用来设置切换模式的面板，如图 6-21 所示。

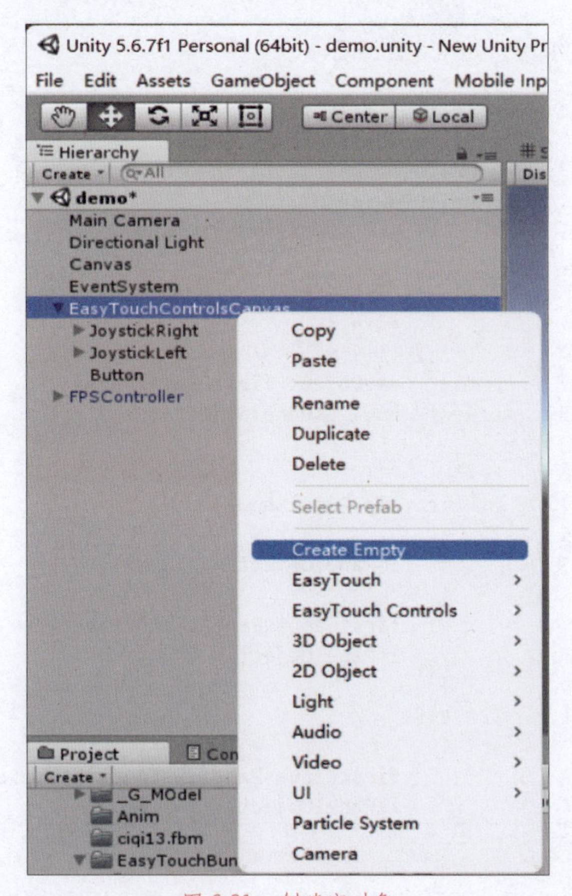

图 6-21　创建空对象

注：因为切换模式面板为单击触发事件，并不是一直显示的，所以务必将画布中的这部分隐藏起来。

空对象的参数设置，如图 6-22 所示。

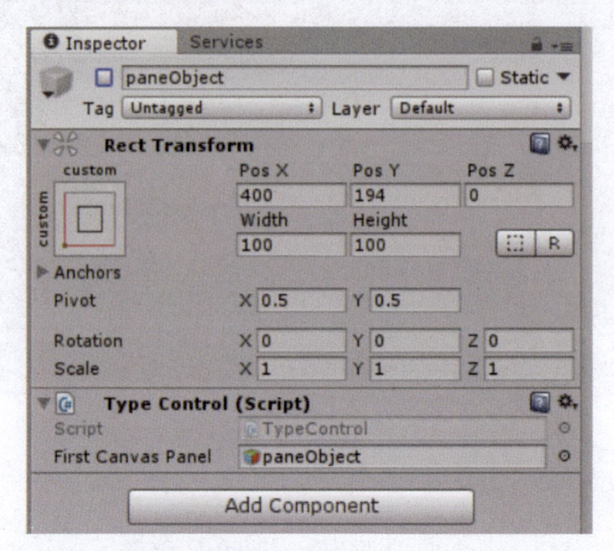

图 6-22　空对象的参数设置

Type Control 脚本的编写，如图 6-23 所示。

```
1 using System.Collections;
2 using System.Collections.Generic;
3 using UnityEngine;
4 using UnityEngine.UI;
5
6
7 public class TypeControl : MonoBehaviour
8 {
9
10     public GameObject firstCanvasPanel;
11     private bool isPanelObject=false;
12
13
14     public void PanelShow()
15     {
16         if (isPanelObject == false)
17         {
18             firstCanvasPanel.SetActive(true);
19             isPanelObject = true;
20         }
21         else
22         {
23             firstCanvasPanel.SetActive(false);
24             isPanelObject = false;
```

图 6-23　Type Control 脚本的编写

在空对象上创建一个面板，即后续切换模式的面板。创建面板操作如图 6-24 所示。

图 6-24　创建面板

在面板中创建三个按钮，即为跳转模式的按钮。创建按钮操作如图 6-25 所示。

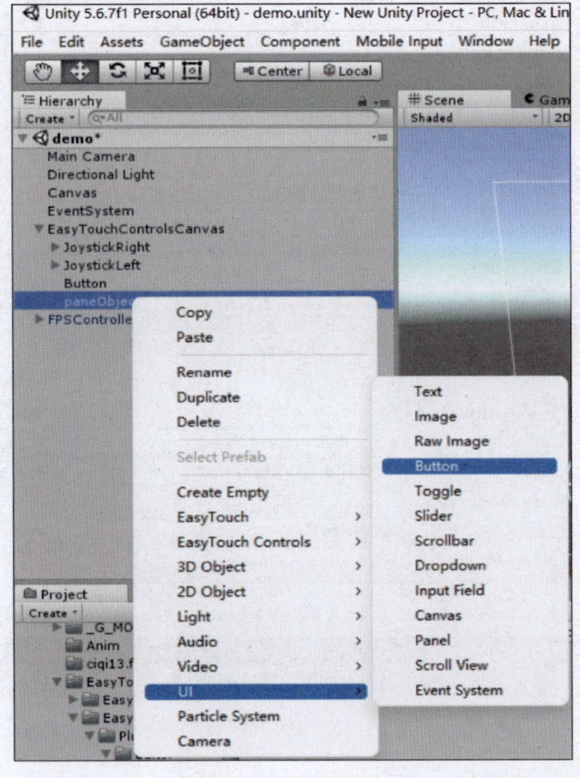

图 6-25　创建按钮

自由模式按钮参数设置如图 6-26 所示。

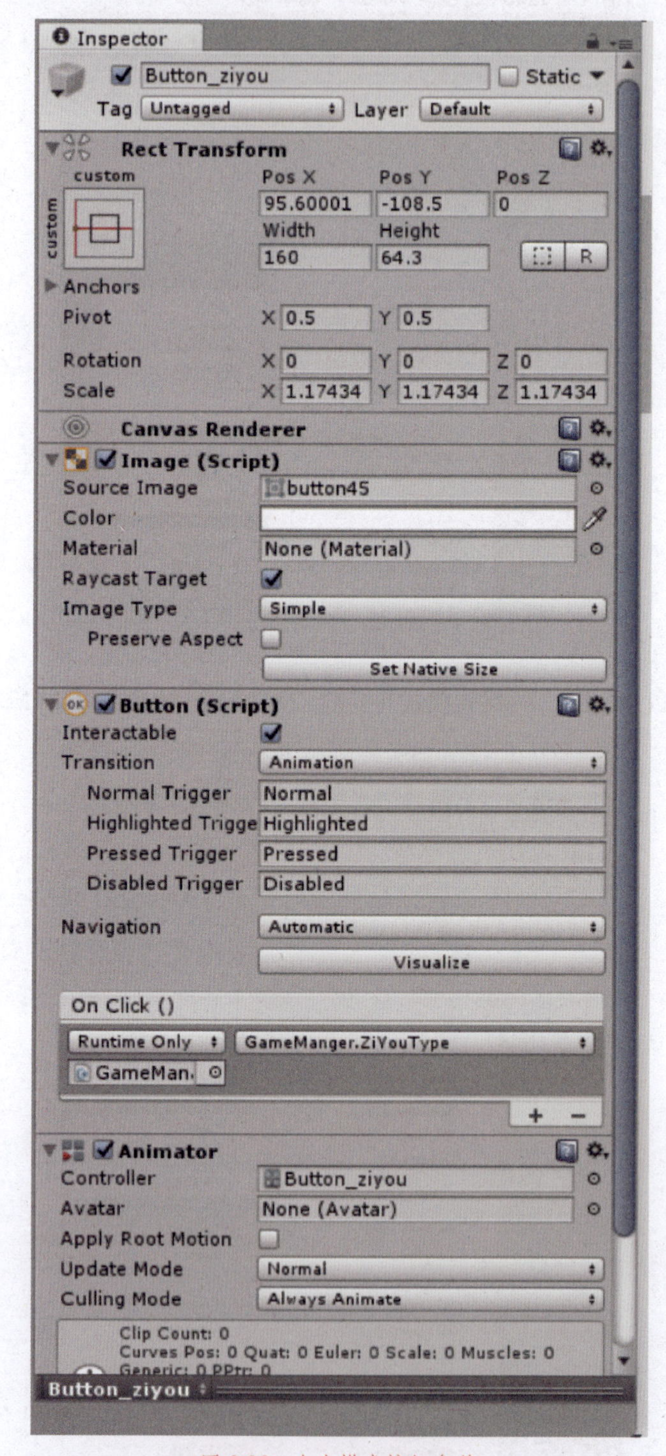

图 6-26　自由模式按钮参数

漫游模式按钮参数设置如图 6-27 所示。

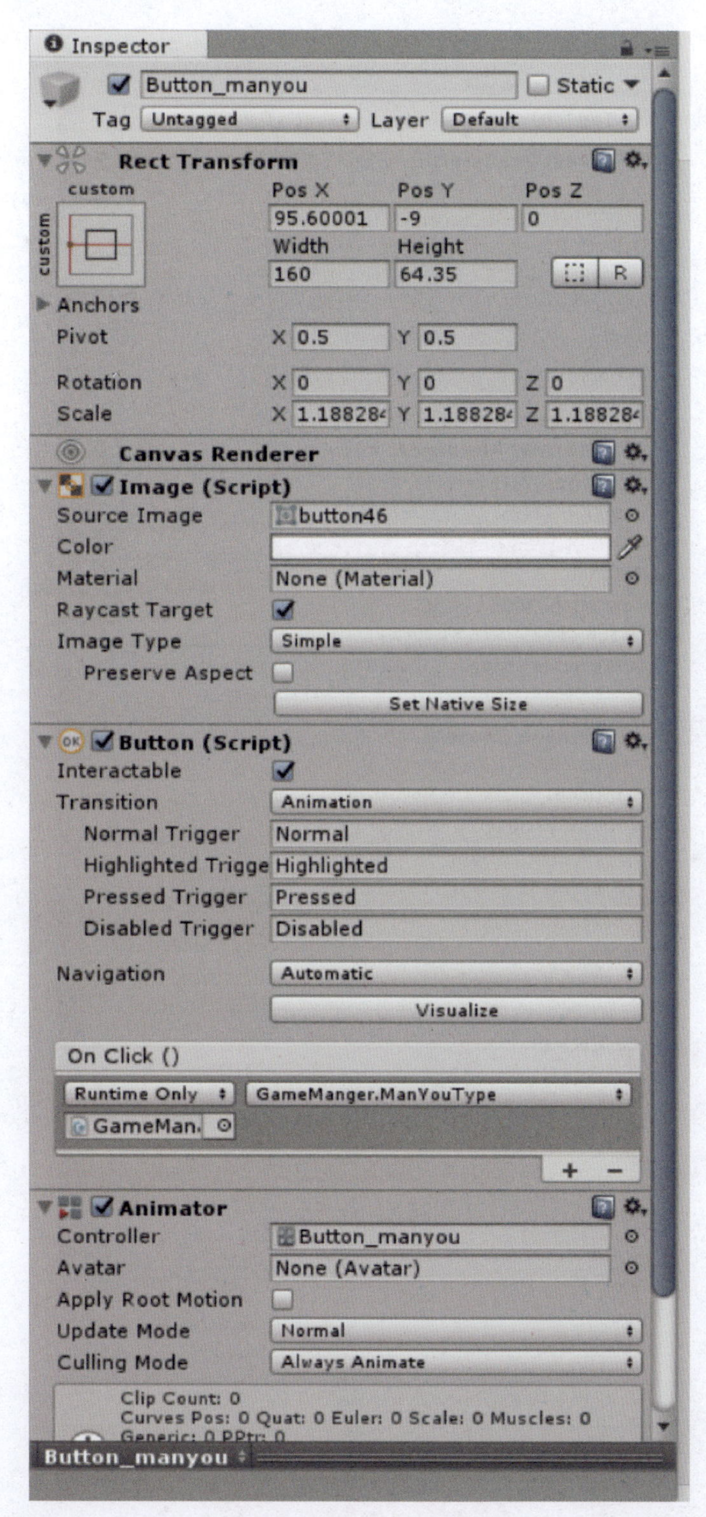

图 6-27　漫游模式按钮参数

VR 模式按钮参数设置如图 6-28 所示。

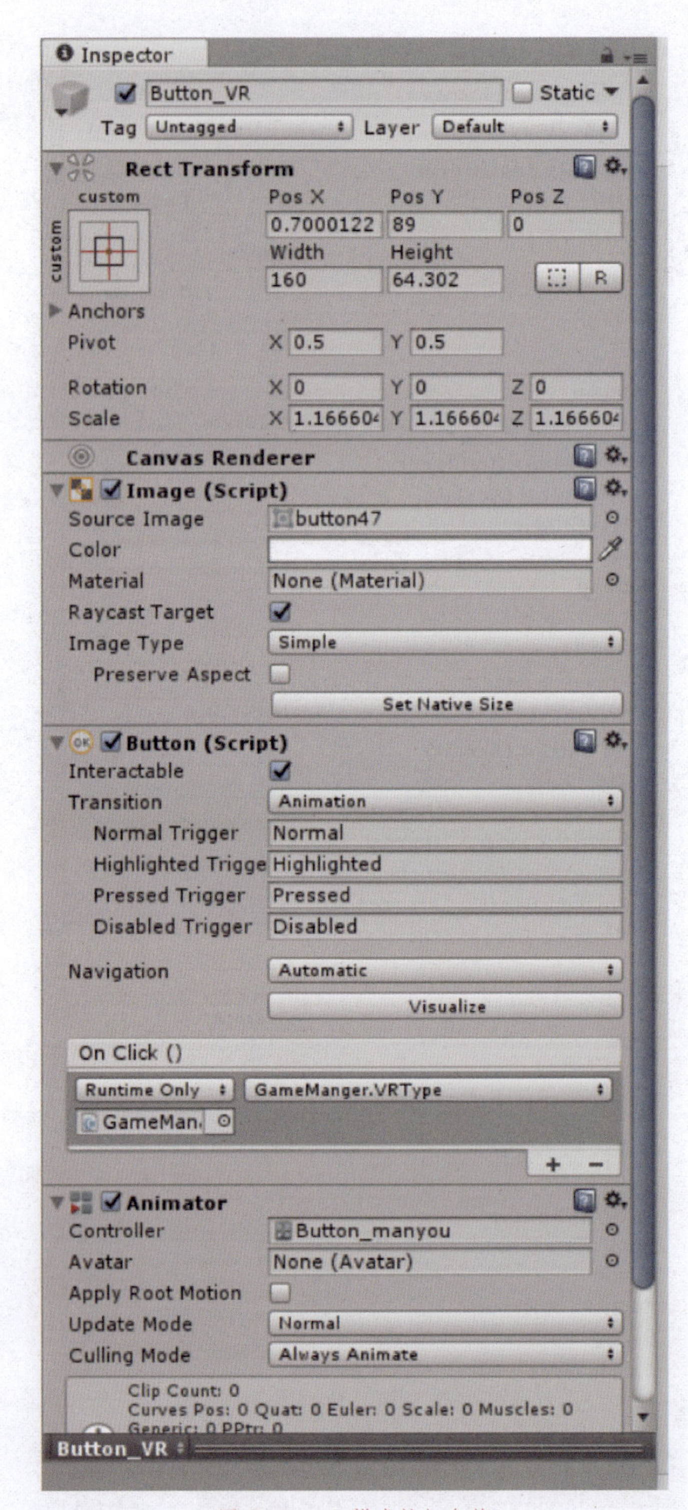

图 6-28　VR 模式按钮参数

三种模式涉及的 Game Manger 脚本，如图 6-29 所示。

GameManger.cs

No selection

```
1 using System.Collections;
2 using System.Collections.Generic;
3 using UnityEngine;
4
5 public class GameManger : MonoBehaviour
6 {
7     public GameObject firstPlayer;
8     private bool isZiYou=true;
9     public GameObject secondPlayer;
10    private bool isManYou = false;
11    public GameObject secondRoomCanvas;
12    public GameObject secondRoomObject;
13    public GameObject VRPlayer;
14    private bool isVR = false;
15    public void ZiYouType()
16    {
17        if (isManYou == true||isVR==true)
18        {
19            firstPlayer.SetActive(true);
20            secondPlayer.SetActive(false);
21            VRPlayer.SetActive(false);
22            isZiYou = true;
23            isManYou = false;
24            isVR = false;
25        }
26
27    }
28
29    public void ManYouType()
30    {
31        if (isZiYou == true||isVR==true)
32        {
33            secondPlayer.SetActive(true);
34            firstPlayer.SetActive(false);
35            VRPlayer.SetActive(false);
36            isManYou = true;
37            isVR = false;
38            isZiYou = false;
39            secondRoomCanvas.SetActive(false);
40            if (secondRoomObject.transform.childCount != 0)
41            {
42                SecondPlaceModle.audioListener.enabled = false;
43                Destroy(secondRoomObject.transform.GetChild(0).gameObject);
44                secondRoomCanvas.SetActive(false);
45            }
46        }
47
48    }
49
50    public void VRType()
51    {
52        if (isZiYou == true || isManYou == true)
53        {
54            VRPlayer.SetActive(true);
55            secondPlayer.SetActive(false);
56            firstPlayer.SetActive(false);
57            isVR = true;
58            isZiYou = false;
59            isManYou = false;
60            if (secondRoomObject.transform.childCount != 0)
61            {
62                SecondPlaceModle.audioListener.enabled = false;
63                Destroy(secondRoomObject.transform.GetChild(0).gameObject);
64                secondRoomCanvas.SetActive(false);
65            }
66        }
67    }
68 }
69
```

图 6-29　三种模式涉及的 GameManger 脚本

Game Manger 脚本参数设置，如图 6-30 所示。

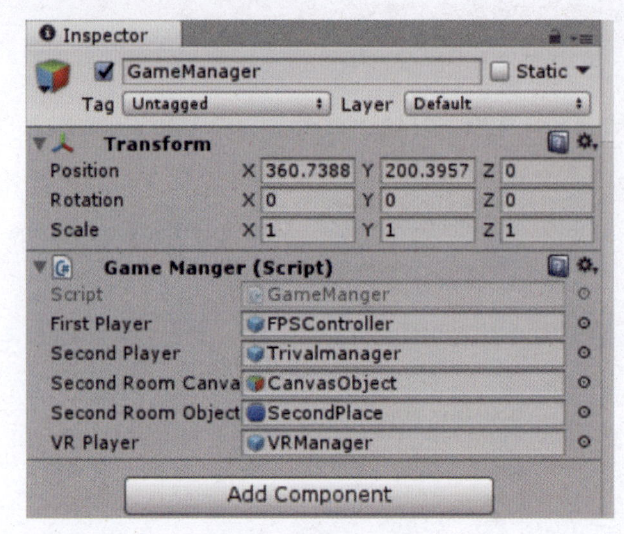

图 6-30　Game Manger 脚本参数设置

创建空对象并分别命名为 TrivalSystem、Trivalmanager（自由模式）、Path（漫游模式）、VRManager（VR 模式）。创建的三种模式如图 6-31 所示。

在自由模式下创建用户角色控制（manager）以及用户视角（camera）。制作自由模式如图 6-32 所示。

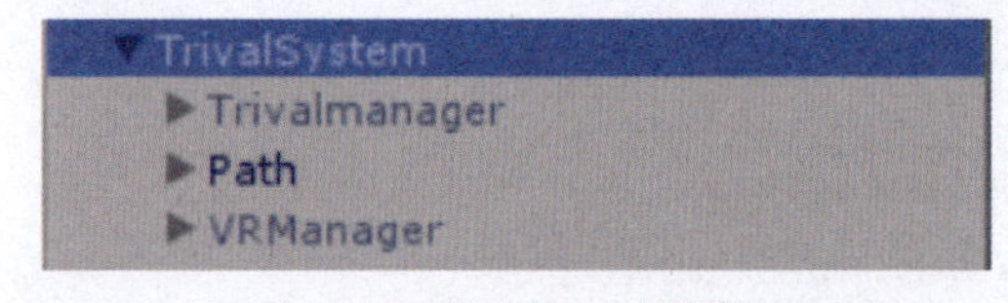

图 6-31　创建的三种模式

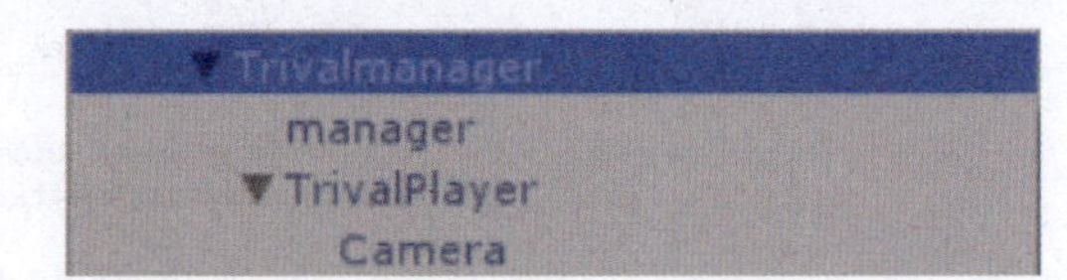

图 6-32　制作自由模式

Manager参数设置如图 6-33 所示。

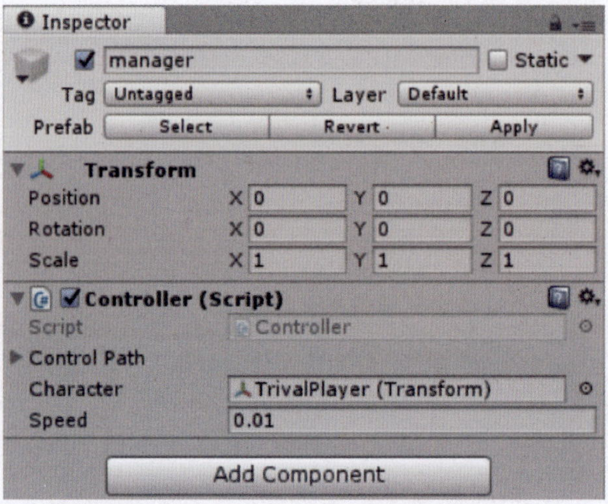

图 6-33　Manager 参数设置

Control 脚本编写，如图 6-34 所示。

```
Controller.cs
No selection
using UnityEngine;
using System.Collections;

public class Controller : MonoBehaviour
{
    public Transform[] controlPath;
    public Transform character;
    public enum Direction { Forward, Reverse };

    private float pathPosition = 0;
    private RaycastHit hit;
    public float speed = .2f;
    private float rayLength = 5;
    private Direction characterDirection;
    private Vector3 floorPosition;
    private float lookAheadAmount = .01f;
    private float ySpeed = 0;
    private float gravity = .5f;
    void OnDrawGizmos()
    {
        iTween.DrawPath(controlPath, Color.blue);
    }


    void Start()
    {
        //plop the character pieces in the "Ignore Raycast" layer so we don't have false raycast data
        foreach (Transform child in character)
        {
            child.gameObject.layer = 2;
        }
    }


    void Update()
    {

        DetectKeys();
        FindFloorAndRotation();
        MoveCharacter();

    }


    void DetectKeys()
    {
        pathPosition += Time.deltaTime * speed;
    }


    void FindFloorAndRotation()
    {
        float pathPercent = pathPosition % 1;
        Vector3 coordinateOnPath = iTween.PointOnPath(controlPath, pathPercent);
        Vector3 lookTarget;
        //calculate look data if we aren't going to be looking beyond the extents of the path:
        if (pathPercent - lookAheadAmount >= 0 && pathPercent + lookAheadAmount <= 1)
        {

            //leading or trailing point so we can have something to look at:
            if (characterDirection == Direction.Forward)
            {
                lookTarget = iTween.PointOnPath(controlPath, pathPercent + lookAheadAmount);
            }
            else
            {
                lookTarget = iTween.PointOnPath(controlPath, pathPercent - lookAheadAmount);
            }

            //look:
            character.LookAt(lookTarget);

            //nullify all rotations but y since we just want to look where we are going:
            float yRot = character.eulerAngles.y;
            character.eulerAngles = new Vector3(0, yRot, 0);
        }

        if (Physics.Raycast(coordinateOnPath, -Vector3.up, out hit, rayLength))
        {
            //Debug.Log("none");
            Debug.DrawRay(coordinateOnPath, -Vector3.up * hit.distance);
            floorPosition = hit.point;
        }
    }


    void MoveCharacter()
    {
        //add gravity:
        ySpeed += gravity * Time.deltaTime;

        //apply gravity:
        character.position = new Vector3(floorPosition.x, character.position.y - ySpeed, floorPosition.z);

        //floor checking:
        if (character.position.y < floorPosition.y)
        {
            ySpeed = 0;
            character.position = new Vector3(floorPosition.x, floorPosition.y, floorPosition.z);
        }
    }

}
```

图 6-34　Control 脚本编写

在 Path（漫游模式下）首先根据需要创建空物体并命名为 pathposition，作为移动路径的路径点。创建路径点，如图 6-35 所示。

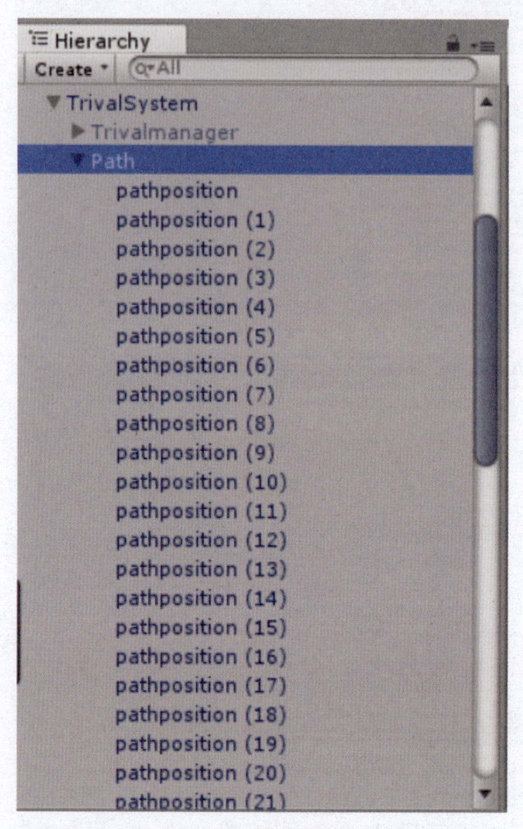

图 6-35　创建路径点

并将每个路径点绑上 PathPoint 脚本，如图 6-36 所示。

PathPoint 脚本编写，如图 6-37 所示。

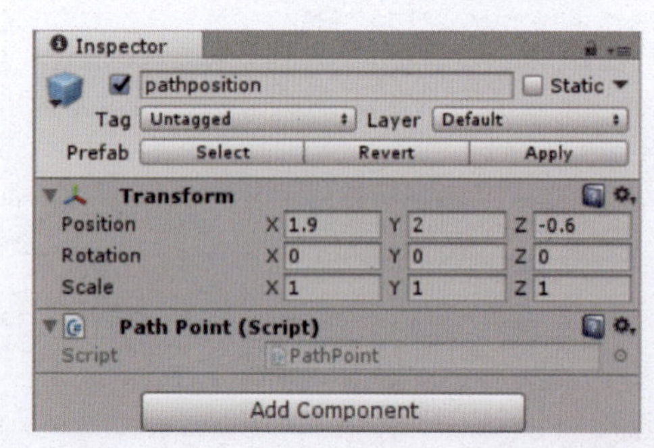

图 6-36　为路径点绑上 PathPoint 脚本

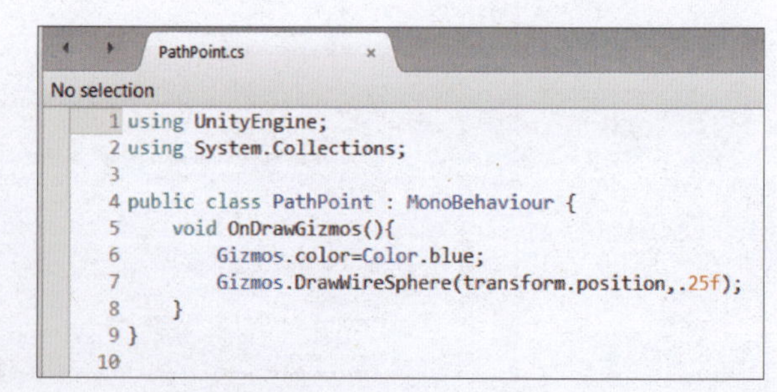


```
1 using UnityEngine;
2 using System.Collections;
3
4 public class PathPoint : MonoBehaviour {
5     void OnDrawGizmos(){
6         Gizmos.color=Color.blue;
7         Gizmos.DrawWireSphere(transform.position,.25f);
8     }
9 }
10
```

图 6-37　PathPoint 脚本编写

在 VR 模式下创建用户角色控制（manager）以及用户视角（camera），VR 模式中有所不同的是添加了两个 Camera，这是为了模拟人眼的观察范围。制作 VR 模式，如图 6-38 所示。

注：切换模式制作中涉及的按钮样式应先前制作，并存为 .png 格式，否则有可能影响美观度上的设计。

6. 具体展示功能的实现

在 Hierarchy 中创建一个空对象命名为 SecondRoom，在 SecondRoom 建立空对象命名为 Room，并右击 Room 创建 3D object-cube（用来搭建 SecondRoom）以及创建 Light-Spotlight（创建具体展示中的点光源）。创建具体展示空间，如图 6-39 所示。

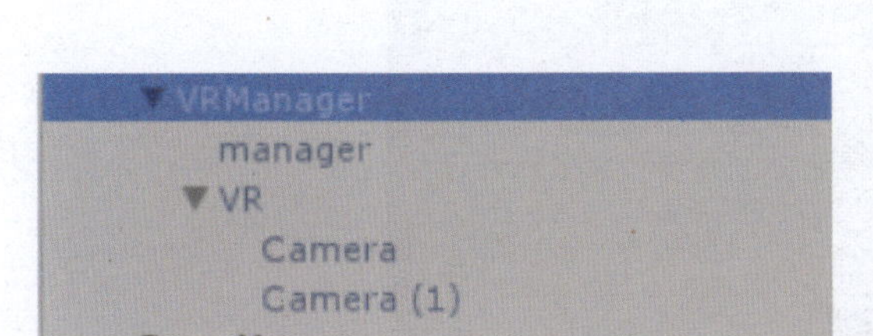

图 6-38　制作 VR 模式

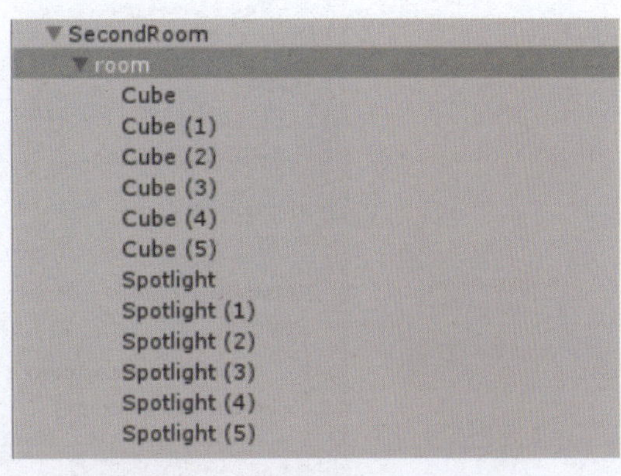

图 6-39　创建具体展示空间

将搭建具体展示空间的 Cube 赋予黑色材质球。具体展示空间搭建，如图 6-40 所示。

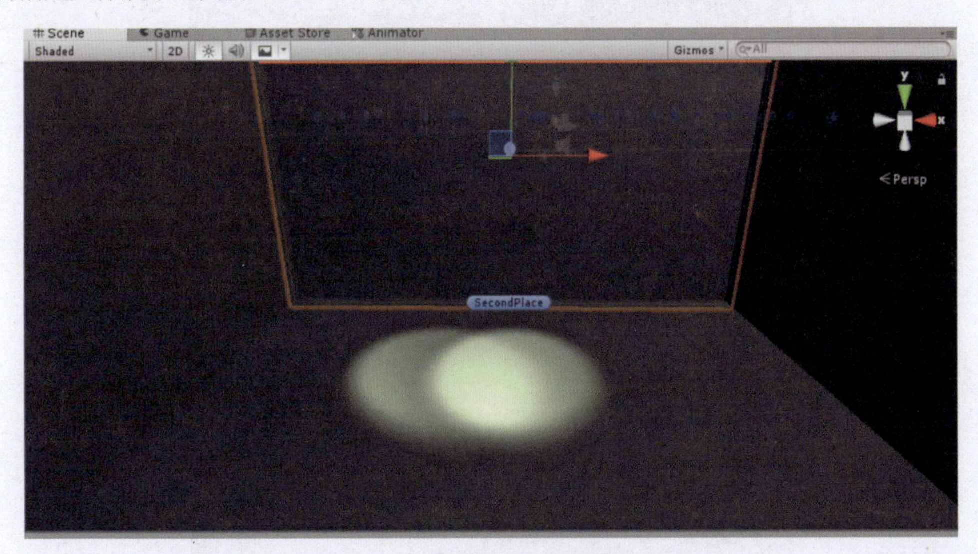

图 6-40　具体展示空间搭建

搭建具体展示的 UI 界面，首先创建空对象命名为 CanvasObject，右击 CanvasObject 添加 Canvas，并在 Canvas 下添加 Button（为了制作具体展示中的退出按钮）、Image（为了制作展品详细介绍部分）、ScaleSlider（为了制作可以控制展品大小的滑块）、RotationSlider（为了控制展品转速的滑块）以及两个 text（分别是大小、转速两个文本）。搭建具体展示的 UI 界面搭建，如图 6-41 所示。

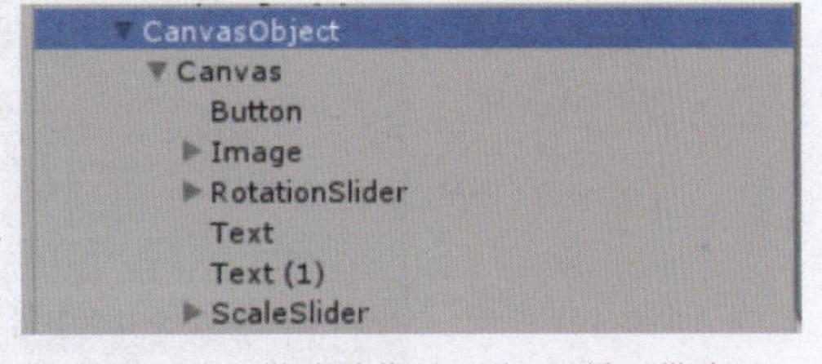

图 6-41　搭建具体展示的 UI 界面搭建

接下来将详细讲解各个功能具体的参数以及脚本。

首先是具体展示 UI 界面中的退出按钮。按钮参数设置，如图 6-42 所示。

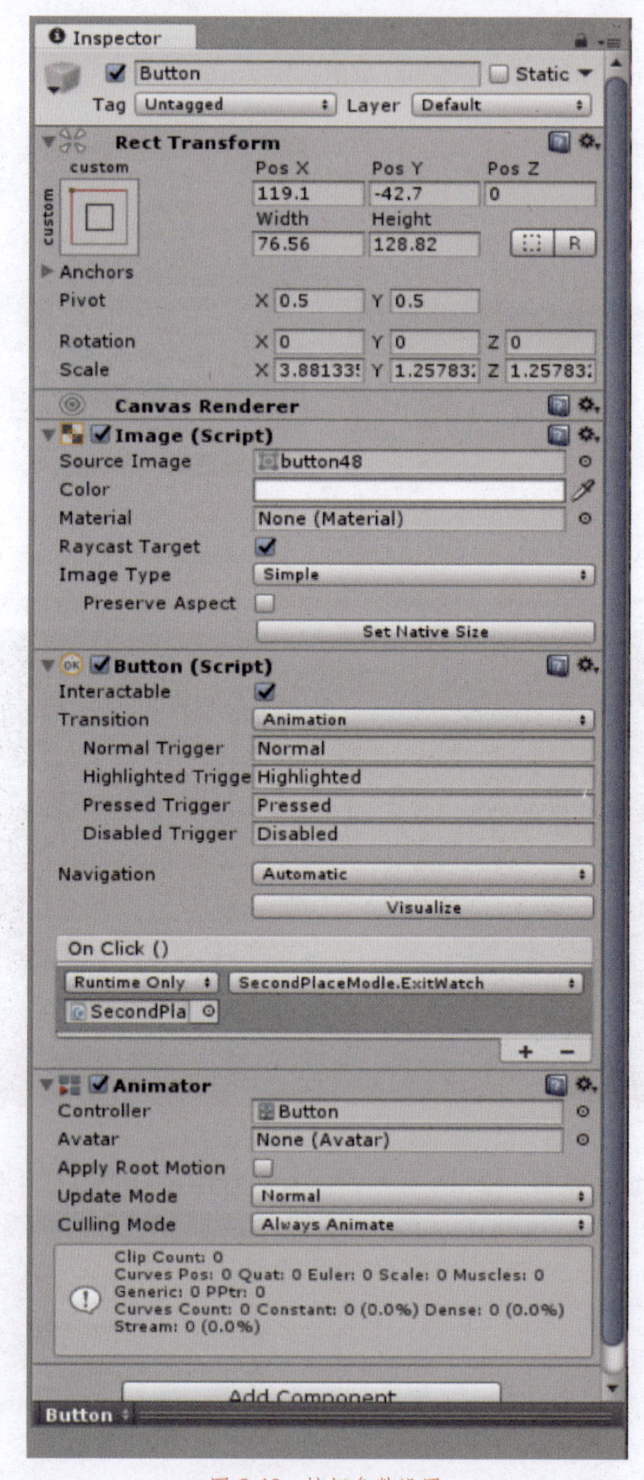

图 6-42　按钮参数设置

SecondPlaceModle 脚本，如图 6-43 所示。

```
SecondPlaceModle.cs
No selection
1 using System.Collections;
2 using System.Collections.Generic;
3 using UnityEngine;
4
5 public class SecondPlaceModle : MonoBehaviour
6 {
7
8     public GameObject modle;
9     public GameObject player;
10    public GameObject secondCanvasObject;
11    public float speed=10f;
12    public float size=1;
13    public static AudioListener audioListener;
14    public GameObject secondCamera;
15
16    void Start()
17    {
18        audioListener = secondCamera.GetComponent<AudioListener>();
19    }
20    void Update () {
21        if(modle.transform.childCount != 0)
22        {
23            modle.transform.GetChild(0).gameObject.transform.Rotate(0,0,speed*Time.deltaTime);
24            modle.transform.GetChild(0).gameObject.transform.localScale=new Vector3(1*size,1*size,1*size);
25
26
27        }
28        if (Input.GetKeyDown(KeyCode.M)&&modle.transform.childCount!=0)
29        {
30            Destroy(modle.transform.GetChild(0).gameObject);
31            secondCanvasObject.SetActive(false);
32            //firstCanvasObject.SetActive(false);
33            audioListener.enabled = false;
34            player.SetActive(true);
35        }
36    }
37    public void ChangeSpeed(float changeSpeed)
38    {
39        this.speed = changeSpeed;
40    }
41
42    public void ChangeSize(float changeSize)
43    {
44        this.size = changeSize;
45    }
46    public void ExitWatch()
47    {
48        if (modle.transform.childCount != 0)
49        {
50            Destroy(modle.transform.GetChild(0).gameObject);
51            secondCanvasObject.SetActive(false);
52            audioListener.enabled = false;
53            player.SetActive(true);
54        }
55    }
56 }
```

图 6-43　SecondPlaceModle 脚本

接下来是展品文字介绍部分，右击 Image 创建 Image、Scrollbar（只需更改颜色以便调整即可）和 Text。Image 制作如图 6-44 所示。

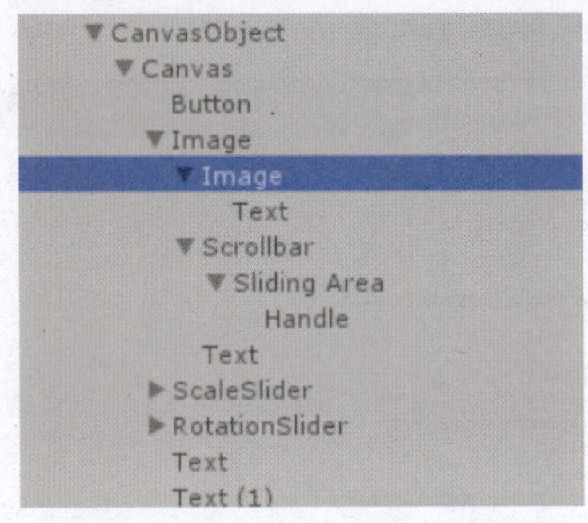

图 6-44　Image 制作

制作一个文字介绍的背景图片赋予外部的 Image 中。添加文字介绍背景图，如图 6-45 所示。

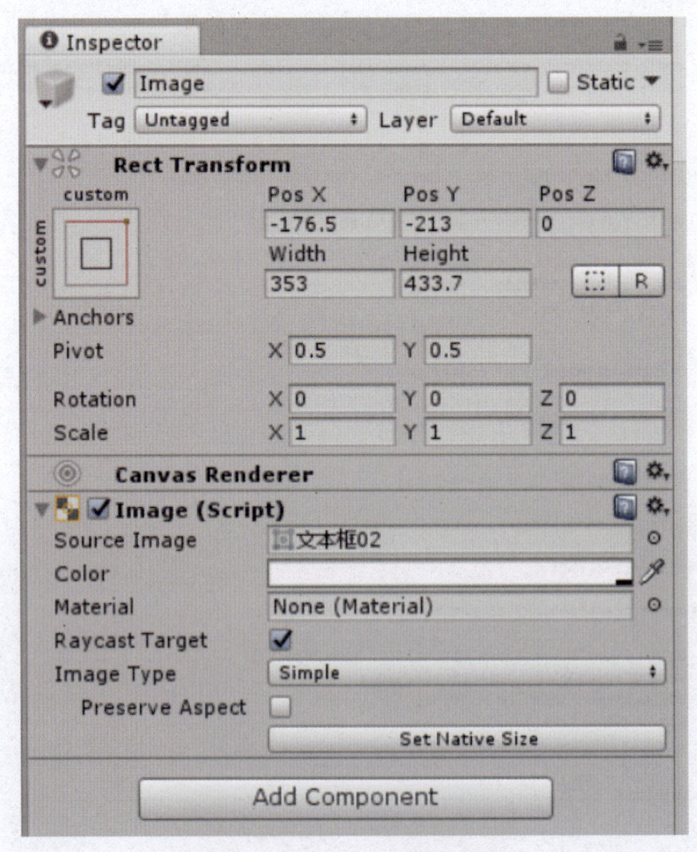

图 6-45　添加文字介绍背景图

内部 Image 具体参数设置（组件都可以通过单击底部 Add component 按钮添加），如图 6-46 所示。

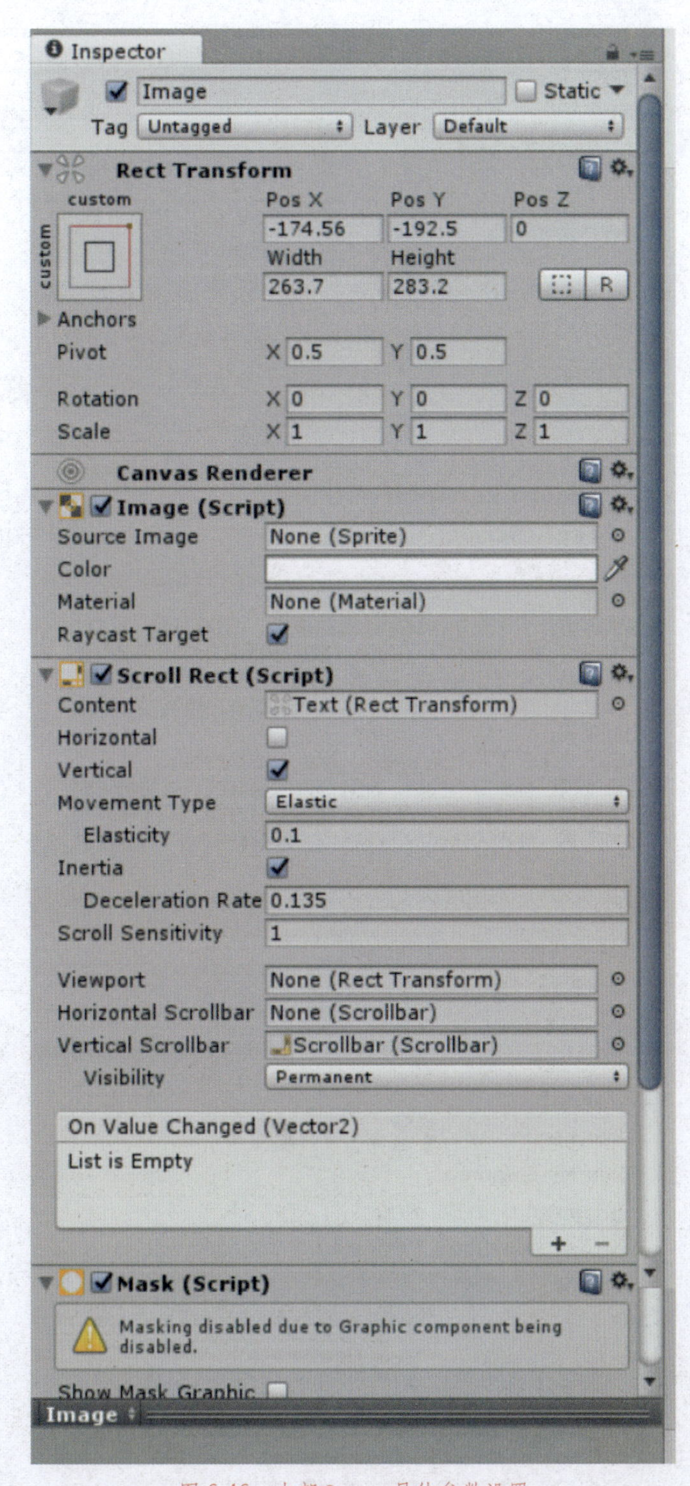

图 6-46　内部 Image 具体参数设置

Image 下的 Text 设置，在 Text 中填写展品的具体介绍可显示在具体展示的 UI 界面上，可通过对 Font Size 的改变，调整字体大小和颜色等，如图 6-47 所示。

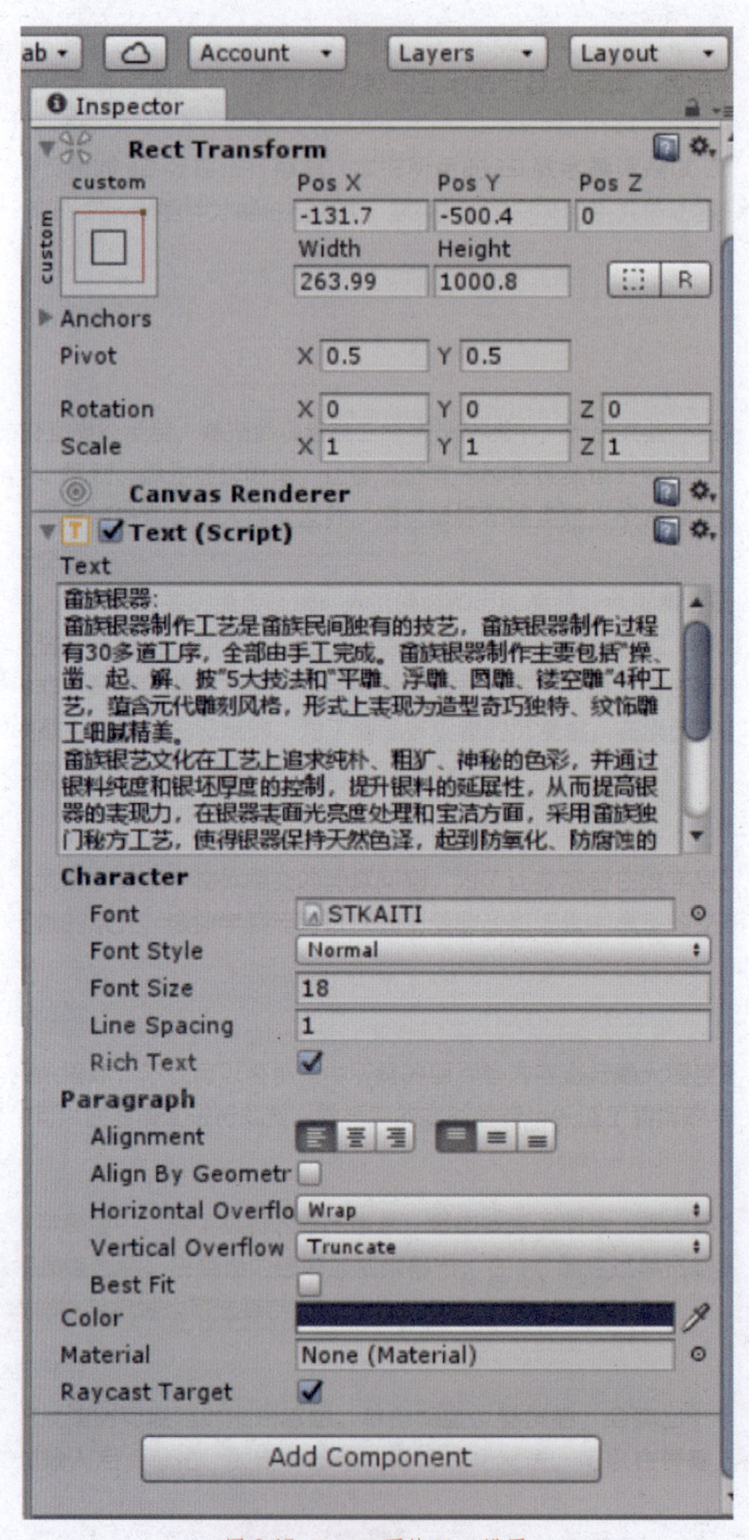

图 6-47 Image 下的 Text 设置

同样的，外部 Image 下 Text 设置，如图 6-48 所示。

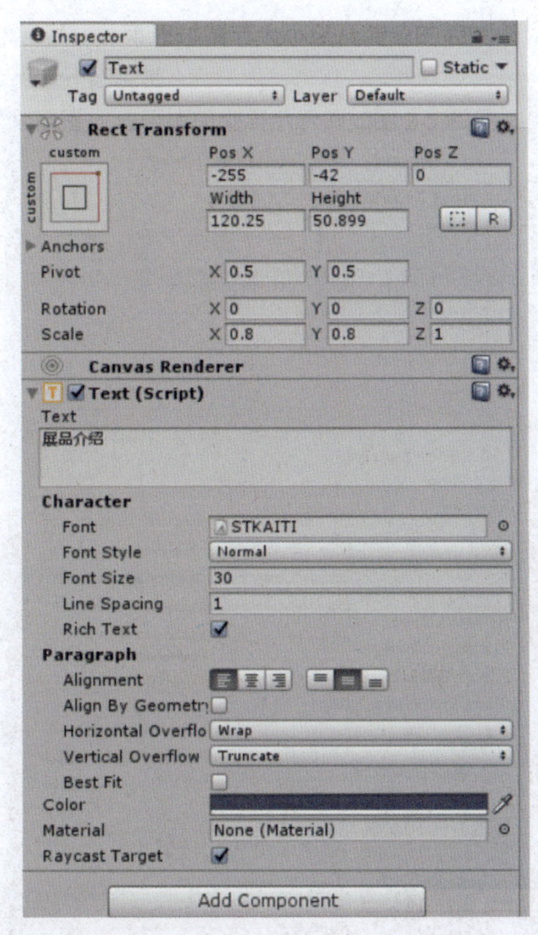

图 6-48　外部 Image 下的 Text 设置

展品文字介绍部分完成，如图 6-49 所示。

图 6-49　展品文字介绍部分完成

接下来是展品控制大小滑块部分（ScaleSlider）。ScaleSlider 具体参数，如图 6-50 所示。

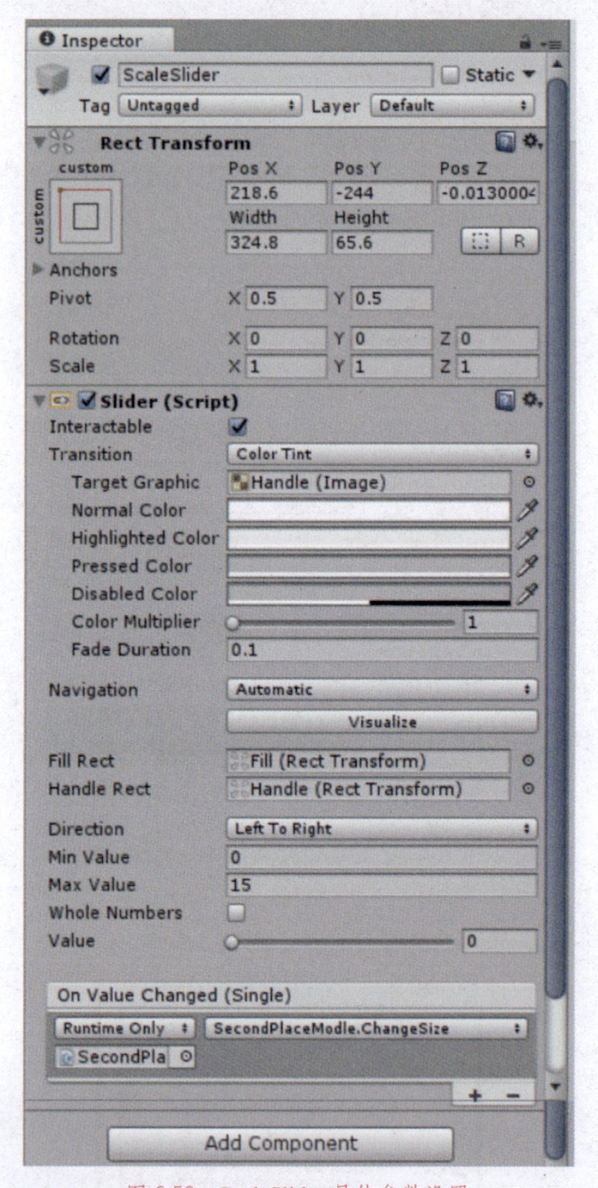

图 6-50　ScaleSlider 具体参数设置

其他参数不变，需要更改 Background 和 Handle 的颜色，以便使用，如图 6-51 所示。

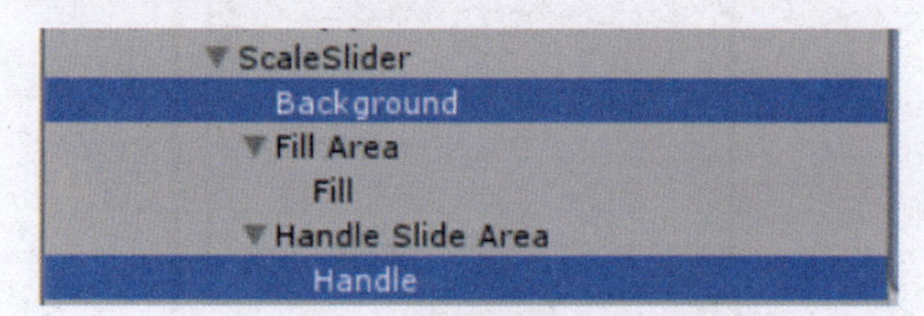

图 6-51　改变 Background 和 Handle 的颜色

展品控制旋转速度滑块部分（RotationSlider）与展品控制大小滑块部分（ScaleSlider）制作方

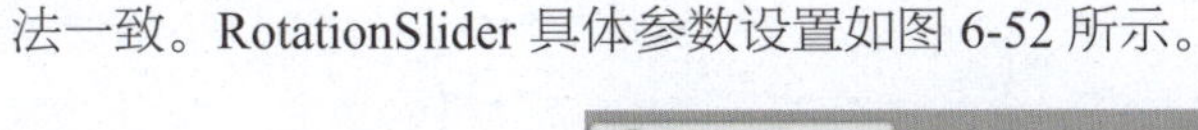
法一致。RotationSlider 具体参数设置如图 6-52 所示。

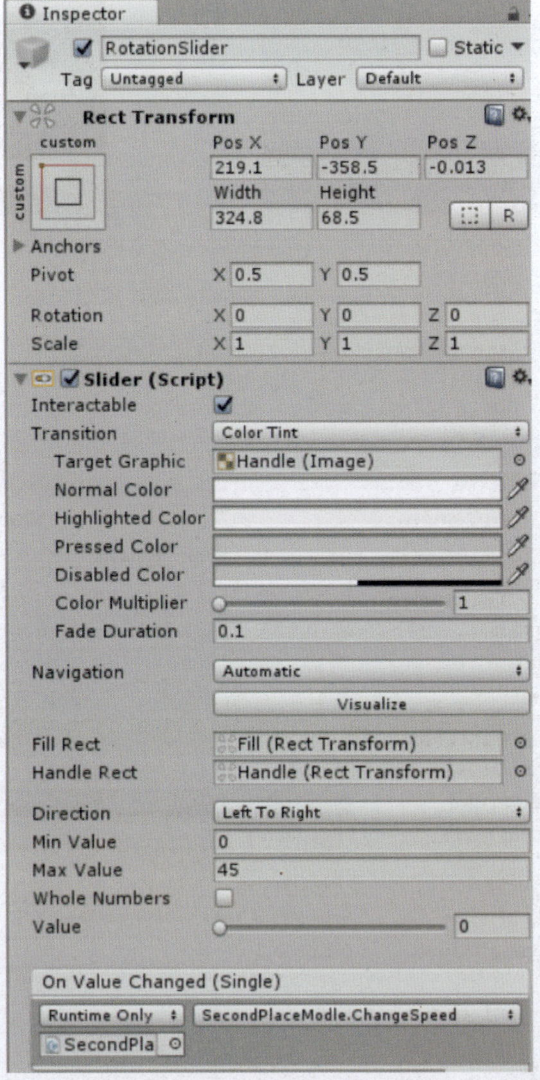

图 6-52　RotationSlider 具体参数

与 ScaleSlider 一样，其他参数不变，需要更改 Background 和 Handle 的颜色，如图 6-53 所示。

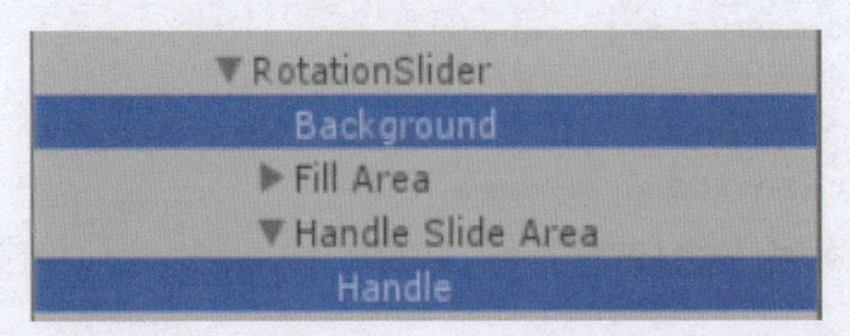

图 6-53　改变 Background 和 Handle 的颜色

然后添加大小和转速两个文本，添加文字方法、调整文字方法与前文一样，这里不过多赘述。添加文本效果如图 6-54 所示。

展品控制大小转速滑块部分完成，如图 6-55 所示。

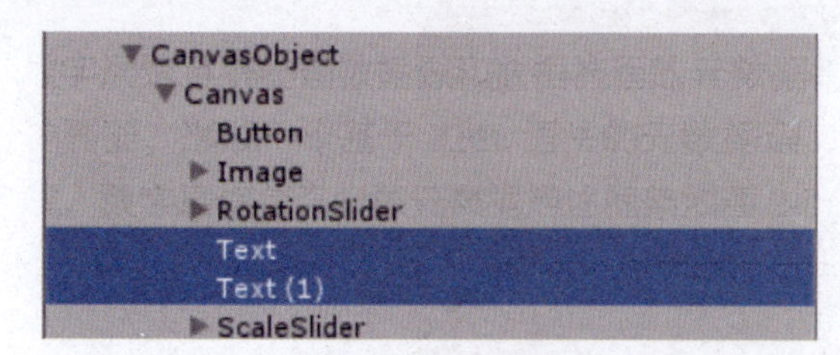

图 6-54　添加文本

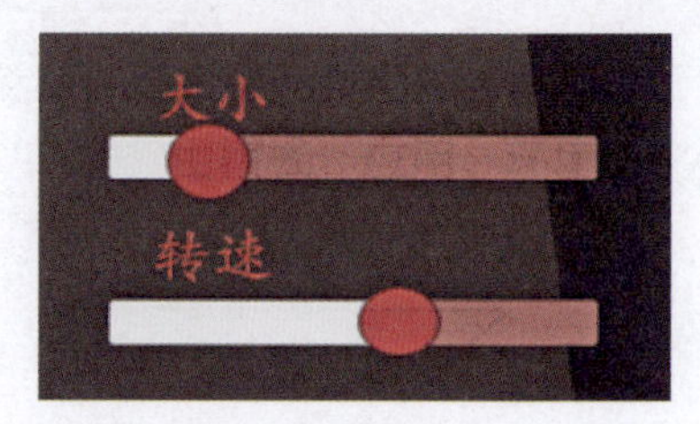

图 6-55　展品控制大小转速滑块部分完成

在搭建的具体展示空间里添加一个 Camera。Camera 具体参数设置如图 6-56 所示。

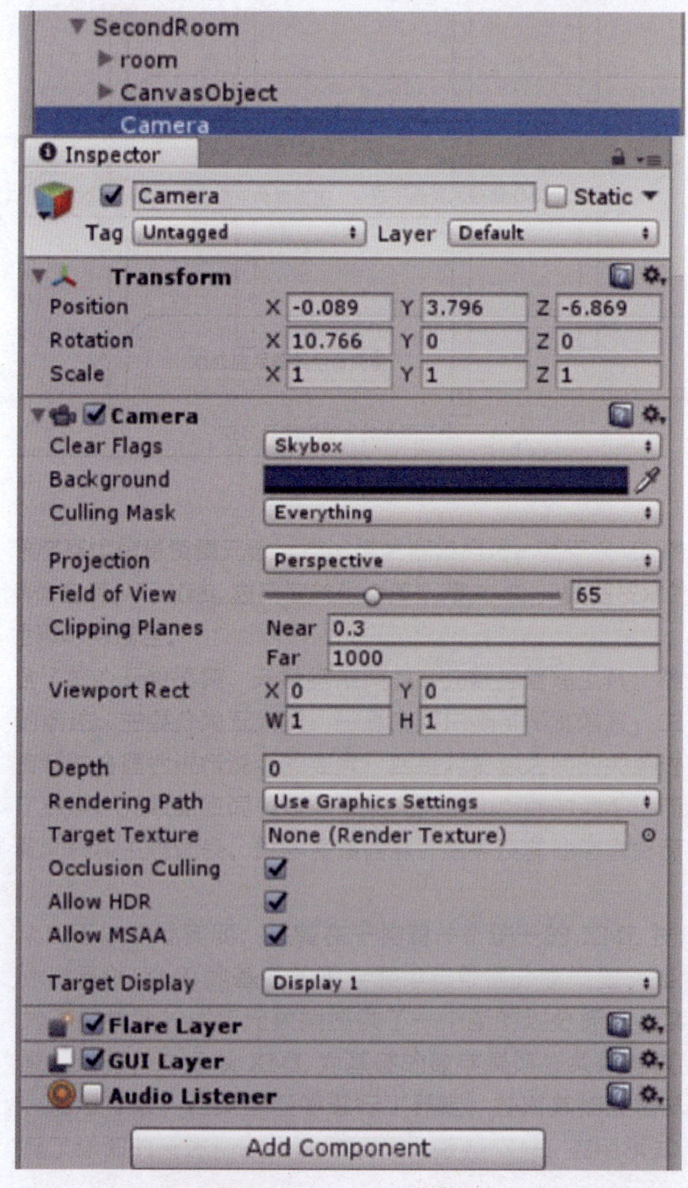

图 6-56　Camera 具体参数

最后在 SecondRoom 下创建一个空物体，命名为 SecondPlace，如图 6-57 所示。

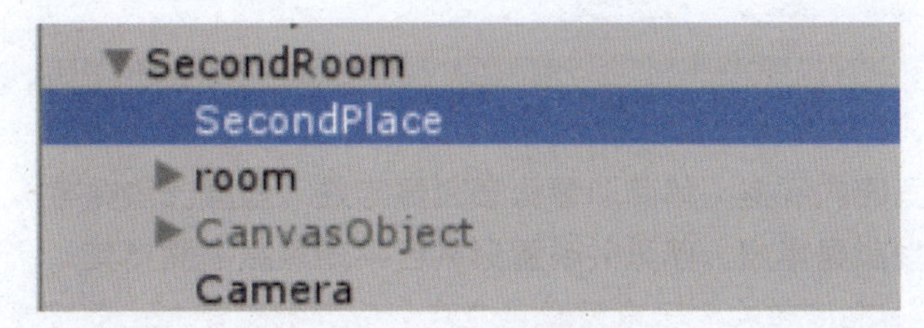

图 6-57　创建 SecondPlace

并在 SecondPlace 上添加 Second Place Modle 脚本，如图 6-58 所示。

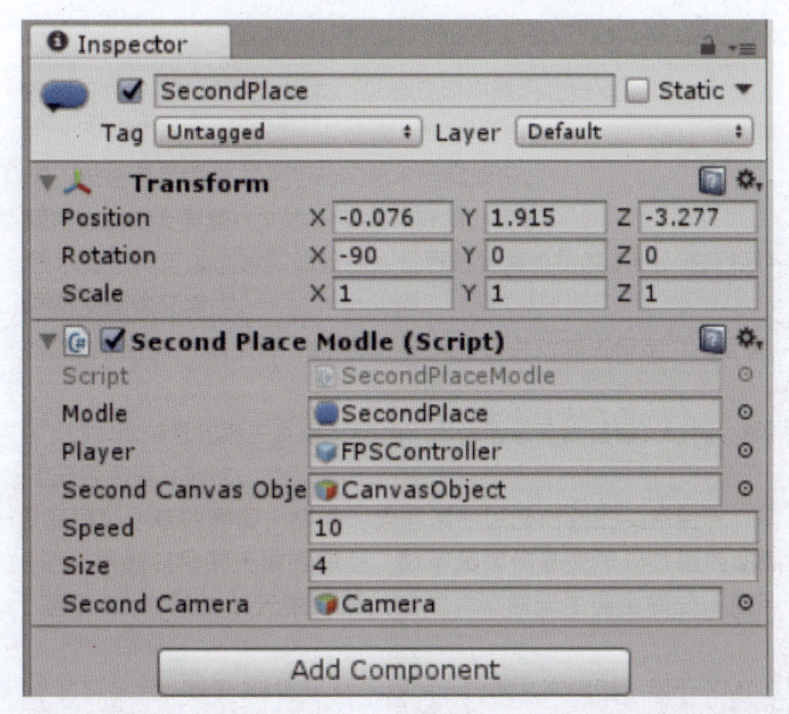

图 6-58　在 SecondPlace 上添加 Second Place Modle 脚本

注：

① CanvasObject 及内部子对象均为隐藏对象。

②靠近展品后出现“进入展览”按钮，此功能在后文添加第一视角控制器中讲解。

7. 电视墙功能的实现

创建空对象命名为 TV，在 TV 下创建空对象命名为 tv_2，在 tv_2 下创建空对象命名为 tv_1（用来播放视频），在 tv_1 下创建画布 Canvas，并在画布下创建 RawImage 以及 tv_2（为了监测距离），最后在外部的 tv_2 下创建 menu_2 并在 menu_2 下创建画布 Canvas 和按钮。创建电视墙，如图 6-59 所示。

tv_1 部分具体参数设置如图 6-60 和图 6-61 所示。

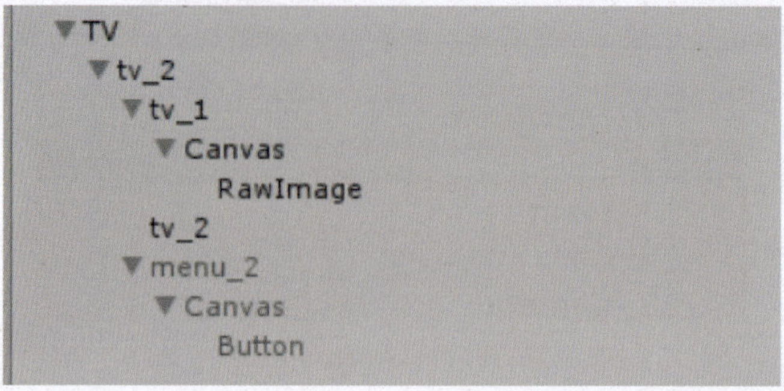

TV
tv_2
tv_1
Canvas
RawImage
tv_2
menu_2
Canvas
Button

图 6-59　创建电视墙

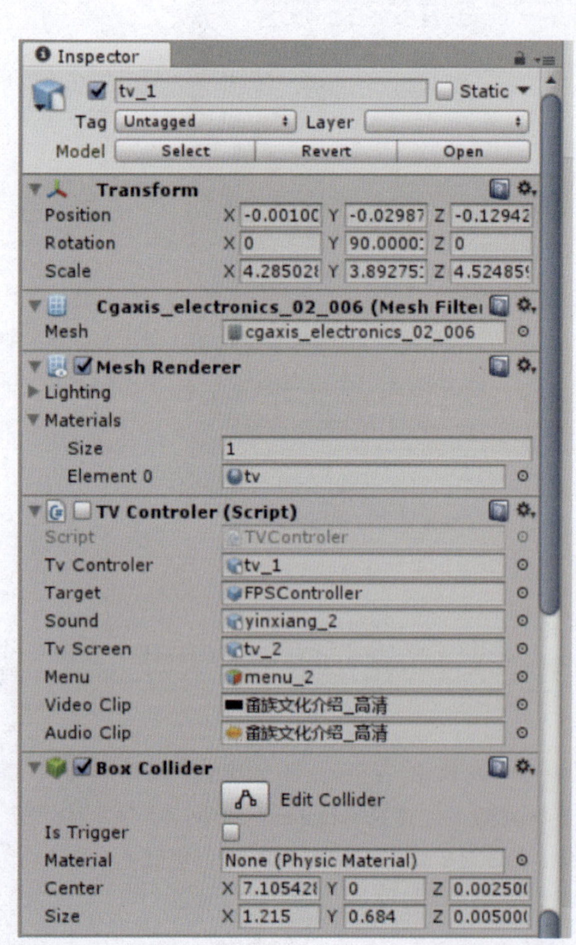

图 6-60　tv_1 部分具体参数

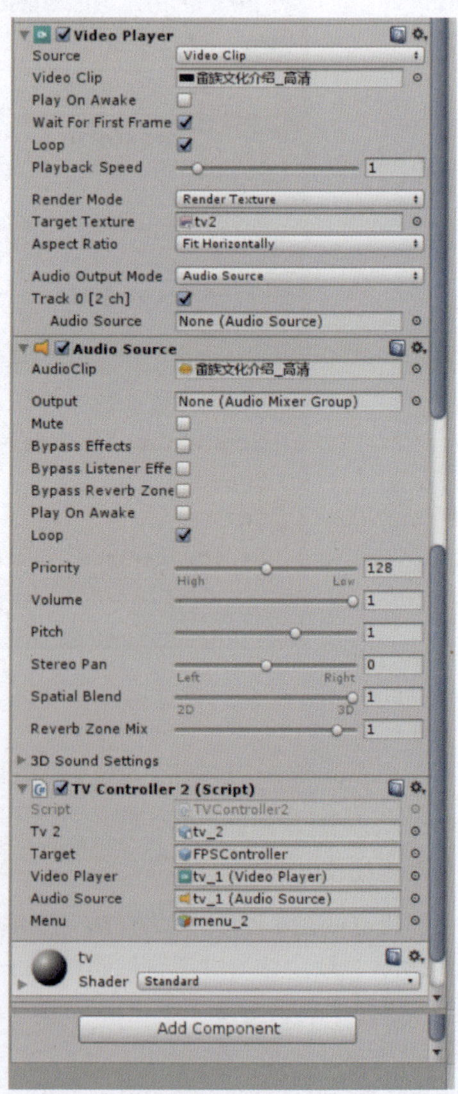

图 6-61　tv_1 部分具体参数

TvControler 脚本编写，如图 6-62 所示。

```
TVControler.cs
No selection
1 using System.Collections;
2 using System.Collections.Generic;
3 using UnityEngine;
4 using UnityEngine.Audio;
5 using UnityEngine.Video;
6 public class TVControler : MonoBehaviour
7 {
8     public GameObject tvControler;
9     public GameObject target;
10    public GameObject sound;
11    public GameObject tvScreen;
12    public GameObject menu;
13    public VideoClip videoClip;
14    public AudioClip audioClip;
15    private VideoPlayer videoPlayer;
16    private AudioSource audioSource;
17    private float distance=20;
18    public static bool isBgmPlaying;
19    void Start ()
20    {
21        videoPlayer = tvControler.AddComponent<VideoPlayer> ();
22        videoPlayer.clip = videoClip;
23        videoPlayer.renderMode = VideoRenderMode.RenderTexture;
24        videoPlayer.isLooping = true;
25        audioSource = sound.AddComponent<AudioSource> ();
26        audioSource.clip = audioClip;
27        audioSource.volume = 0.8f;
28        audioSource.loop = true;
29        audioSource.spatialBlend = 1;
30        audioSource.dopplerLevel = 1;
31        audioSource.rolloffMode = AudioRolloffMode.Linear;
32        audioSource.maxDistance = 16;
33    }
34    void Update ()
35    {
36        distance = Vector3.Distance(tvControler.transform.position, target.transform.position);
37        if (distance <= 15&&Input.GetKeyDown(KeyCode.V)&&videoPlayer.isPlaying==false)
38        {
39            tvScreen.SetActive(false);
40            audioSource.Play();
41            videoPlayer.Play();
42        }
43        if (distance > 15)
44        {
45            audioSource.Pause();
46            videoPlayer.Pause();
47         }
48        if (Input.GetKeyDown(KeyCode.B)&&videoPlayer.isPlaying==false)
49        {
50            audioSource.UnPause();
51            videoPlayer.Play();
52        }
53    }
54    public void PlayVideo()
55    {
56        if (distance <= 15&& videoPlayer.isPlaying == false)
57        {
58            tvScreen.SetActive(false);
59            menu.SetActive(false);
60            audioSource.Play();
61            videoPlayer.Play();
62        }
63    }
64 }
65
```

图 6-62　TvControler 脚本编写

TvControler2 脚本编写，如图 6-63 所示。

```
TVController2.cs
No selection
1 using System.Collections;
2 using System.Collections.Generic;
3 using UnityEngine;
4 using UnityEngine.Video;
5
6 public class TVController2 : MonoBehaviour
7 {
8
9     public GameObject tv2;
10    public GameObject target;
11    public VideoPlayer videoPlayer;
12    public AudioSource audioSource;
13    public GameObject menu;
14    private float distance = 20;
15    public static bool isVedioPlaying=false;
16    void Start () {
17
18    }
19
20    // Update is called once per frame
21    void Update () {
22        distance = Vector3.Distance(tv2.transform.position, target.transform.position);
23        if (distance <= 7 &&/* Input.GetKeyDown(KeyCode.V) &&*/ videoPlayer.isPlaying == false)
24        {
25            tv2.SetActive(false);
26            audioSource.Play();
27            videoPlayer.Play();
28            isVedioPlaying = true;
29        }
30        if (distance > 7)
31        {
32            audioSource.Pause();
33            videoPlayer.Pause();
34            isVedioPlaying = false;
35
36        }
37        if (Input.GetKeyDown(KeyCode.B) && videoPlayer.isPlaying == false)
38        {
39            audioSource.UnPause();
40            videoPlayer.Play();
41            isVedioPlaying = true;
42        }
43    }
44    public void PlayVideo()
45    {
46        if (distance <= 7 && videoPlayer.isPlaying == false)
47        {
48            tv2.SetActive(false);
49            menu.SetActive(false);
50            audioSource.Play();
51            videoPlayer.Play();
52            isVedioPlaying = true;
53        }
54    }
55 }
56
```

图 6-63　TvControler2 脚本编写

RawImage 具体参数设置如图 6-64 所示。

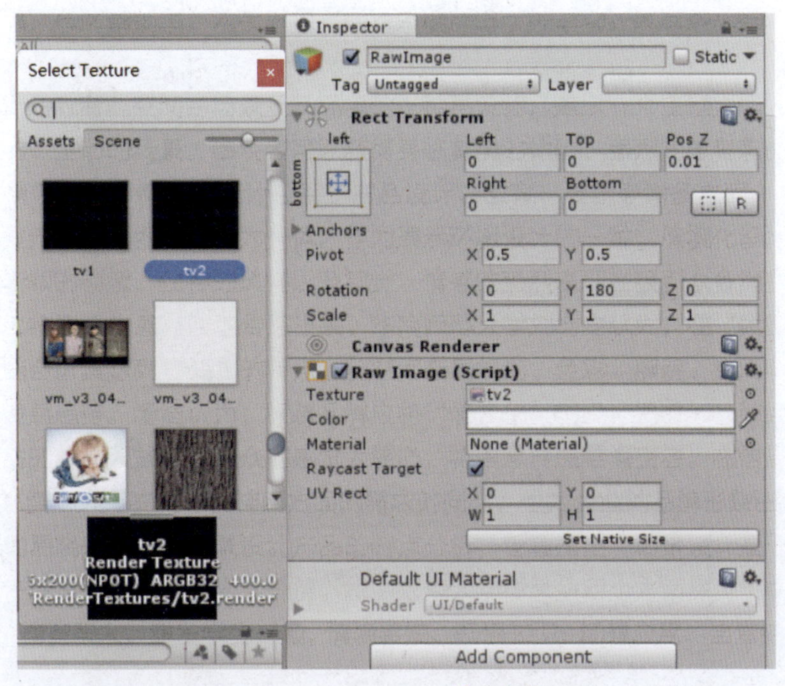

图 6-64　RawImage 具体参数

tv_2 下 tv_2 的具体参数设置如图 6-65 所示。

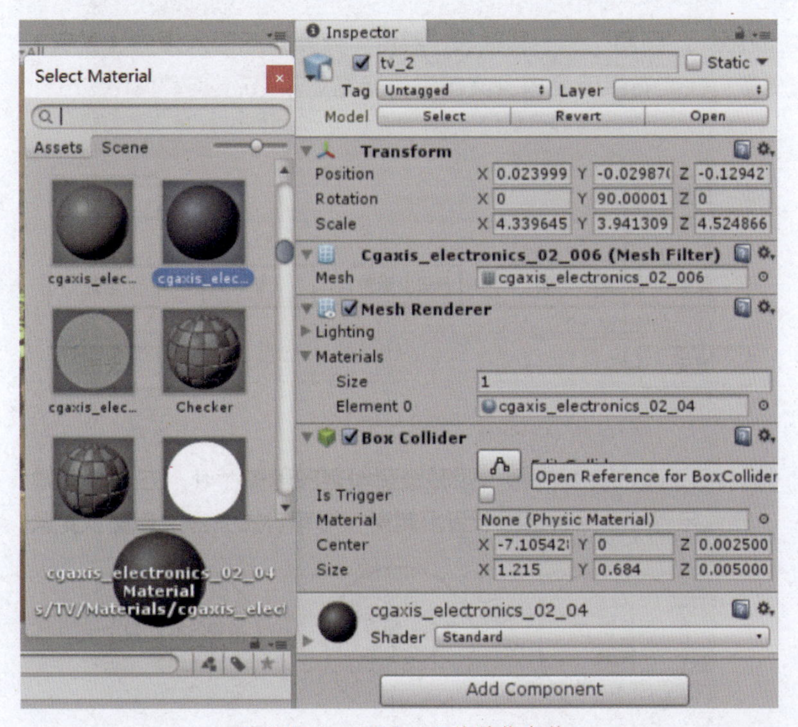

图 6-65　tv_2 下 tv_2 的具体参数

Canvas 下的按钮具体参数设置如图 6-66 所示。

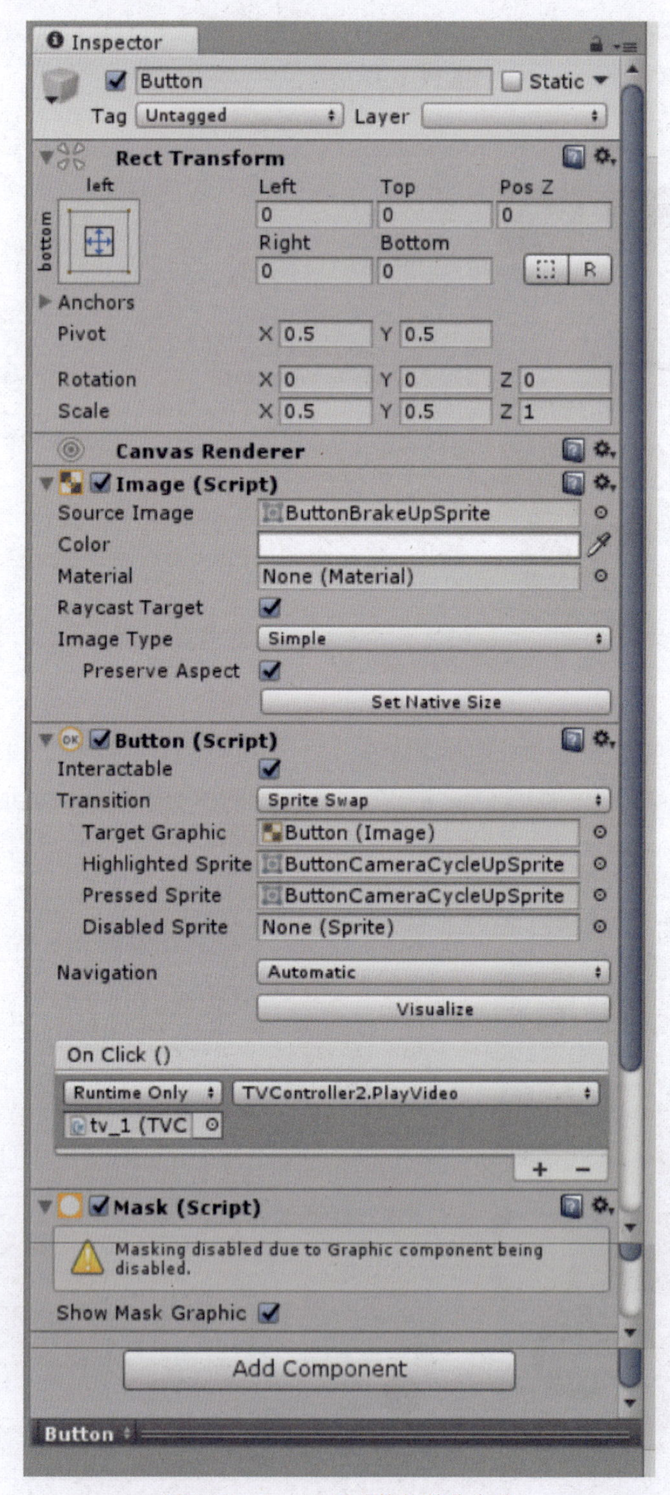

图 6-66　Canvas 下的按钮具体参数

注：前文中添加的组件均可以在各个对象的 Inspector 视图中的 Add Component 中找到并添加。

8. 添加第一视角控制器

首先，在标准资源包中有 FPSController，首先要在 Asset Store 下载和导入 Standard Assets，如图 6-67 所示。

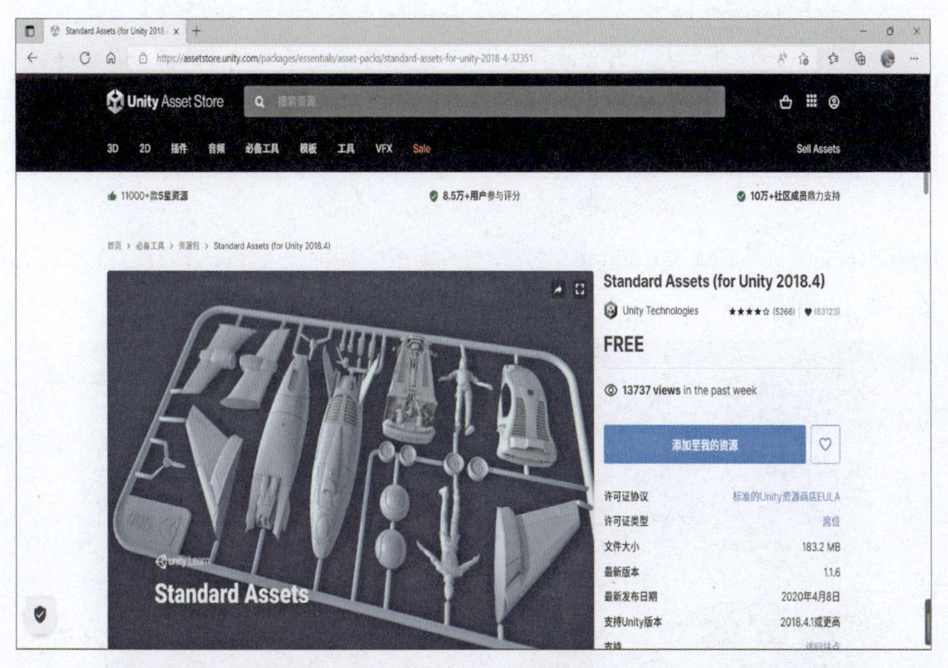

图 6-67　下载并导入 Standard Assets

导入之后，找到该资源包目录下的 Characters 目录，可以看到不同视角控制器相关的资源。找到 FirstPersonCharacter，如图 6-68 所示。

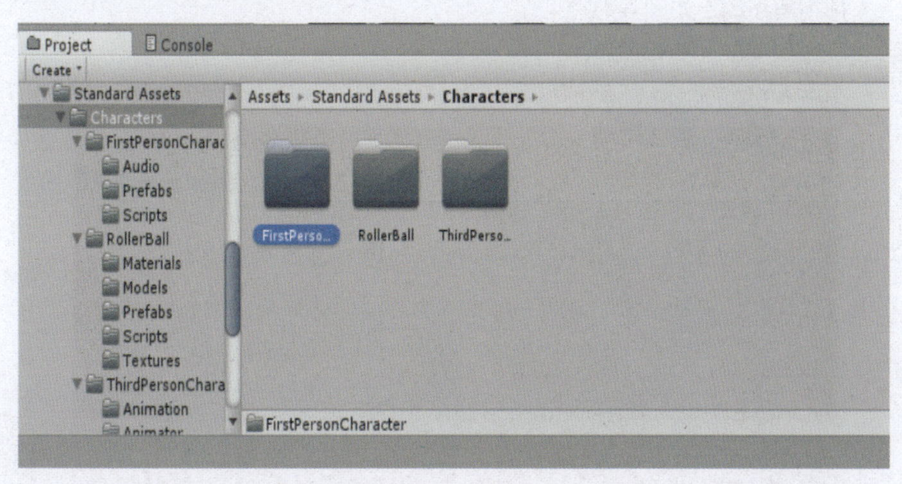

图 6-68　FirstPersonCharacter 文件夹

进入 FirstPersonCharacter 文件夹，可以看到预制体、脚本、音频和说明文件，如图 6-69 所示。

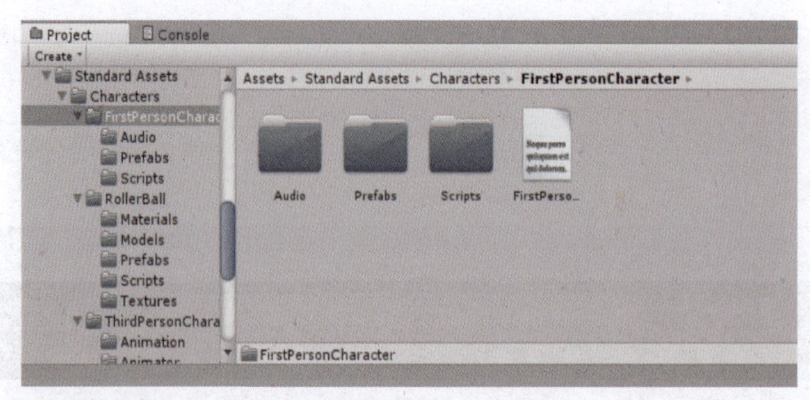

图 6-69　查看 FirstPersonCharacter

复制预制体文件夹内的 FPSController 预制体到场景中即可。将 Prefabs 中的 FPSControl 复制到场景中，如图 6-70 所示。

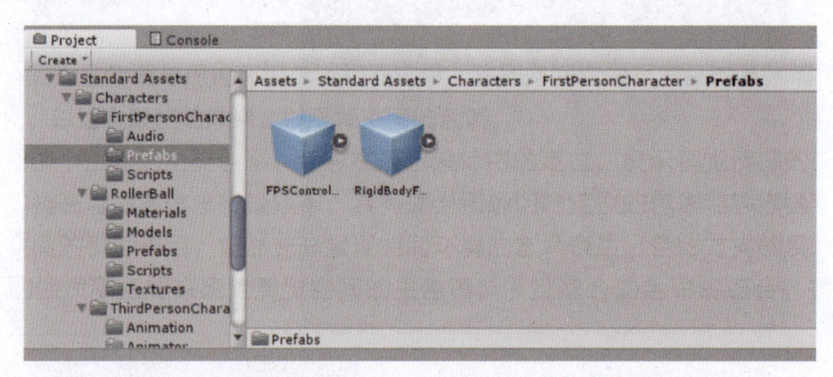

图 6-70　将 Prefabs 中的 FPSControl 复制到场景中

复制好之后，调整 FPSController 的位置，保证场景运行后其在期望的位置上。运行场景，即可按照第一人称视角移动，如图 6-71 所示。

图 6-71　按照第一视角移动

选中 FirstPersonController，可以修改其组件中的移动速度、跳跃高度、摆动幅度等参数。更改 FirstPersonController 参数，如图 6-72 所示。

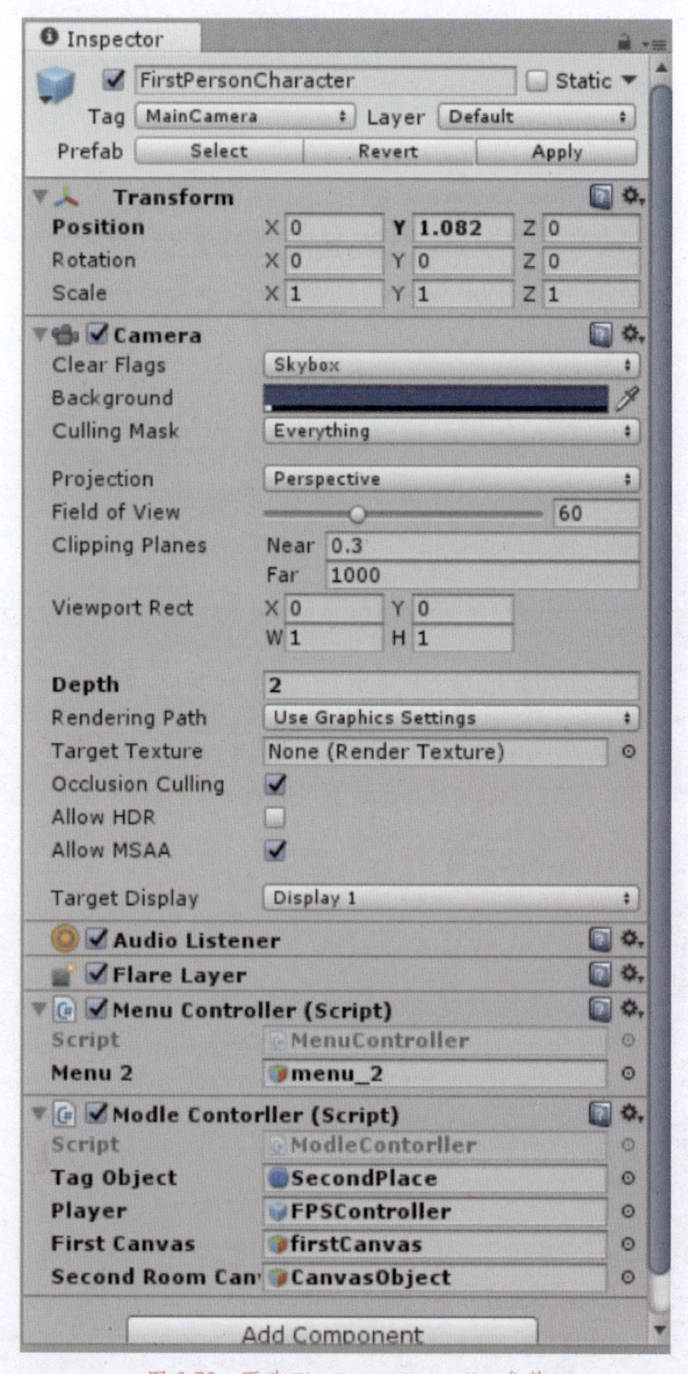

图 6-72　更改 FirstPersonController 参数

MenuController 脚本编写，如图 6-73 所示。

```
MenuController.cs
MenuController ▸ Update ()
1 using System.Collections;
2 using System.Collections.Generic;
3 using UnityEngine;
4
5 public class MenuController : MonoBehaviour
6 {
7
8     public GameObject menu2;
9
10    private float distance1=0;
11    private float distance2=0;
12
13    void Update () {
14            if (Input.GetMouseButtonDown(2)||Input.GetMouseButtonDown(0))
15        {
16            distance2 = Vector3.Distance(Camera.main.transform.position, menu2.transform.position);
17            Ray ray = Camera.main.ScreenPointToRay(Input.mousePosition);
18            RaycastHit hitInfo;
19            bool isRay = Physics.Raycast(ray, out hitInfo, 10, LayerMask.GetMask("tv"));
20           if (menu2.activeSelf == false && isRay && distance2 <= 15f)
21            {
22                menu2.SetActive(true);
23            }
24            else if(isRay == false)
25            {
26                menu2.SetActive(false);
27            }
28        }
29    }
```

图 6-73　MenuController 脚本编写

ModleController 脚本编写，如图 6-74 所示。

```
ModleContorller.cs
ModleContorller ▸ No selection
1 using System.Collections;
2 using System.Collections.Generic;
3 using UnityEngine;
4
5 public class ModleContorller : MonoBehaviour
6 {
7     private GameObject obj;
8     public  GameObject tagObject;
9     public  GameObject player;
10    public  GameObject firstCanvas;
11    public  GameObject SecondRoomCanvas;
12    // Use this for initialization
13    void Start () {
14
15    }
16
17    // Update is called once per frame
18    void Update ()
19    {
20
21        if (Input.GetKeyDown(KeyCode.N)||Input.GetMouseButtonDown(0))
22        {
23                Ray ray = Camera.main.ScreenPointToRay(Input.mousePosition);
24            RaycastHit hit;
25            bool isModle = Physics.Raycast(ray, out hit, 3, LayerMask.GetMask("modle"));
26            if (isModle)
27            {
28                obj = GameObject.Find(hit.collider.name);
29                firstCanvas.SetActive(true);
30                        }
31            else
32            {
33                //firstCanvas.SetActive(false);
34            }
35
36        }
37
38    }
39    public void EnterWatch()
40    {
41        Instantiate(obj, tagObject.transform.position, tagObject.transform.rotation, tagObject.transform);
42         SecondPlaceModle.audioListener.enabled = true;
43        player.SetActive(false);
44        SecondRoomCanvas.SetActive(true);
45        firstCanvas.SetActive(false);
46    }
47 }
```

图 6-74　ModleController 脚本编写

创建一个空对象，命名为 firstCanvas，并在下面建立画布 Canvas 和 Button，实现进入展品具体展示，如图 6-75 所示。

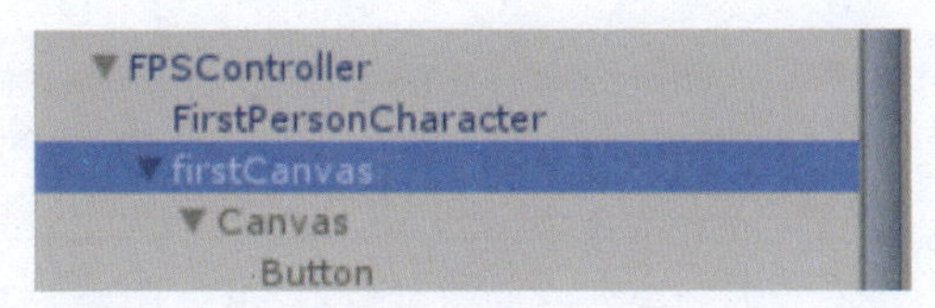

图 6-75　实现进入展品具体展示

画布 Canvas 下的 Button 具体参数，如图 6-76 所示。

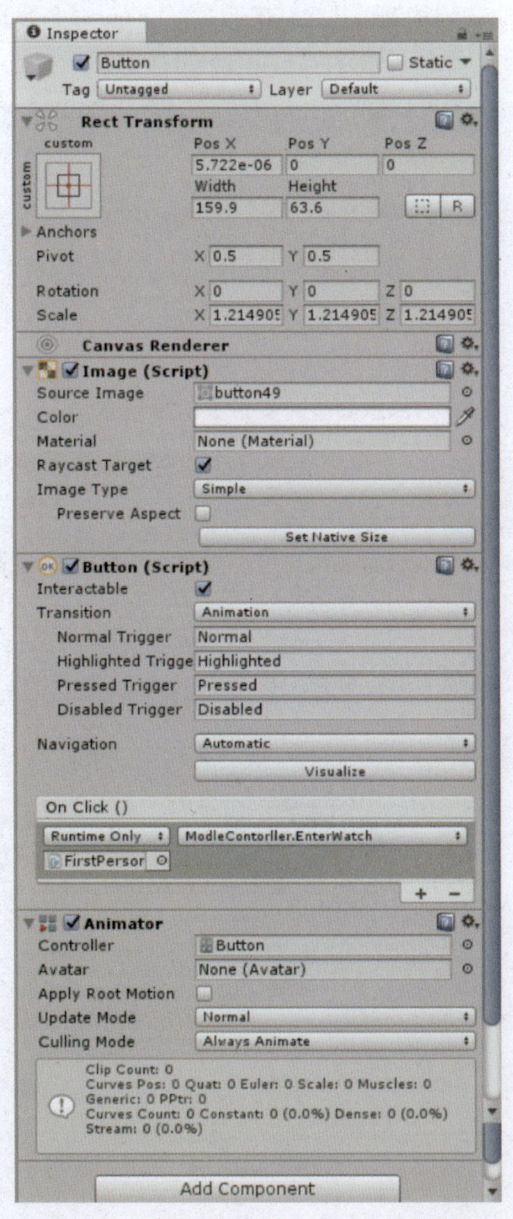

图 6-76　画布 Canvas 下的 Button 具体参数

最后将想要具体展示的所有展品 Layer 属性改为 modle，只有属性是 modle 的展品才能实现具体展示功能，如图 6-77 所示。

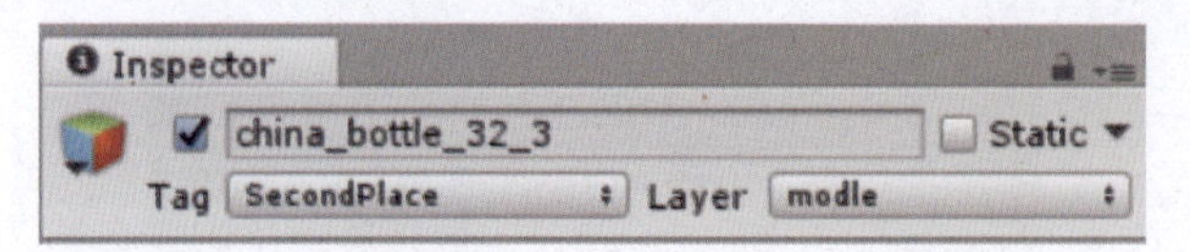

图 6-77　实现具体展示功能

9. 开始界面制作

新建 Scene_1，在 Scene_1 添加画布并在画布下添加 Image 命名为 bg（作为背景）以及三个按钮（开始、帮助、返回按钮）。制作开始界面，如图 6-78 所示。

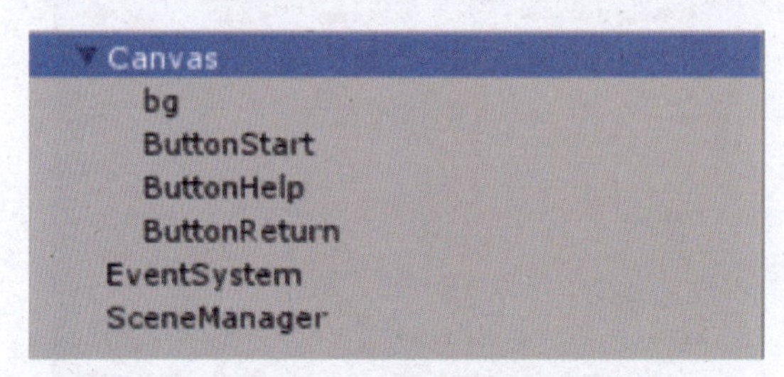

图 6-78　制作开始界面

添加开始界面背景图片。bg 的具体参数设置如图 6-79 所示。

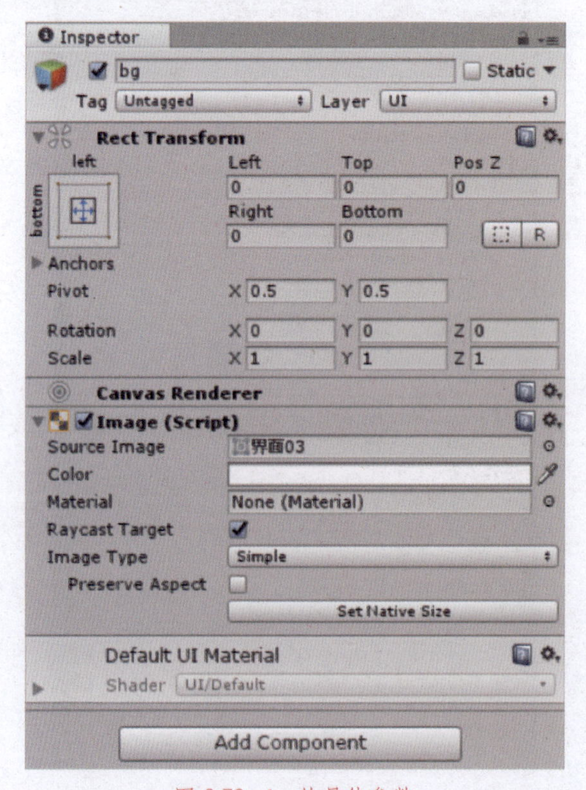

图 6-79　bg 的具体参数

ButtonStart（开始按钮）具体参数设置如图 6-80 所示。

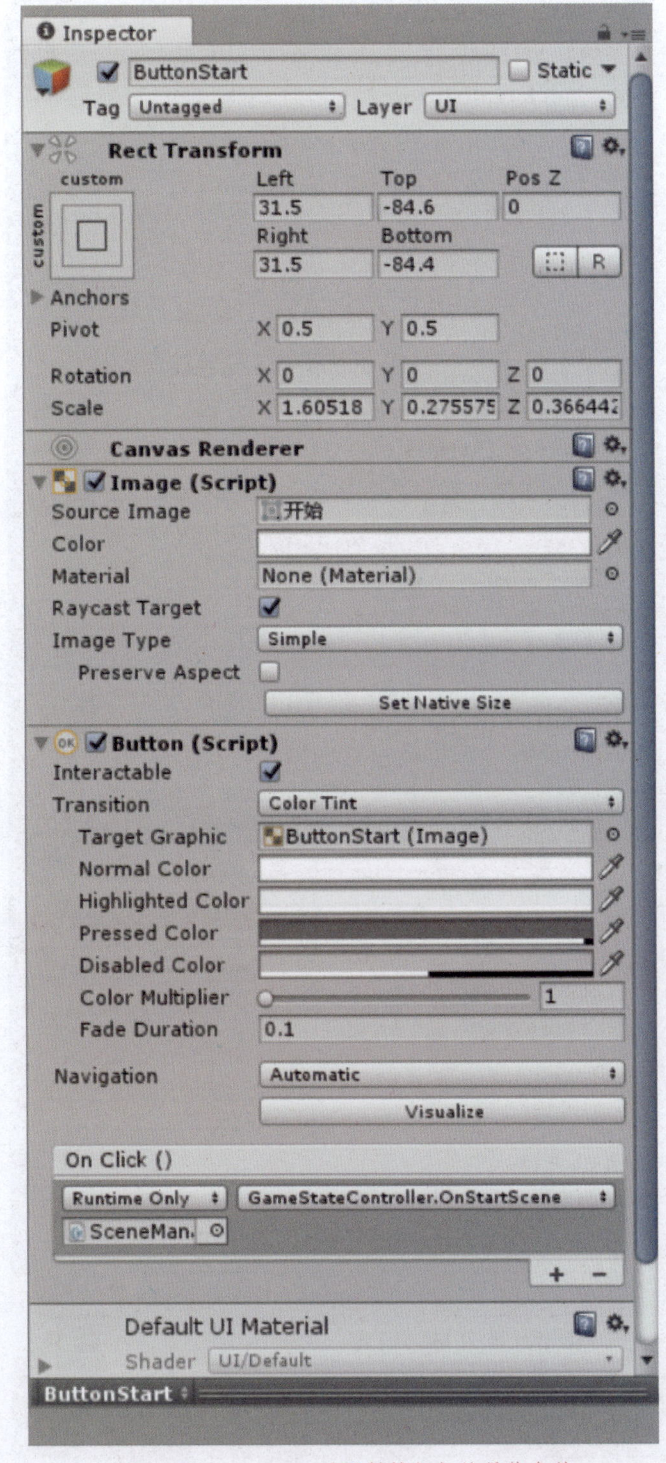

图 6-80　ButtonStart（开始按钮）的具体参数

ButtonHelp（帮助按钮）具体参数设置如图 6-81 所示。

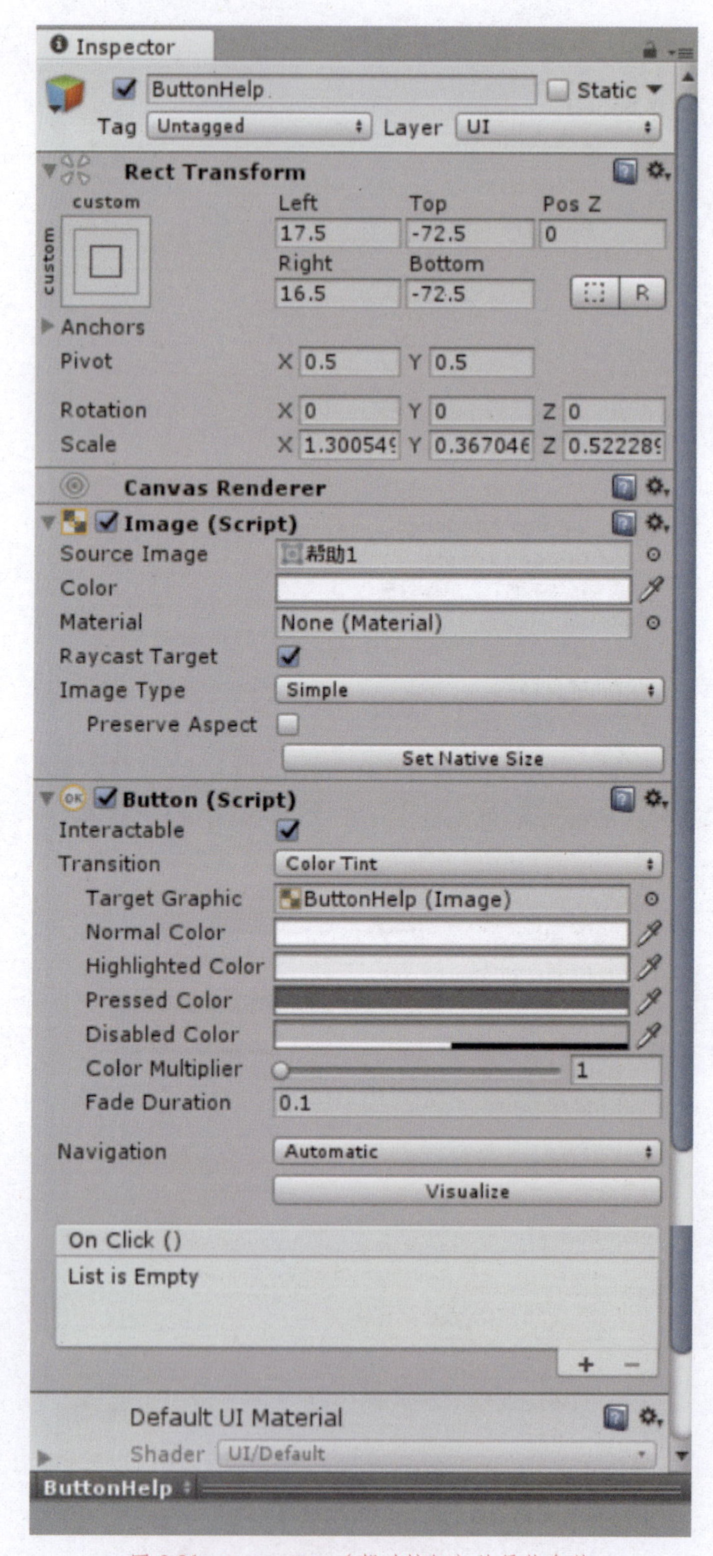

图 6-81　ButtonHelp（帮助按钮）的具体参数

ButtonReturn（返回按钮）具体参数设置如图 6-82 所示。

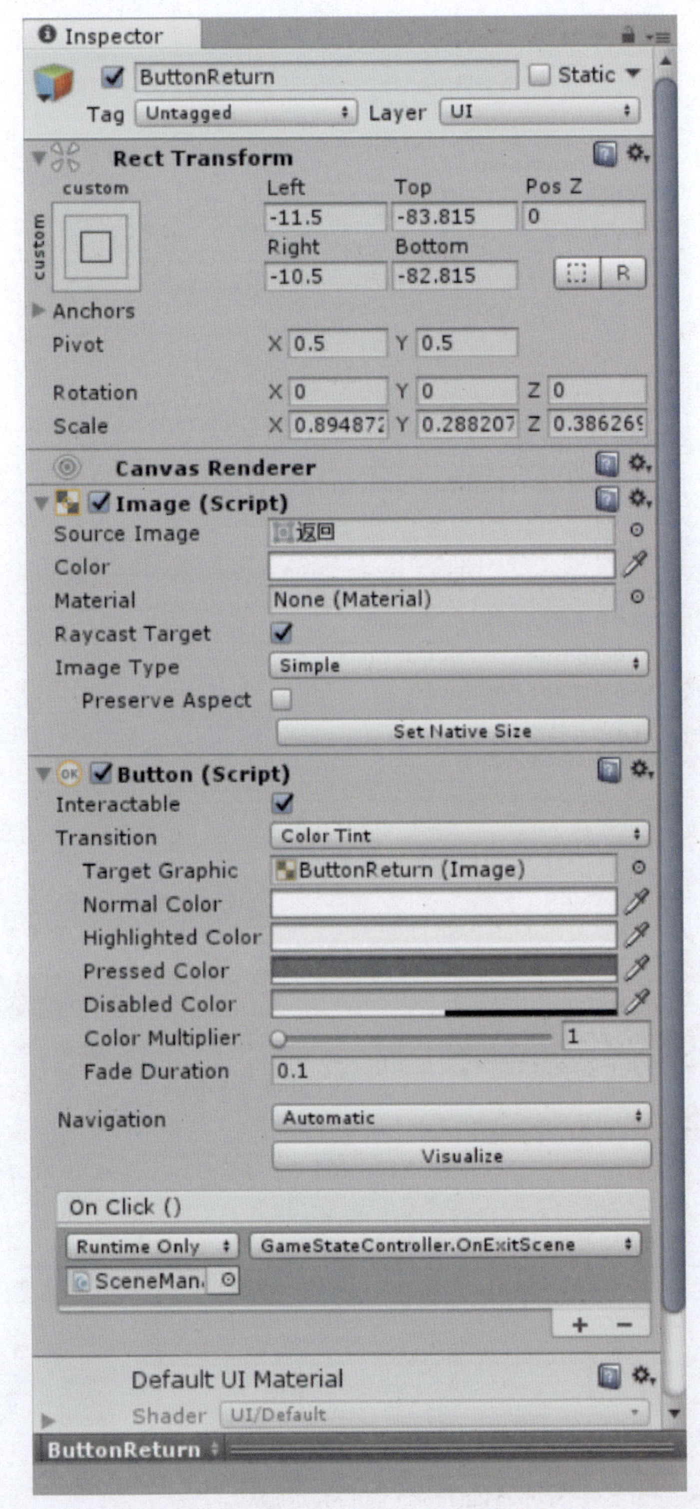

图 6-82　ButtonReturn（返回按钮）的具体参数

EventSystem 具体参数设置如图 6-83 所示。

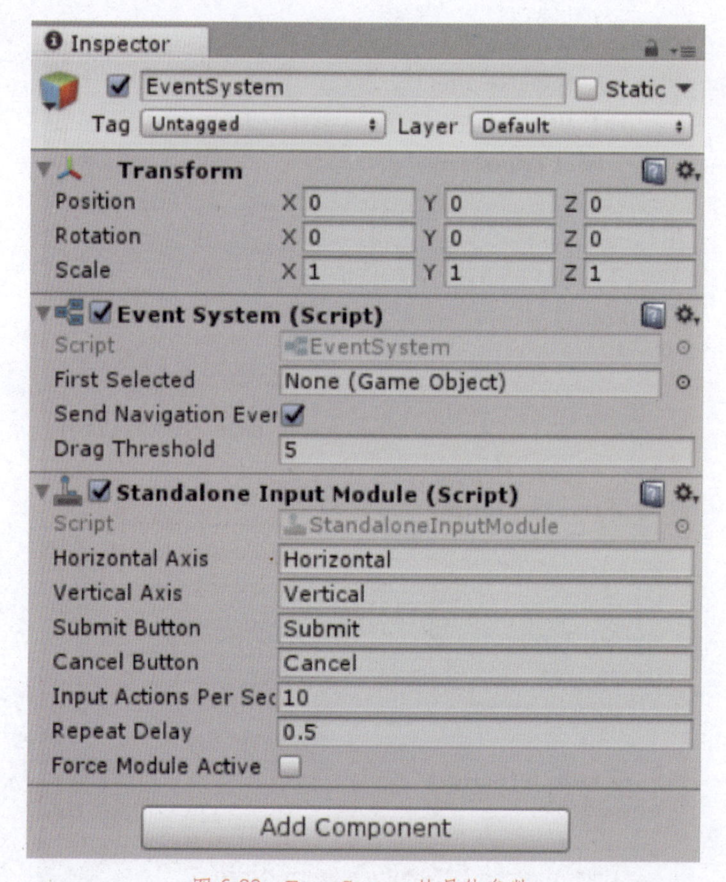

图 6-83　EventSystem 的具体参数

SceneManager 具体参数设置如图 6-84 所示。

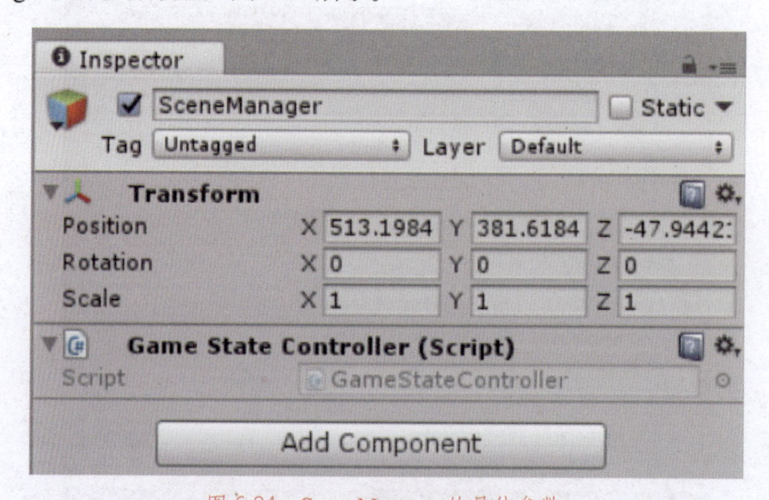

图 6-84　SceneManager 的具体参数

注：创建空对象并命名为 SceneManager，然后绑定脚本。

GameStateControler 脚本编写，如图 6-85 所示。

GameStateController.cs

No selection

```
using System.Collections;
using System.Collections.Generic;
using UnityEngine;
using UnityEngine.SceneManagement;

public class GameStateController : MonoBehaviour {

    public void OnStartScene()
    {
        SceneManager.LoadScene(1);
    }

    public void OnExitScene()
    {
#if UNITY_EDITOR
        UnityEditor.EditorApplication.isPlaying = false;
#else
        Application.Quit();
#endif
        Application.Quit();
    }
}
```

图 6-85　GameStateControler 脚本编写

开始界面制作完成，如图 6-86 所示。

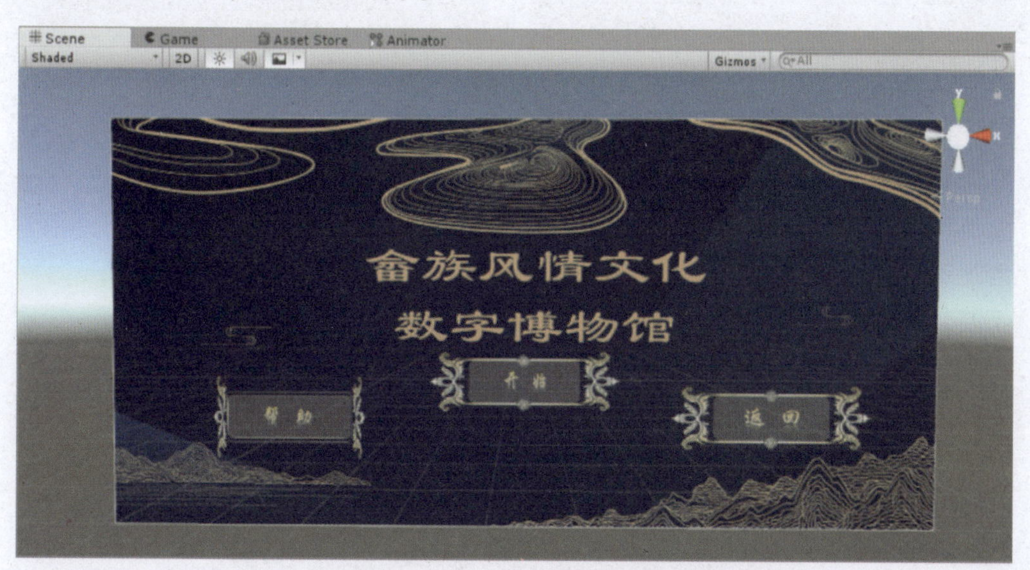

图 6-86　开始界面制作完成

创建一个新场景并命名为 Scene_load，同时创建画布 Canvas 并在画布下创建 Image，命名为 bg（为了添加背景图片），以及另一个 Image（为添加加载中图片式样）。制作加载界面，如图 6-87 所示。

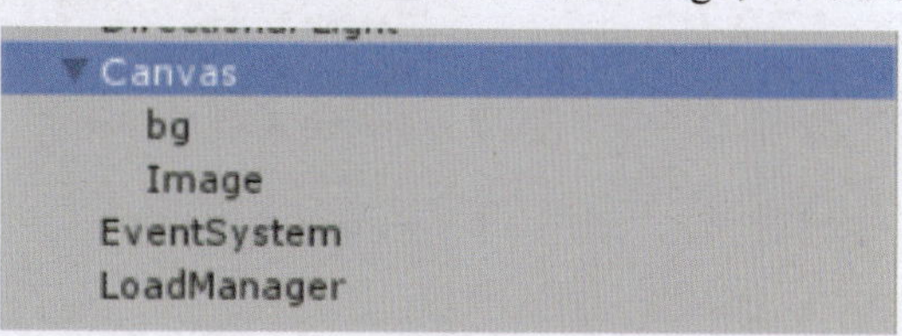

图 6-87　制作加载界面

添加加载界面背景图片。bg 的具体参数设置如图 6-88 所示。Image 具体参数设置如图 6-89 所示。

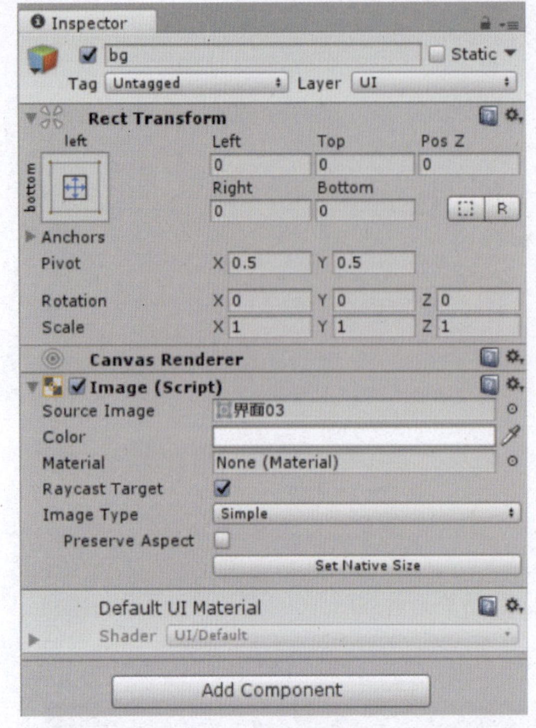

图 6-88　bg 的具体参数

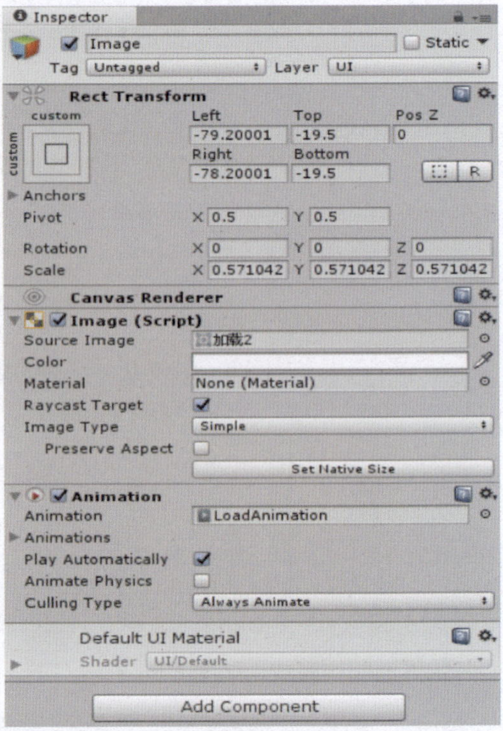

图 6-89　Image 的具体参数

EventSystem 具体参数设置如图 6-90 所示。

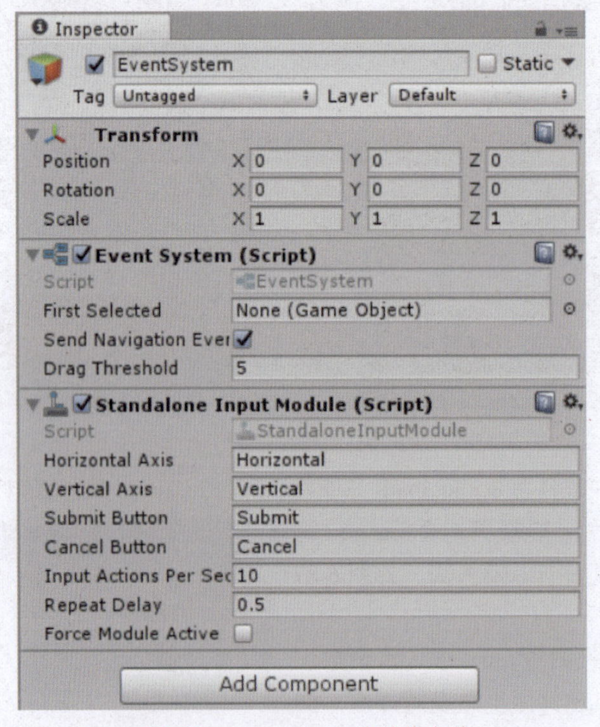

图 6-90　EventSystem 的具体参数

LoadManager 具体参数设置如图 6-91 所示。

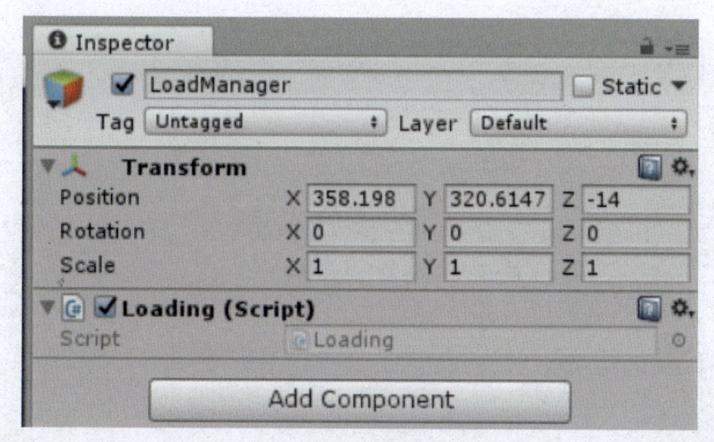

图 6-91　LoadManager 的具体参数

Loading 脚本编写，如图 6-92 所示。

```
Loading.cs
No selection
1 using System.Collections;
2 using System.Collections.Generic;
3 using UnityEngine;
4 using UnityEngine.SceneManagement;
5
6 public class Loading : MonoBehaviour
7 {
8     private AsyncOperation asyncOperation;
9     // Use this for initialization
10    void Start ()
11    {
12        StartCoroutine(LoadScene());
13    }
14
15    // Update is called once per frame
16    IEnumerator LoadScene()
17    {
18        yield return new WaitForSeconds(0.2f);
19        asyncOperation = SceneManager.LoadSceneAsync("Scene_g2");
20        asyncOperation.allowSceneActivation = true;
21
22    }
23
24 }
```

图 6-92　Loading 脚本编写

加载界面制作完成，如图 6-93 所示。

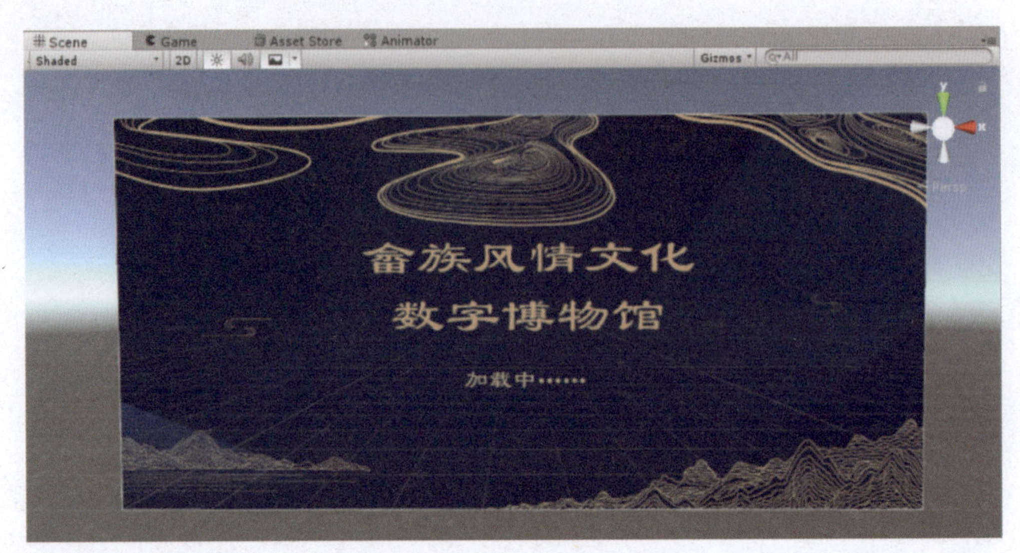

图 6-93　加载界面制作完成

10. 为展馆添加背景音乐

在 Hierarchy 视图中创建一个空对象并命名为 BgmManger，用来实现背景音乐功能。BgmManger 具体参数设置如图 6-94 所示。

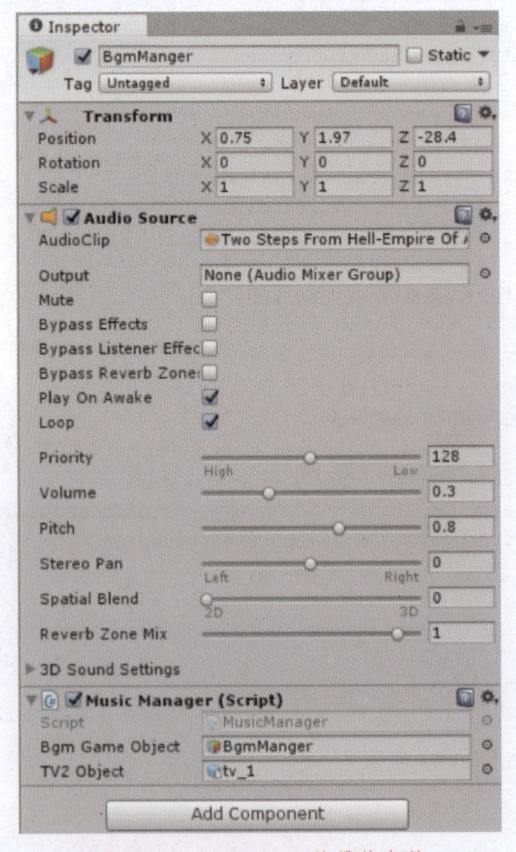

图 6-94　BgmManger 的具体参数

MusicManger 脚本编写，如图 6-95 所示。

MusicManager.cs

No selection

```
using System.Collections;
using System.Collections.Generic;
using UnityEngine;
using UnityEngine.Video;

public class MusicManager : MonoBehaviour
{
    private AudioSource bgmAudioSource;
    public GameObject bgmGameObject;
    private VideoPlayer videoPlayerTV2;
    public GameObject TV2Object;


    void Start () {
        bgmAudioSource = bgmGameObject.GetComponent<AudioSource>();

    }

    void Update()
    {
        if (TVController2.isVedioPlaying==true)
        {
            bgmAudioSource.Pause();
        }
        else
        {
            bgmAudioSource.UnPause();
        }
    }

}
```

图 6-95　MusicManger 脚本编写

注：所需组件都可以通过单击 Inspector 视图下的 Add Component 按钮找到并添加。

6.1.3　将制作好的数字展馆导出

在发布 Android 项目前，开发者必须下载并安装 Java JDK 和 Android JDK，本书使用的是 Java SDK 1.2.1，而 Android SDK 则要求 APILevel21 或者 Android5.0 或更高，build-tools 在 20.0 以上。

1. Java SDK 的环境配置

① 单击桌面“此电脑 / 计算机”，在空白处右击选择“属性”命令，在弹出的页面中选择“高级系统设置”链接，弹出“系统属性”对话框，单击“环境变量”按钮，如图 6-96 所示。

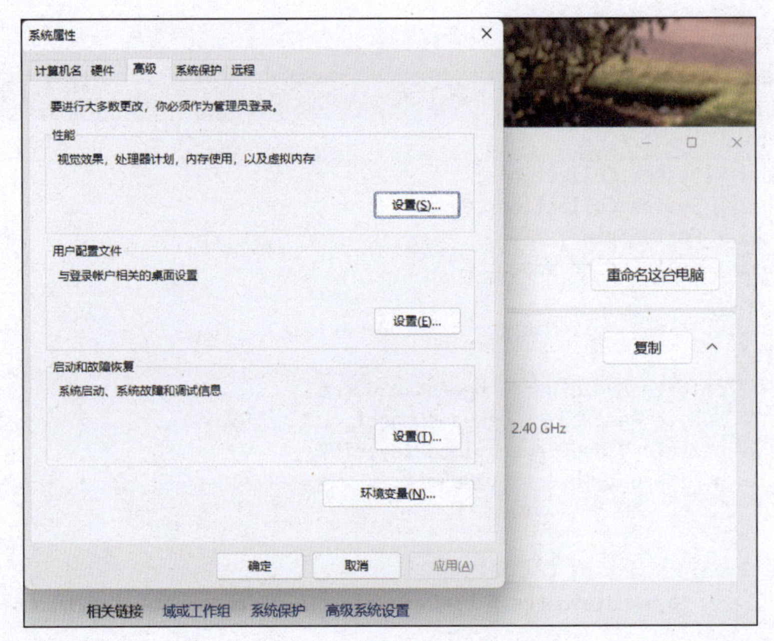

图 6-96 “系统属性”对话框

② 弹出“环境变量”对话框，检查系统变量下是否有 JAVA_HOME、PATH、CLASSPATH 这三个环境变量，如果没有则需新建这三个环境变量，单击“新建”按钮，弹出“新建系统变量”对话框，如图 6-97 所示。

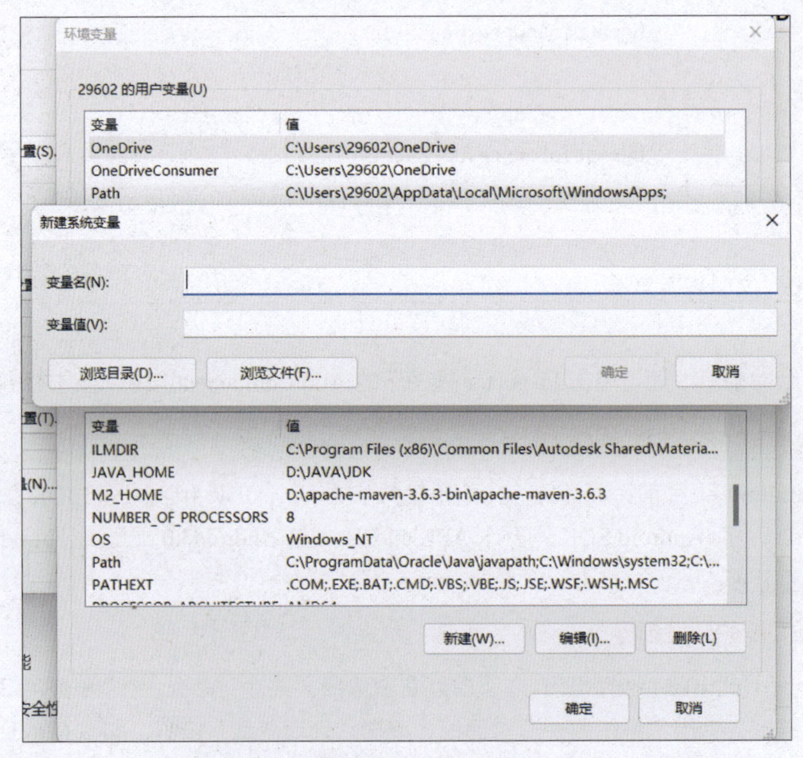

图 6-97 新建变量

③ 通过以上的方法，环境变量已经配置完成，可以通过系统的命令提示符，在 DOS 命令行运行状态下输入 javac 命令检验是否配置成功，如图 6-98 所示。

```
命令提示符
Microsoft Windows [版本 10.0.22000.613]
(c) Microsoft Corporation。保留所有权利。

C:\Users\29602>javac
用法: javac <options> <source files>
其中, 可能的选项包括:
  -g                         生成所有调试信息
  -g:none                    不生成任何调试信息
  -g:{lines,vars,source}     只生成某些调试信息
  -nowarn                    不生成任何警告
  -verbose                   输出有关编译器正在执行的操作的消息
  -deprecation               输出使用已过时的 API 的源位置
  -classpath <路径>            指定查找用户类文件和注释处理程序的位置
  -cp <路径>                   指定查找用户类文件和注释处理程序的位置
  -sourcepath <路径>           指定查找输入源文件的位置
  -bootclasspath <路径>        覆盖引导类文件的位置
  -extdirs <目录>              覆盖所安装扩展的位置
  -endorseddirs <目录>         覆盖签名的标准路径的位置
  -proc:{none,only}          控制是否执行注释处理和/或编译。
  -processor <class1>[,<class2>,<class3>...] 要运行的注释处理程序的名称; 绕过默认的搜索进程
  -processorpath <路径>        指定查找注释处理程序的位置
  -parameters                生成元数据以用于方法参数的反射
  -d <目录>                    指定放置生成的类文件的位置
  -s <目录>                    指定放置生成的源文件的位置
  -h <目录>                    指定放置生成的本机标头文件的位置
  -implicit:{none,class}     指定是否为隐式引用文件生成类文件
  -encoding <编码>             指定源文件使用的字符编码
  -source <发行版>              提供与指定发行版的源兼容性
  -target <发行版>              生成特定 VM 版本的类文件
  -profile <配置文件>            请确保使用的 API 在指定的配置文件中可用
  -version                   版本信息
  -help                      输出标准选项的提要
  -A关键字[=值]                  传递给注释处理程序的选项
  -X                         输出非标准选项的提要
  -J<标记>                     直接将 <标记> 传递给运行时系统
  -Werror                    出现警告时终止编译
  @<文件名>                     从文件读取选项和文件名
```

图 6-98　检验配置是否成功

2. 项目发布

① 单击上方菜单栏中的 File → Build Settings 命令，如图 6-99 所示。

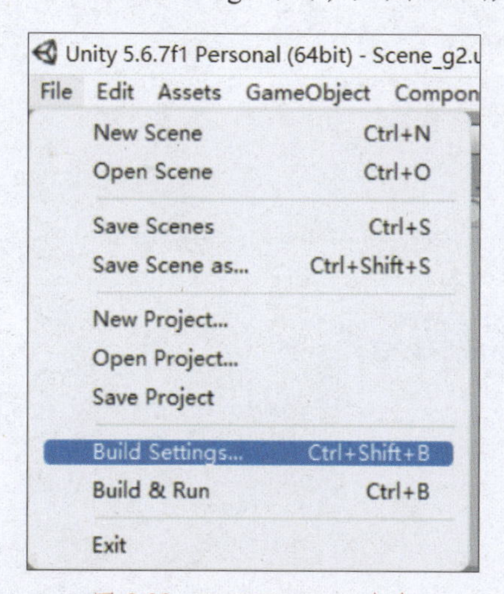

图 6-99　Build Settings 命令

② 在弹出的 Build Settings 对话框中单击 Player Settings 按钮，在右侧 Inspector 的视图中设置导出项目的图标，如图 6-100 所示。

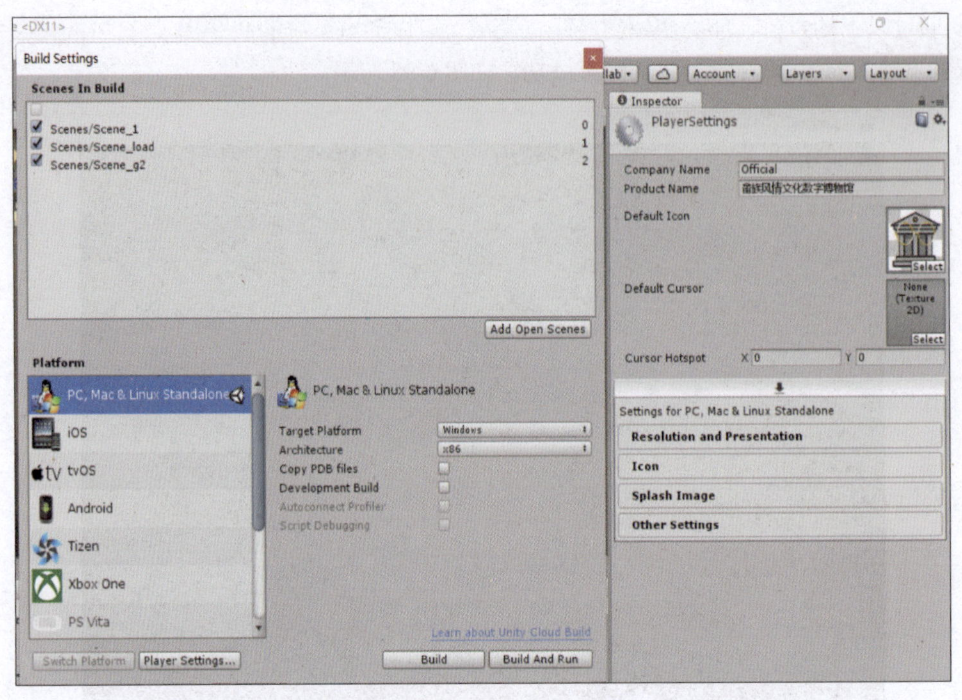

图 6-100　设置项目图标

③ 在弹出的 Build Settings 对话框中依次选择想要导出的场景，并且选择导出到的相应的设备类型，如图 6-101 所示。

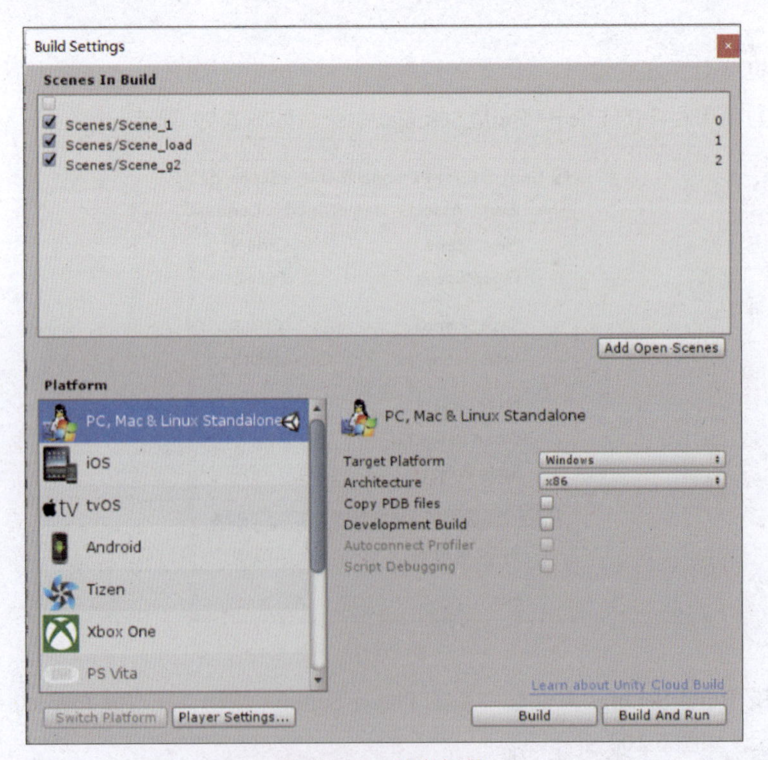

图 6-101　导出场景

注：一定要按照显示的顺序选择，否则可能会出现显示顺序混乱的情况。

④ 单击 Build 后，选择项目想要保存到的路径，然后单击“保存”按钮，项目开始导出，如图 6-102 所示。

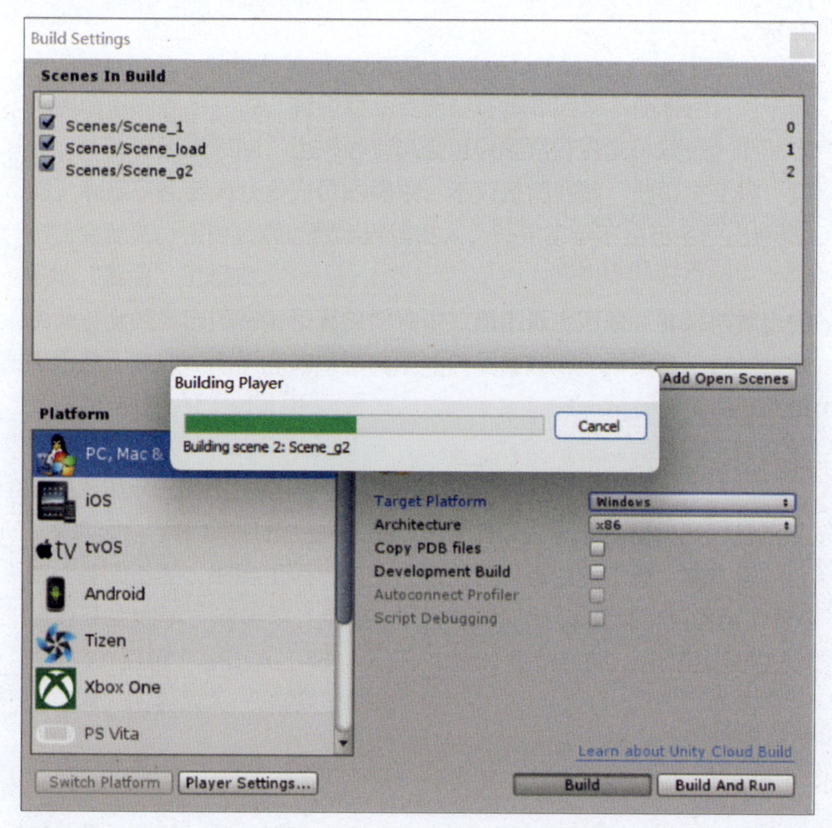

图 6-102　项目导出

6.2 数字展馆案例推荐

1. 纵 · 横：王怀庆艺术展

纵横交错就是一种形态，对于一个艺术家来说，纵横交错，直到创造出一幅完美的作品。王怀庆先生五十年的创作，整体上呈现出一种“简约”的趋势。20 世纪 80 年代的具象、生动、热烈的情感表达，逐步趋向概念化、符号化、观念性的冷峻抽象化。但如果用更短的时间来观察他的创作，通过草图、手稿、手记，你会发现他的手稿杂乱无章。而这一切的枯萎，都会变成它的丰饶之地。

2. 写生 · 创作：祝大年艺术作品展

中国古代的油画很少对风景进行写生，大多是通过视觉、意念与神会来完成，而写生则是从西方引进的，这是中国艺术在现代社会逐渐走向现实性的一种历史抉择，也是中国美术被普遍接受的一种途径。本次“素描——祝大年美术作品展”是一场很有主动性的画展，是一场写生与创作的对比展览，90多幅作品分为两类：一是写生作品；二是借助写生完成的作品。将两类作品并置展出是一种比较新颖的模式：一方面可使观者领略写生与创作的关系，另一方面也能让观者直观地了解祝大年的创作之道。

3. 苏州博物馆

苏州博物馆在公共服务、陈列展览、社会教育、信息化建设等各个领域都在不断地创新和发展，特别是在“无”向“有”的发展。苏州博物馆具有苏州传统的园林建筑的一面，建筑的颜色是灰色的，白色的墙壁，既清新又优雅，又融入了很多现代的元素。它与苏州的古典园林有很大的区别，同时也没有脱离中国的文化气息。

4. 华夏之美：山西古代文明精粹

三千年历史看陕西，五千年历史看山西。走进“华夏之美：山西古代文化精华”专题展览的入口，聚光灯照射在每一件文物上，隔着几尺的距离都能看到文明的厚重、艺术的瑰丽、古人的趣味，还有中华文明的博大精深。

5. 栋梁：梁思成诞辰一百二十周年文献展

梁思成先生的绘画、手稿、著作、摄影作品，仅是先生收藏的一小部分；我想，那些堆满了房间、最终被时代吞没的工作笔记，也只是先生万里奔波彻夜伏案的汗水之一。他用手触摸的桌子：一张放着照相机的桌子，一张宾夕法尼亚的桌子，一张李庄的画板，一首歌，一位绅士用一只瓶子托着他的下巴，嘴里哼着歌。我们期望在这六个单元中：学习、历史、规划、保护、建筑设计、教育，向您展示他作为一门学科的开创者所付出的艰辛，更重要的是，他那颗坚持不懈的精神所带来的巨大的喜悦。

6. 万象归一：黄成江摄影作品展

本次展览共展出摄影作品111幅，是黄成江先生多年来创作的一部分，作品的题材从北大荒辽阔的黑色土地，到西域坚韧的胡杨，再到纯净的莲花，再到海鸥的搏斗，从远眺到俯瞰，再到细致入微的观察。镜头的前后倒置，既是他由大到小的不懈追求，也是他不会因循守旧、勇于创新、勇于开拓的精神。

7. 万物毕照：中国古代铜镜文化与艺术

中国古代的铜镜，不但是日常生活的一种实用工具，而且千变万化的样式、纹饰和铭文，更是一种文化的艺术形式。清华大学艺术博物馆以王纲怀先生所捐赠的铜镜馆藏为基础，在国内多家文博机构和私人藏家的大力支持下，优中选优，挑选了400余面各具代表性的中国历代铜镜精品，为观众呈现中国古代铜镜文化和艺术的演进过程、感受铜镜的艺术魅力。

8. 水木湛清华：中国绘画中的自然

“清华”这个字，是古代人对自然风景、花草树木的美丽的总结，也是一个人的准则，一个人的品质，一个华茂的品质。“清华”成为大学的专用名称，在一定程度上也有了新的含义，让人不禁想起大学的学术素质。清华大学美术学院常务副院长杜鹏飞表示，此次展出的清华大学美术作品，将会让学生们对清华有更多的认识和理解，从而更好地理解中国古代的“自然观”。

9. 百年征程　贵州故事——文物文献展

回顾贵州百年历史，回顾建党一百周年。在党史与文物的互动中，近 360 幅图版、近 180 件珍贵文物、文献、展品，用生动、有温度的故事，传递着中国共产党的光辉历程，让观者通过"大事件"中的历史文物，看到动人的"小细节"。

10. 与天久长——周秦汉唐文化与艺术特展

人类发展到今天，所表现出来的多样性，是由不同的文化系统交织在一起的。中华文明源远流长，具有较为独立的发展系统，它在不断地吸纳、融合异域文化元素的同时，也积极地进行自我调整和创新，形成了一幅从未间断、延续至今的辉煌画卷。

11. 百年器象——清华大学科学博物馆筹备展

"百年器象——清华大学科学博物馆筹备展"于 2019 年 4 月 24 日在清华大学开幕。此次展览是清华大学为庆祝建校 108 周年及科学博物馆筹备一周年特别举办，由清华大学科学博物馆（筹）主办，清华大学美术学院、清华大学图书馆和清华大学科学史系联合协办。通过珍贵的清华科技文物，展现无数清华人科技报国、追求真理的理想，以及行健不息的奋斗历程。

本章小结

在前几章知识与软件使用的铺垫下，本章以理论与实践相结合的宗旨，以一完整的数字展馆设计为实例，介绍整个数字展馆设计的全部操作过程，在设计过程中，应注意每一步须注意的细节，并在 6.2 部分提供其他相关数字展馆网站的推荐，可以作为设计展馆过程中的借鉴，以不断完善丰富数字展馆的设计。

知识点速查

- 在 Unity 3D 软件中，若想在地板墙壁附上材质，需将展馆内部墙壁和地板的材质球附上材质，之后将材质拖动到想要添加的地板墙壁上。
- 平行光源的位置不会对其发出的光线产生影响，仅对其朝向的方向产生作用。在设计时，最好将其放在高一点的位置，看起来会显得更加自然。
- 在 Unity 3D 软件中，若场景不存在默认平行光源，则可以选择上方工具栏中的 GameObject → Light → Directional Light 命令创建平行光源。
- 在 Unity 3D 软件中，设计场景不要放置过多点光源，但是要将光源放在各个角落。
- 在 Unity 3D 软件中，UI 界面的设计需要导入 Assets 文件夹中的 Easy Touch 插件。在 Hierarchy 视图中右击，选择 UI → Canvas 命令来创建画布，单击 Canvas → EasyTouch Controls → Joystick 命令创建摇杆。
- 在 Unity 3D 软件中，找到 Inspector 视图下的 Add Component 按钮并单击，下拉找到 UI → Button 并单击，可以添加 Button 组件。
- 切换模式制作中涉及的按钮样式应先前制作，并存为 .png 格式，否则有可能影响美观度上的设计。

- 在 Unity 3D 软件中，若想实现展品的具体展示功能，需要搭建具体展示的 UI 界面以及各个功能模块，其中包括展品文字介绍部分、展品控制大小滑块部分、展品控制旋转速度滑块部分等。
- 在 Unity 3D 软件中，若想实现展馆的电视墙功能，需要创建画布 Canvas，并在画布下创建 RawImage 以及 tv_2，最后在外部的 tv_2 下创建 menu_2，并在 menu_2 下创建画布 Canvas 和按钮。
- 在 Unity 3D 软件中，若想添加第一视角控制器，要在 Asset Store 下载和导入 Standard Assets，找到该资源包目录下的 characters 目录，之后找到 FirstPersonCharacter 文件夹，可以看到预制体、脚本、音频和说明文件，复制 FPSController 预制体到场景中即可。
- 若要将 Unity 3D 中制作软件的导出，在发布 Android 项目前，开发者必须下载并安装 Java JDK 和 Android JDK。
- 在做 JAVA JDK 环境配置时，单击"环境变量"按钮，检查系统变量下是否有 JAVA_HOME、PATH、CLASSPATH 这三个环境变量，如果没有则需新建这三个环境变量。
- 在 Unity 3D 软件制作的项目发布过程中，一定要按照显示的顺序选择，否则可能会出现显示顺序混乱的情况。

思考题与习题

6-1 利用 Unity 3D 软件设计一个数字展馆的大体流程是怎样的？

6-2 如何在 Unity 3D 软件上导入模型？

6-3 在 Unity 3D 软件制作的展品文字介绍中，如何调整字体大小以及颜色？

参考答案

第一章

1-1 数字展馆是运用虚拟现实技术、三维图形图像技术、计算机网络技术、立体显示系统、互动娱乐技术、特种视效技术等多媒体技术，建立的一个线上的能够基本还原和模拟真实博物馆的智慧展馆。目前的数字展馆主要是基于实体展馆，以实体展馆为基础，利用数字技术将其转移至网络。

1-2 纵观数字展馆的发展历史，可以分为1.0、2.0、3.0、4.0四个历史阶段，四个历史阶段并非相互独立，而是在相互融合中共同发展。

1-3 按照应用领域分类，数字展馆主要包括：纪念类数字展馆、企业类数字展馆、规划类数字展馆、科博馆类数字展馆。

1-4 按照展示方式分类，数字展馆主要包括：屏幕展示类数字展馆、数字电子沙盘类数字展馆、全息投影类数字展馆、虚幻显示类数字展馆。

1-5 按照展馆设计主题分类，数字展馆主要包括：文化类主题数字展馆、艺术类主题数字展馆、科技类主题数字展馆、生态类主题数字展馆、城市类主题数字展馆。

1-6 数字展馆与传统展馆的区别：

（1）传统展馆多数以静态形式展现，而数字展馆融入众多数字展厅设备，将静态展示转换为动态展示。

（2）传统展馆多数为导游或工作人员被动传输信息，而数字展馆可以与参观者进行线上信息互动，带来的体验更加深刻，有利于信息传播。

（3）数字展馆和传统展馆的最大区别在于趣味性和互动性为一体，给参观者视觉的震撼，数字展馆的出现，对于枯燥的展项来说是一种很好的展现形式，能够让人们通过参观对展览的内容有更加地深入了解。特别在参观的过程中，参观者都表示数字展馆比传统的展示方式更吸引人的注意，而传统展馆无法让人产生兴趣，很多人在参观以后完全没有印象，这样的展示便没有任何实际意义。

1-7 智能化、科技感强、全景漫游、信息多样性、强大交互性、极高趣味性、传播形式多样性等。

1-8 数字展馆通常采用虚拟现实技术、触摸屏、三维图形、三维显示系统、交互投影、特殊视觉效果等技术。

1-9 （1）观众需求从接受到参与：数字展馆借助智能化展示平台，使观众与场馆场景融为一体，使观众被动接受转变为多方展示、多方交流的平台。

（2）展示形态从单一到多元：数字展馆打破老旧展示形态，将传统展示手段与数字化多媒体技术融合，解决了展示形态单一的问题，丰富了展示形态的多样化，使展览形式从单一走向多元。

（3）展馆功能从展陈到互动：数字化展馆的“互动体验”打破了以往单一的展馆沟通方式，采用新媒介技术，将多种交互方式运用于展馆设计，使展览活动的双向互动交流得到了很大程度上的扩展。数字展馆的“互动体验”使观众能够通过触觉、视觉等多种感官全面地感受到展览的全部信息。

1-10 （1）人机交互性：展馆展厅中的交互性设计，在极大程度上调动观众的积极性，提高观众的兴趣，意味着观众并不是被动地参观，而是主动地体验展示内容，也体现了设计者对于观众的人文关怀。

（2）信息网络化：互联网结合多媒体技术，以开放式的架构整合各种资源，通过电子显示屏及时更新，而非传统的静态内容。

（3）展示形式数字化：先进的技术与优秀的设计结合起来，如虚拟现实技术、全息技术、数字沙盘等，使得技术人性化，并真正服务于大众。拓宽了展示内容及手段，进一步推动了现代展示设计的发展。

第二章

2-1 数字化馆藏内容的四大要素包括文本、图像、音频、视频，并根据技术要求，按结构模式、栏目要求进行归类。

2-2 利用数字馆藏基本信息、数码影像采集、三维建模等方法，实现数字博物馆信息资源平台；以数字形式转述和存储藏品的所有信息，形成以藏品为核心、准确权威、分类清楚、便于检索的数据库体系，以便本馆内部以及互联网上的展示与传播。

2-3 虚拟现实技术是利用数字模型和互动技术，对真实的现场体验进行仿真，将数字媒介在互联网上的无限空间与真实感结合起来。

2-4 按照标准元数据的定义将采集到的数据进行整理、加工、组织；利用 PS、AI、Java 等技术手段对原始图像进行重新加工、编辑、重新组合、艺术技术处理等操作。

2-5 设立独立办公软件，对原始数据、加工数据进行存储、分类、更新，做到对资料的管理；实时跟踪相关部门与主管，提升团队管理与执行工作能力。

2-6 按照展品种类，数字展馆可以分为代表性展品、工艺流程、制作工具、历史人文等多个部分，对已建成的展览馆进行系统的展示。

2-7 数字展馆基础设施包括：展馆建筑外观、室内展示场景、具体展品、制作工具等。其中，建筑、室内展示场景、制作工具等都是通过场景建模的方法来实现的。

2-8 展馆资源规范化是对数字展馆系统和展品展示提供保护，这不仅可以为展馆的参观者带来更好的用户体验，同时也为后台管理者对数字展馆的维护带来了便利。

数字展品和数字陈列的数字展示方式，在资源规范化时应以内容、年代、类型、基本特征、主要价值等方面为主要描述信息；企业类展馆在建设时可以将企业文化为切入点进行设计布局；而一些本身就是数字形式的资源，如视频、音频、图片等也需要进行规范化。

2-9 数字展馆的总体结构设计分为静态展示结构设计和交互模块结构设计。静态展示模块需完成建筑性框架、内部展品模型以及景观陈设模型的设计；交互模块是利用数字媒介技术实现虚拟场景的实时渲染，设计用户界面，数字展馆信息与虚拟场景交互，虚拟场景与数据库交互，实现文字、图片、声音、动画、视频、二维和三维效果的融合。

2-10 数字展馆系统通用体系结构包括文件资源、场景载入模块、场景控制模块、场景交互模块、客户端等。

2-11 3D漫游又称交互虚拟漫游，是指参观者在三维虚拟环境中，利用某些外在装置进行漫游，参观者可以随意转动、规划、操作虚拟物体，让参观者有一种在现实世界中遨游的错觉。

2-12 在数字展厅中，有两种主要的漫游路线：人工漫游和自动漫游。人工漫游的漫游方式较为灵活，由参观者自行设定移动方向、行进路线；自动漫游的漫游方式是参观者按照系统特定路线进行漫游。一个是主动参观，一个是被动参观。

2-13 数字展馆建设的特点是具有交互性，能够在虚拟场景中真实的还原现实场景与体感。若缺失碰撞检测，数字展馆便无法探测到漫游者和场景中的模型的交互，进而产生对象间的相互穿透和不符合具体的现实。

2-14 元数据是指通过描述某一类资源（或物体）的属性，并对其进行定位和管理，从而帮助使用者进行数据检索。

2-15 Dublin Core（DC）；15个，如作者、标题、主题等。

2-16 三个核心体系，分别为本体信息、描述信息、关联信息。

2-17 本体信息包括六个方面，分别为：标题、主题、类型、日期、来源、语种。

2-18 数字展馆具体日期精确到年、月、日；来源地具体到省、市、县、乡、村；涉及的语种包括国际语种与国内语种。

2-19 主要包括：内容、年代、类型、基本特征、主要价值等方面。

2-20 主流描述语言为XML；数字展馆信息资源元数据描述框架主要由模式、应用、环境三部分组成。

第三章

3-1 智能技术在数字展馆的运用过程中，要确保展馆视觉表达方式鲜明且独特，同时要考虑观众对视觉的智能要求，立足于观众的实际需要。

3-2 设计是一门以“人”需要为目的学科，展馆的设计是面向观众的，一切都应以人为中心。因此，在数字化展馆的设计中，应与观众需求和谐统一为原则，满足观众的个性化需求，为观众提供轻松、愉快的观感体验。

3-3 智能化技术在情境化设计中应保持均衡的原则。智能化技术具有应用性和艺术性，两者关系紧密，在展馆视觉设计实践中是相互联系和服务的，既不能为了实用功能而不顾艺术性，又不可一味地追求艺术独特性而忽视了功能实用性。

3-4 情境设计是一种表现时间和空间的艺术，其首要任务就是营造出一个合理的舞台，其中包括视角合理、场景合理、剧情合理等。

3-5 情境化设计其目的是走到观众身边，观察并发现观众在活动中的问题，并加以解决。数字展馆中所描述的情境是依据一个主题构造出来的生动环境，为观众塑造“身临其境”的体验，从而使观众能够更好体会主题内容。

3-6 场景复原的目的在于使观众能够最大程度地、最真实地了解事件的发生和发展。

3-7 “情景再现”与“场景复原”相比，侧重于氛围的渲染和重点描写。相比于场景复原的真实性，其更注重在局部场景还原的前提下，将场景主题艺术化。

3-8 在展馆设计中，语义迁移应注重对对象简单的自我表现，并通过表现空间中的其他对象来表现事物。

3-9 情景延伸运用橱窗陈列这种小空间的环境营造方法，人为地塑造了展示对象的创作情景、使用场景、艺术氛围、文化语境等外部环境，引导从外而内对对象物进行全面解读，并融合声色、气味等感官经验，使场景从场景自身向受众延伸。

3-10 情境化设计分为“情化”和“景化”两个方面：一方面强调了用户与产品之间需要建立的情感桥梁和相互感染；另一方面还关注产品与周围环境之间的视觉、功能及生态等方面的协调性。

3-11 情境化设计具有真实的沉默体验性、实时交互性、展示设计的独特性以及趣味性。

第四章

4-1 虚拟现实技术是指利用计算机生成一种可对参与者直接施加视觉、听觉和触觉感受，并允许其交互地观察和操作的虚拟世界的技术，其主要由模拟环境、感知、自然技能和传感设备等方面组成。

4-2 多感知性、浸没感、交互性和构想性。

4-3 三维虚拟技术具有多感知性、强交互性、自主性的特点。

4-4 基本交互任务分为四种：行进、选择、操纵、系统控制。行进改变用户视觉位置和方向；选择使用户可以与虚拟场景自主交互；操纵可以改变虚拟环境中物体的属性；系统控制使用户可以向系统发出指令。

4-5 三维虚拟技术常用硬件设备分为四类：建模设备、三维视觉显示设备、声音设备、交互设备。

4-6 灯光的设置在一定程度上直接影响最后展馆的视觉效果与体现，好的灯光设计可以引导观众进行重点视觉定位，奠定展馆主题的氛围基调。

4-7 空间分解法与层次包围盒法。空间分解法，将所构建虚拟空间全部分解为相同体积大小的正方体单元格，并对占据相同的单元格或者占据其相邻附近的单元格进行相交测试；层次包围盒法，采用体积大、几何特性简单的包围盒近似替代复杂物体，从而对与包围盒重合的对象进行相交测试。

4-8 若不对碰撞检测进行测试可能会导致用户穿墙而过，在虚拟世界中出现的物体穿物而过或物体融合现象等。

4-9 三维全景技术是一种基于全景图像的真实场景虚拟现实技术。采用实地拍摄的照片建立虚拟环境，完成虚拟现实创建，为用户提供关于视、听、触觉等极具逼真效果的感官模拟，使用户突破空间限制，进行身临其境般的体验。

4-10 一是制作三维场景，二是进行处理制作。

4-11 分为两类，分别为基于矢量建模的三维全景技术与基于实景图像绘制的三维全景技术。

4-12 分为基于计算机视觉技术的方法、基于分层表示的方法、基于全光函数的方法、基于全景图的方法。

4-13 三维全景技术具有强真实感、实地拍摄、高沉浸感等特征。与传统虚拟现实技术相比，其优势在于体验感强、制作简单效率高、可传播性广。

4-14 360° 全景图由专业相机进行多角度拍摄，并使用专业三维平台建立数字模型，最后使用全景工具软件制作而成。

4-15 根据展示需求，拍摄一组精细影像，将这组影像进行批量预处理，之后辅以前后端的交互实现即可。

4-16 360 度全景图有圆柱形三维全景、立方体形三维全景、球形三维全景和与对象全景共四种。

4-17 真实感强，无死角区，数据量小，硬件要求低，支持雷达式地图。

4-18 全方位展示，避免视角单一；互动感强、经济实惠，制作周期短且展现效果真实。

4-19 沉浸式、交互式的体验和可交互形式的多样化展示。

4-20 Web 3D 技术就是在网页上展示与编辑三维场景或物品等，可以将其看成 Web 技术和 3D 技术的结合。

4-21 Web 3D 的实现技术可以分为基于编程的实现技术、基于开发工具的实现技术、基于多媒体工具软件的实现技术和基于 Web 开发平台的 SDK 的实现技术四种。

4-22 VRML 制作大致可分为两个阶段：第一阶段，独立于计算机工作之外的建模。第二阶段是生成 VRML 行为并设定虚拟现实中可以实现的功能。

4-23 VRML 的访问方式是基于客户 / 服务器模式（C/S）的。

4-24 Web 3D 的实现技术，主要分三大部分，即建模技术、显示技术、三维场景中的交互技术。

4-25 3ds Max 软件主要应用领域为建筑动画、建筑漫游和室内设计，其性价比很高，具有多个高效工作插件，开发过程简单、效率高。

4-26 三维复杂模型的实时建模与动态显示技术分为基于几何模型的实时建模与动态显示与基于图像的实时建模与动态显示。

4-27 内容图形可视化，高保真轻量化模型，兼容所有终端，无须安装任何插件或软件即可在线无差别浏览支持多种软件格式。

4-28 VR 场景设计可以分为两类，一是通过图像建立模型，二是通过图形模型来构造场景。

第五章

5-1 详见本书 112 至 124 页。

5-2 若模型没有材质效果，说明没有打开“视口中显示明暗处理材质”，单击打开即可。如果依然没有材质效果，单击右侧工具栏中的“修改”→“修改器列表”→“UV 贴图”选项，即可解决。

5-3 单击工具栏中的“视图”→“视口配置”命令，在弹出的对话框中，取消选中阴影复选框即可。

5-4 Unity Asset Store, 即 Unity 资源商店，其中包含了 Unity Technologies 和社区成员创建的免费资源和商业资源，是一个不断增长的资源库。提供人物模型、动画、粒子特效、纹理、游戏创作工具、音频效果、音乐、可视化编程解决方案、功能脚本和其他各种扩展。Unity 用户也可以成为 Asset Store 上的发布者，并出售自己创建的内容。

5-5 详见本书 128 至 133 页。

5-6 详见本书 135 至 143 页。

5-7 详见本书 143 至 145 页。

5-8 在 Unity 3D 软件中，打开工程的方法有三种：第一种是直接拖动模型进入 Unity 导入模型；第二种方法是在工具栏中找到 Assets-Import New Assets 导入模型。第三种方法是在“我的电脑”的工程路径中搜索“. unity”作为扩展名的文件，找到想要打开的项目，搜索打开即可看到。

5-9 要将在软件 Unity 完成设定的漫游用于交互，用到的软件有 Photoshop、3d Max。

第六章

6-1 首先对整个项目进行总体的设计与布局，进行相关数据、素材的采集，利用 3ds Max

软件进行场景建模；利用 Unity 3D 软件进行场景的地形创作、纹理贴图、场景设计、物理系统与灯光设置，最终完成整体设计。

6-2 可以直接拖动模型进入 Unity 导入模型，也可以在工具栏中找到 Assets-Import New Assets 导入模型。

6-3 通过 Image 下的 Text 设置，在 Text 中填写展品的具体介绍，可通过对 Font 的改变调整字体，通过对 Font Size 的改变调整字体大小以及颜色等。

参考文献

[1] 尼葛洛庞帝 . 数字化生存 [M]. 胡泳，范海燕，译 . 海口：海南出版社，1996.

[2] 吉布森 . 神经漫游者 [M]. Denovo，译 . 南京：江苏文艺出版社，2013.

[3] 陈刚 . 数字博物馆概念、特征及其发展模式探析 [J]. 中国博物馆，2007(3)：88-93.

[4] 王宏钧 . 中国博物馆学基础 [M]. 上海：上海古籍出版社，2001.

[5] 徐昊，马斌 . 时代的变换互联网构建新世界 [M]. 北京：机械工业出版社，2015.

[6] 李颖诗 . 2018 年会展行业竞争现状格局与发展趋势　展馆资源城市间多级分化，西部地区后劲十足 [EB/OL]. (2019-03-21). https：//www. qianzhan. com/analyst/detail/220/190320-97c533d6. html.

[7] 雷月 . 数字技术在展示设计中的辩证思考 [D]. 上海：东华大学，2014.

[8] 杨小亮 . 虚拟现实技术在新媒体展示设计中的应用研究 [J]. 艺术教育，2015(8)：54-57.

[9] 万芳 . 第三代展馆，“有生命、有智能”的城市记忆 [C]. 上海：上海交通大学出版社，2014：629-634.

[10] 刘音 . 新媒体技术在数字展馆设计中的应用研究 [D]. 北京：北京邮电大学，2017.

[11] 耿志宏 . 数字时代的展示设计 [M]. 北京：中国水利水电出版社，2009.

[12] 闫硕 . 世博现象下的展示设计趋势分析 [D]. 上海：东华大学，2013.

[13] 陆峰 . 展示设计 [M]. 合肥：合肥工业大学出版社，2004.

[14] 陈丹 . 会展业发展现状及对策思考 [J]. 科技创业月刊，2019，32(5)：117-121.

[15] 魏帮顺 . 数字博物馆探析 [J]. 中国纪念馆研究，2015(2)：138-147.

[16] 周敏 . 苏州非遗数字博物馆虚拟展馆的建设：以苏扇为例 [J]. 科技视界，2015(3)：49+149.

[17] 李爱香，李明洋 . VR 视角下杨家埠木版年画数字展馆建设的探索与研究 [J]. 艺术品鉴，2019(30)：72-73.

[18] 章斓 . 基于数字媒体技术的展馆交互系统研究 [J]. 淮阴工学院学报，2018，27(3)：25-29.

[19] 达妮莎，王爱玲 . 大数据环境中非物质文化遗产的信息分析 [J]. 大连理工大学学报 (社会科学版)，2015，36(4)：132-136.

[20] 兰绪柳，孟放 . 数字文化资源的元数据格式分析 [J]. 现代情报 2013，(8)：62.

[21] 李波 . 非物质文化遗产信息资源元数据模型研究 [J]. 图书馆界 2011(5)：38-41.

[22] 方允璋 . 图书馆与非物质文化遗产 [M]. 北京：北京图书馆出版社，2006.

[23] 吴鹏，强韶华，苏新宁 . 政府信息资源元数据描述框架研究 [J]. 中国图书馆学报，2007(1)：66-68.

[24] 孙曼曼 . 基于情境营造的非遗展示空间设计研究 [D]. 上海：华东理工大学，2018.

[25] 王琳 . 博物馆展示设计中的情感传达研究 [D]. 北京：清华大学，2004.

[26] 石莉莉，王鑫平 . "新媒体"环境下的展示设计的艺术特性 [J]. 中国文艺家，2018(8)：178+183.

[27] 王岩杰 . 设计的情景化思维 [J]. 大众文艺，2012(13)：62.

[28] 赖亚楠 . 论空间"一体化"的设计原则：物境、情境、意境的营造 [J]. 艺术百家，2011，27(6)：155-160.

[29] 胡赛强 . 园林景观设计中的情景化设计 [J]. 艺术与设计 (理论)，2014，2(12)：73-75.

[30] 罗列昪，张帆 . 沉浸式数字虚拟展馆设计研究 [J]. 中国有线电视，2021(8)：847-850.

[31] 牛霞 . 虚拟现实在展示设计中的应用研究 [D]. 西安：西北大学，2014.

[32] 段雪艳 . 略论当代博物馆设计中的虚实相生：以上海自然博物馆为例 [J]. 美与时代 (上)，2018(7)：105-106.

[33] 齐林，刘政潭，刘志杰 . 基于网络的高校篮球教学多媒体课件的研制与应用 [J]. 山东体育学院学报，2010，26(2)：86-89.

[34] 武若晖 . 虚拟现实技术及其在中学教育教学中的应用 [J]. 信息记录材料，2018，19(1)：123-125.

[35] 刘洋 . 浅谈虚拟现实技术应用 [J]. 科技创新导报，2008(31)：40.

[36] 赵霞 . 虚拟现实技术应用和发展趋势 [J]. 光盘技术，2009(11)：10-12.

[37] 黄欣荣，潘欧文 . 思政课 VR 实践面临的问题反思 [J]. 思想政治课研究，2020(5)：110-114.

[38] 王玉琼 . 三维全景漫游技术及应用研究 [D]. 昆明：云南财经大学，2013.

[39] 蔡田露，高俊强 . 360° 全景技术与应用分析 [J]. 现代测绘，2012，35(6)：28-30.

[40] 王涛，安士才，李腾 . 应用三维全景虚拟现实技术在虚拟展馆构建中的初步探索 [J]. 科学技术创新，2018(10)：58-60.

[41] 陈智锋，赵宏宇 . 基于虚拟现实的三维全景技术及在虚拟展馆中的应用研究 [J]. 科技资讯，2018，16(24)：59-60.

[42] 吴兰岸 . 基于网络三维技术的虚拟模型系统设计与开发 [J]. 玉林师范学院学报 (自然科学版)，2008(3)：139-142.

[43] 杨国豪，陈国崇，李婷云，等 . 基于 Web 3D 的船舶电站模拟器的研究与开发 [J]. 舰船科学技术，2007(3)：123-125.

[44] 张超钦，谭献海 . 一个复杂的 VRML 场景的设计 [J]. 陕西工学院学报，2000(4)：31-36.

[45] 高德勇 . 交互式虚拟现实系统的实现 [J]. 自动化与仪器仪表，2011(5)：168-169.

[46] 那顺 . VRML 原理及应用探讨 [J]. 内蒙古民族大学学报，2009，15(2)：17-18.

[47] 张振平，刘振民 . 基于 VRML 的虚拟卧室模型 [J]. 计算机系统应用，2013，22(1)：79-82.

[48] 叶艳青，邵剑龙 . VRML 优化技术分析 [J]. 云南民族大学学报 (自然科学版)，2004(2)：122-124.

[49] 张广宇 . 基于 VRML 的网上虚拟地质地形的实现 [J]. 地质与资源，2013，22(6)：499-501.

[50] 陈新林，卢伟娜，李敏 . 浅谈 Web 3D 中的建模技术 [J]. 电脑知识与技术，2010，6(18)：5082.

[51] 邓文新 . Web 3D 技术的教学应用研究 [J]. 现代教育技术，2002(4)：68-71+80.

[52] 田茵 . 虚拟现实技术在网络中的应用 [J]. 计算机知识与技术 (学术交流)，2007(3)：715-717.

[53] 徐金芳 . 基于 Unity 3D 的场景交互漫游研究与实践 [J]. 科技创新导报，2018，15(34)：103+105.

[54] 陈慧芳，董继先，王荣 . 3ds Max 的发展及功能分析 [J]. 电影评介，2013(5)：79-80+84.

[55] 郑付联 . 3ds Max 建模技术及其优化的研究 [J]. 大众科技，2010(2)：43-44.

[56] 吴元新，吴灵姝 . 蓝印花布的记忆 [J]. 中华文化画报，2009(1)：80-87.

[57] 赵安 . 关于蓝印花布传承与发展的思考 [J]. 南通纺织职业技术学院学报，2010，10(2)：94-96.